普通高等教育"十四五"规划教材

采矿 CAD 技术教程

聂兴信 李角群 薛 涛 孙锋刚 编著

扫码下载
本书资源

北 京
冶金工业出版社
2025

内 容 提 要

本书主要介绍了采矿 CAD 绘图技术及 MiningCAD 软件的应用，内容包括：计算机图形系统概述、工程图识读基础知识、制图标准及规范、AutoCAD 绘图软件、平面图形的绘制及编辑、三维建模及编辑技术、图形输出与打印、采矿 CAD 自定义应用及设计绘图技术、MiningCAD 在露天矿及地下矿设计中的应用、采矿图框绘制等。

本书为高等院校采矿工程及相关专业的教学用书，也可供有关技术人员和科研人员参考。

图书在版编目（CIP）数据

采矿 CAD 技术教程／聂兴信等编著 ． — 北京：冶金工业出版社，2022.3（2025.1 重印）

普通高等教育"十四五"规划教材

ISBN 978-7-5024-9026-3

Ⅰ . ①采… Ⅱ . ①聂… Ⅲ . ①矿山开采—计算机辅助设计—AutoCAD 软件—高等学校—教材 Ⅳ . ①TD802 – 39

中国版本图书馆 CIP 数据核字（2022）第 013891 号

采矿 CAD 技术教程

出版发行 冶金工业出版社	**电　话**	（010）64027926
地　址 北京市东城区嵩祝院北巷 39 号	**邮　编**	100009
网　址 www.mip1953.com	**电子信箱**	service@ mip1953.com

责任编辑　高　娜　美术编辑　彭子赫　版式设计　郑小利
责任校对　范天娇　责任印制　禹　蕊
北京印刷集团有限责任公司印刷
2022 年 3 月第 1 版，2025 年 1 月第 3 次印刷
787mm×1092mm　1/16；15.25 印张；365 千字；227 页
定价 39.00 元

投稿电话　（010）64027932　投稿信箱　tougao@cnmip.com.cn
营销中心电话　（010）64044283
冶金工业出版社天猫旗舰店　yjgycbs.tmall.com
（本书如有印装质量问题，本社营销中心负责退换）

前　　言

　　工程图纸是工程师的语言，工程图纸能够直观、准确地表达出工程设计者的设计思想及内容。计算机绘图技术的普及，已经取代了传统手工图板绘图方式，掌握计算机辅助设计技术已经成为每个工程技术人员必备的技能之一。

　　AutoCAD 作为国际一流的三维矢量图形软件，在中国推广非常成功。就矿业来说，无论设计单位还是生产矿山都有广大的用户群体。AutoCAD 是一个完全开放平台，提供了多种开发技术手段，具有非常丰富的第三方资源。作为一名工程技术人员，学习和掌握 AutoCAD 技术是非常必要的。

　　本书不是"大而全"地对 AutoCAD 全方位讲解并辅之以简单的采矿绘图，而是更多地结合采矿工程的专业特点，有针对性地将 CAD 技术融入采矿工程相关知识中。除了绘图技术外，还涉及矿建、地质、测量、采矿等专业的设计与管理，从简单的传统二维绘图到复杂的三维模型建立与应用，从单纯的手工绘图到专业的程序开发，并给出了系统软件（MiningCAD 教学版）以便理解与应用。

　　本书主要讲解采矿 CAD 绘图技术以及 MiningCAD 软件的应用，学生需要对 AutoCAD 的基础应用有一定的掌握（如果没有这些预备知识，可以参照相关书籍进行学习）。另有《采矿 CAD 二次开发技术教程》主要讲授 VBA 开发语言基础，以及 AutoCAD 二次开发技术，可与本书配套使用。

　　本书由西安建筑科技大学资源工程学院聂兴信、李角群、薛涛、孙锋刚等合作编写。全书共分 13 章，其中，第 1 章为工程制图概述，由聂兴信、李迎峰、薛涛编写；第 2 章主要介绍了 AutoCAD 绘图软件，由聂兴信、孙锋刚、薛涛编写；第 3 章为平面图形的绘制及编辑，由孙锋刚、洪勇、薛涛编写；第 4 章为三维建模及编辑技术，由聂兴信、李迎峰、任金彬、薛涛编写；第 5 章为图形输出与打印，由聂兴信、孙锋刚、洪勇编写；第 6 章为采矿 CAD 基本图元，由聂兴信、郭进平、洪勇编写；第 7 章为视图管理与精准绘图工具，由李角群、聂兴信、顾清华编写；第 8 章为采矿 CAD 中自定义应用，由李角群、聂兴信、汪朝编写；第9章为采矿 CAD 中露天矿设计绘图，由李角群、聂兴信、江松、任金彬编写；第10章为采矿 CAD 中地下矿设计绘图，由李角群、薛涛编写；第11章为 MiningCAD 在露天矿设计中的应用，由李角群、孙锋刚、程平编写；第12章为 MiningCAD 在地下矿设计中的应用，由李角群、孙锋刚、汪朝编写；第13章为采矿图框绘制，由李角群编写。河南坤垚建筑工程有限公司的杨瑞华参与了第1章、辽宁冶金职业技术学院的康瑞芳参与了第2章相关内容的编写，西北大学城市与环境学院的孙皓参与了第1章、第2章、第4章内容的编写。书中相关实例图由赵好瑞、付小艳、郭雅婷等研究生帮助整理。全书由聂兴信统稿。

在本书编写过程中，得到冶金工业出版社的大力支持和热情帮助，在此表示衷心感谢。特别感谢西安建筑科技大学资源工程学院为本书出版提供了经费支持。

由于作者水平所限，加之时间仓促，在编写中虽经过认真审校，但书中难免有不足及疏漏之处，恳请广大读者批评指正。

聂兴信

2021 年 8 月于西安

目　　录

1 工程制图概述

1.1 计算机图形系统概述

1.1.1 计算机图形学

计算机图形学（computer graphics，CG）是关于用计算机生成、处理和显示图形的理论与方法，是如何建立所处理对象的模型并生成图形的技术。其主要内容大体可以概括为以下几个方面：

（1）几何模型构造技术（geometric modelling）。例如，各种不同类型二维、三维几何模型的构造方法及性能分析，曲线及曲线的表示与处理，专用或通用模型构造系统的研究方法等。

（2）图形生成技术（image synthesis）。例如，线段、圆弧、字符、区域填充的生成算法，线/面消隐、光照模型、明暗处理、纹理、阴影、灰度与色彩等各种真实感图形的显示技术。

（3）图形操作与处理方法（picture manipulation）。例如，图形的裁剪、平移、旋转、放大缩小、对称、错切、投影各种变换操作方式及软件或硬件实现技术。

（4）图形信息的存储、检索与交换技术。例如，图形信息的各种内外表示方法、组织形式、存储技术、图形数据库的管理、图形信息的通信等。

（5）人机交互及用户的接口技术。例如，新型定位设备、选择设备的研究，各种交互技术如构造技术、命令技术、选择技术、响应技术等的研究，以及用户模型、命令语言、反馈方法等用户接口技术的研究。

（6）动画技术。研究实现高速动画的各种软、硬件方法，开发工具、动画语言等。

（7）图形输出设备与输出技术。例如，各种图形显示器（图形卡、图形终端、图形工作站等）逻辑结构的研究，实现高速图形功能的专用芯片的开发，图形硬拷贝设备（特别是彩色硬拷贝设备）的研究等。

（8）图形标准与图形软件包开发技术。例如，制定一系列国际图形标准，使之满足多方面图形应用软件开发工作的需要，并使图形应用软件摆脱对硬件设备的依赖性，允许在不同系统之间方便地进行移植。

（9）工程现场模拟再现。

（10）科学计算的可视化和三维数据场的可视化。将科学计算中大量难以理解的数据通过计算机图形显示出来，从而加深人们对科学过程的理解。例如，有限元分析的结果，应力场、磁场的分布，各种复杂的运动学和动力学问题的图形仿真等。

总之，计算机图形学的内容十分丰富。虽然许多研究工作已经进行了多年，取得了不少的成果，但随着计算机技术的进步和图形显示技术应用领域的扩大和深入，计算机图形学的研究、开发与应用还将得到进一步的发展。

1.1.2　计算机图形系统

计算机图形系统由图形软件和图形硬件两部分组成，如图 1-1 所示。

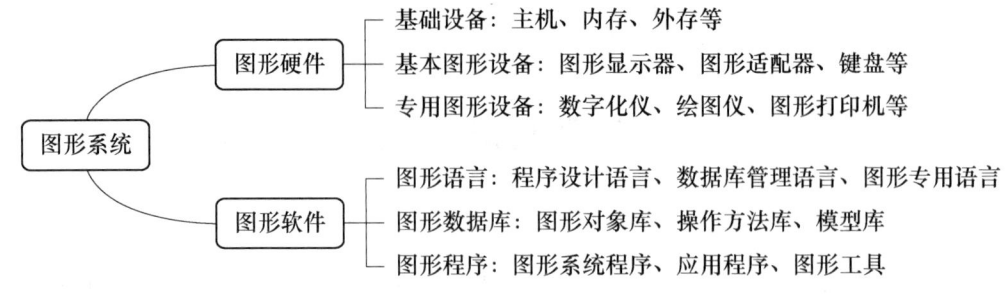

图 1-1　计算机图形系统结构

图形硬件包括图形计算机系统和图形外围设备两类。与一般计算机系统相比，图形计算机系统的硬件性能要求主机性能更高、速度更快、存储量更大、外设种类更齐全。目前，面向图形应用的计算机系统有微机、工作站、计算机网络和中小型计算机等。

图形软件分为图形数据模型、图形应用软件和图形支撑软件三部分。这三部分都处在计算机系统之内，是与外部的图形设备进行接口的三个主要部分，三者之间彼此相互联系，互相调用，互相支持，形成图形系统的整个软件部分。

计算机图形系统至少应该具有五个方面的基本功能：计算、存储、对话、输入和输出。

（1）计算功能。图形系统应该能够实现设计过程中所需的计算、变换、分析等功能。例如：像素点、直线、曲线、平面、曲面的生成和求交，坐标的几何变换，光、色模型的建立和计算等。

（2）存储功能。在图形系统的存储器中存放各种形体的集合数据，以及形体直接的连接关系与各种属性信息，并且可以对有关数据和信息进行实时检索、增加、删除、修改等操作。

（3）对话功能。图形系统应该能够通过图形显示器和其他人机交互设备进行人机通信，利用定位、选择、拾取等设备获得各种参数，同时按照用户指示接受各种命令以对图形进行修改，还应能观察设计结果并对用户的错误操作给予必要的提示和跟踪。

（4）输入功能。图形系统应该能够将所设计或绘制图形的定位数据、几何参数以及各种命令和约束条件输入到系统中去。

（5）输出功能。图形系统应该能够在显示屏幕上显示出设计过程当前的状态，以及经过增加、删除、修改后的结果。当较长期保存分析设计的结果或对话需要的各种信息时，应能通过绘图仪、打印机等设备实现硬拷贝输出，以便长期保存。由于对输出的结果有精度、形式、时间等要求，输出设备应该是多种多样的。

上述五种功能是一个图形系统所应具备的最基本功能，每一种功能具体包含的子功能，则要视系统的不同组成和配置而异。

1.1.3 几何造型中的元素表示

几何形体由点、边、面、体等组成，这些元素的基本定义如下。

（1）点。点是几何造型中最基本的元素，是零维几何元素，自由曲线、曲面或其他形体均可用有序的点集表示，分端点、交点、切点和孤立点等。在自由曲面或曲面的描述中常用三种类型的点，即控制点、型值点、插值点。

用计算机存储、管理、输出形体的实质就是对点集及其连接关系的处理。

（2）边。边是一维几何元素，是两个邻面（对正则形体而言）或多个邻面（对非正则形体而言）的交界，一条边为两个或多个面共享。

（3）面。面是二维几何元素，是形体上一个有限、非零的区域，由一个外环和若干个内环界定其范围。一个面可以无内环，但必须有一个且只有一个外环。

（4）环。环是有序、有向边（直线段或曲线段）组成的面的封闭边界。环中的边不能相交，相邻两条边共享一个端点。

（5）体。体是三维几何元素，由封闭表面围成的空间，也是欧式空间中非空、有界的封闭子集，其边界是有限面的并集。

（6）体素。体素是可以用有限个尺寸参数定位和定形的体，常有三种定义形式：单元实体、参数定义、代数半空间定义。

（7）壳。也称为外壳，是一些点、边、环、面的集合。

1.1.4 几何图形的数学表示法

要表示一个端点为 $P_1(X_1, Y_1)$ 和 $P_2(X_2, Y_2)$ 的线段 $P_1 P_2$，可以用直线方程表示：

平面上曲线段
$$\begin{cases} X = X_1 + (X_2 - X_1)t \\ Y = Y_1 + (Y_2 - Y_1)t \end{cases} \quad t \in [0, 1]$$

参数方程的一般形式为：

$$\begin{cases} X = X(t) \\ Y = Y(t) \end{cases} \quad t \in [t_1, t_2]$$

边界（boundary representation）表示也称为 BR 表示或 BRep 表示，是以物体边界为基础，定义和描述几何形体的方法。物体的边界通常是由面的并集来表示，而每个面又由它所在的曲面的定义加上边界来表示，面的边界是边的并集，而边又是由点来表示的。

用边界法表示的关系模式如下：

（1）点表（点编号，X 坐标，Y 坐标，Z 坐标）；

（2）线表（线编号，点编号，点编号）；

（3）面表（面编号，线编号）；

（4）体表（图编号，面编号）；

（5）图表（图编号，条件，属性值）。

1.1.5 二维图形几何变换

二维图形的几何变换，就是在 XY 平面内，对一个已定义的图形进行一些变换而得到新的图形。这些变换包括五种基本形式：平移、比例、旋转、对称、错切。

下面分别讨论二维图形的五种基本变换。

（1）平移变换。平移是一种不产生变形而移动物体的刚体变换，如图 1-2 所示。

假定从 P 平移到点 P'，点 P 沿 X 方向的平移量为 m，沿 Y 方向的平移量为 n，则变换后 P' 的坐标值分别为：

$$x' = x + m$$
$$y' = y + n$$

对图形点集中的每一个点都进行变换，即可实现对图形的平移变换。

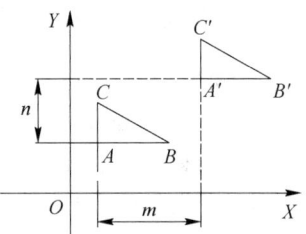

图 1-2　平移变换

（2）比例变换。基本的比例变换是指图形相对于坐标原点，按比例系数（S_x，S_y）放大或缩小的变换，如图 1-3 所示。

假定点 P 相对于坐标原点沿 X 方向放缩 S_x 倍，沿 Y 方向放缩 S_y 倍，其中 S_x 和 S_y 称为比例系数，则变换后 P' 点的坐标值分别为：

$$x' = x \cdot S_x$$
$$y' = y \cdot S_y$$

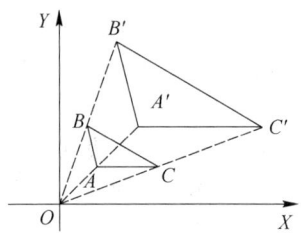

图 1-3　比例变换

如果对图形点集中的每一个点都进行变换，就可实现对图形的比例变换。

比例变换有以下几种情况：

1）当 $S_x = S_y$ 时，图形为均匀缩放。

若 $S_x = S_y = 1$，图形不变，称为恒等变换；

若 $S_x = S_y > 1$（或 <1），图形均匀放大（或缩小），称为等比例变换。

2）当 $S_x \neq S_y$ 时，图形沿坐标轴方向作非均匀缩放会发生形变（如正方形变成长方形、圆变成椭圆等）。

3）当 $S_x < 0$ 或 $S_y < 0$ 时，图形不仅大小发生变化，而且将相对于 Y 轴、X 轴或原点做对称变换。

此时进行整体比例变换，比例系数为（$1/S$，$1/S$）。当 $0 < S < 1$ 时，图形等比例放大；当 $S > 1$ 时，图形等比例缩小；当 $S < 0$ 时，为等比例变换再加上对原点的对称变换。

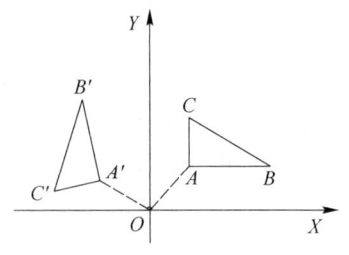

图 1-4　旋转变换

（3）旋转变换。基本的旋转变换是指将图形围绕坐标原点逆时针转动一个 θ 角度的变换，如图 1-4 所示。

如果对图形点集中的每一个点都进行变换，就可实现对图形的旋转变换。

注意： 当旋转方向为逆时针时，θ 角为正；当旋转方向为顺时针时，θ 角为负。

（4）对称变换。对称变换也称反射变换，它的基本变换包括对坐标轴、原点、$\pm 45°$ 线的对称变换。

1）关于 X 轴的对称变换如图 1-5（a）所示；

2）关于 Y 轴的对称变换如图 1-5（b）所示；

3）关于坐标原点的对称变换如图 1-5（c）所示；

4）关于 $y = x$（45°）直线的对称变换如图 1-5（d）所示；

5）关于 $y = -x$（-45°）直线的对称变换如图 1-5（e）所示。

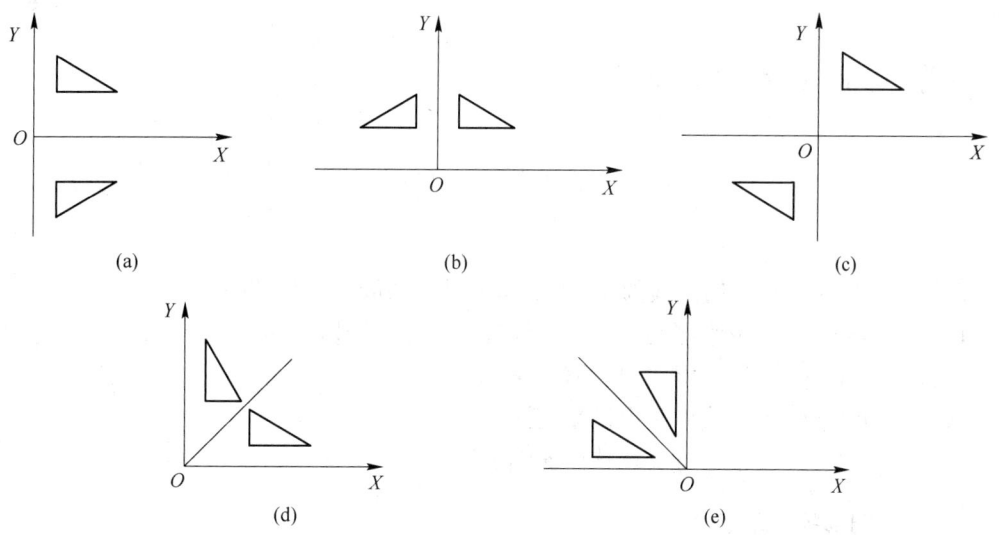

图 1-5 对称变换

（a）关于 X 轴对称；（b）关于 Y 轴对称；（c）关于原点对称；（d）关于 $y = x$ 直线对称；

（e）关于 $y = -x$ 直线对称

（5）错切变换。错切变换也称剪切、错位或错移变换，用于产生弹性物体的变形处理。

1）沿 X 轴方向关于 y 的错切，即变换前后 y 坐标不变，x 坐标呈线性变化。

原平行于 X 轴的直线依然平行于 X 轴，原平行于 Y 轴的直线沿 X 轴方向错切与 Y 轴成 α 角。令 $e = \tan\alpha$，则点 $P(x,y)$ 沿 X 轴方向关于 y 进行错切变换，得到变换后 P' 点的坐标值为：

$$x' = x + ey$$
$$y' = y$$

2）沿 Y 轴方向关于 x 的错切，即变换前后 x 坐标不变，y 坐标呈线性变化。

原平行于 Y 轴的直线依然平行于 Y 轴，原平行于 X 轴的直线沿 Y 轴方向错切与 X 轴成 β 角。令 $b = \tan\beta$，则点 $P(x,y)$ 沿 Y 轴方向关于 x 进行错切变换，得到变换后 P' 点的坐标值为：

$$x' = x$$
$$y' = y + bx$$

1.1.6 三维图形几何变换

三维图形几何变换是在二维方法的基础上考虑了 z 坐标而得到的，它可以看成上一节二维图形几何变换的扩展。

如果用 $P = \begin{bmatrix} x & y & z & 1 \end{bmatrix}$ 表示三维空间上一个未被交换的点，用 $P' = \begin{bmatrix} x' & y' & z' & 1 \end{bmatrix}$

表示 P 点经过某种变换后的新点，用一个 4×4 矩阵 T 表示变换矩阵：

$$T = \begin{bmatrix} a & b & c & p \\ d & e & f & q \\ g & h & i & r \\ l & m & n & s \end{bmatrix}$$

则图形变换可以统一表示为 $P' = P \cdot T$。即：

$$\begin{bmatrix} x' & y' & z' & 1 \end{bmatrix} = \begin{bmatrix} x & y & z & 1 \end{bmatrix} \cdot \begin{bmatrix} a & b & c & p \\ d & e & f & q \\ g & h & i & r \\ l & m & n & s \end{bmatrix}$$

同样，可以对三维几何变换的 4×4 矩阵 T 进行功能分区，其中：

1）左上角的 3×3 子块可实现比例、旋转、对称、错切四种基本变换；

2）左下角的 1×3 子块可实现平移变换；

3）右上角的 3×1 子块可实现投影变换；

4）右下角的 1×1 子块可实现整体比例变换。

1.1.7　几何图形的布尔运算

布尔运算是数字符号化的逻辑推演法，包括联合、相交、相减。在图形处理操作中引用了这种逻辑运算方法以使简单的基本图形组合产生新的形体，并由二维布尔运算发展到三维图形的布尔运算。

（1）并集：用来将两个造型合并，相交的部分将被删除，运算完成后两个物体将成为一个物体。

（2）交集：用来将两个造型相交的部分保留下来，删除不相交的部分。

（3）差集：（A-B 部分），在 A 物体中减去与 B 物体重合的部分。（B-A 部分），在 B 物体中减去与 A 物体重合的部分。

1.2　工程图识读基础

1.2.1　图纸幅面及编号

绘制 CAD 工程图时，其图纸应符合《技术制图图纸幅面和格式》（GB/T 14689—2008）和《技术制图标题栏》（GB/T 10609.1—2008）等有关规定。

1.2.1.1　图纸幅面

图纸的基本幅面和图框尺寸见表 1-1，其幅面代号中的数字可理解为将 A0 幅面（$B \times L = 1\mathrm{m}^2$）对折的次数。例如，A1 表示将 A0 幅面长边对折一次所得的幅面，以此类推。

表 1-1　图纸幅面和框图尺寸

幅面代号	A0	A1	A2	A3	A4
$B \times L$/mm × mm	841×1189	594×841	420×594	297×420	210×297

1.2.1.2　图纸编号

图纸编号规则一般在企业制度中进行规定，一般由字母＋数字组成，字母为公司简写或公司代号，数字分为以下几种：产品号或项目号、产品下部件号或分项目号、零件图或项目部件图号码，具体情况由企业根据实际情况进行规定及图号分配。

专业码编码规定为：

A	代表建筑专业
S	代表结构专业
M	代表暖通专业
P	代表给排水专业
E	代表电器专业
FP	代表消防给水
FM	代表消防暖通
FE	代表消防电器

要求依次按照专业码、子项码、类别码和序号编写图号。图纸编号分为三段：

（选用）

例如：A-Z-001。

子项码通常采用子项号表示。子项号根据工程需要设定，不含子项的工程不设子项号。子项号一般为 2 位。子项号可以采用数字，01 表示子项 01，02 表示子项 02，依次类推。对于总图，统一用字母 Z 表示。

类别码：1 位数字，详见"类别码对照表"。

序号：2 位或 3 位数字，视项目情况而定。

1.2.2　图廓及图签

1.2.2.1　图廓

图廓是图纸限定绘图区域的轮廓。图廓分为内图廓和外图廓，内图廓以内绘有坐标方格网和图纸的有关内容；内图廓和外图廓之间注记坐标方格网线的坐标值。内图廓为细实线，外图廓一般为粗实线。

1.2.2.2　图签

图签就是要套用的图框，图签一般包括说明图的名称、比例、绘图日期及有关人员的签名等。图签的格式如图 1-6 所示。

1.2.3　图纸比例尺

制图工程中不可能按实际物体的大小将物体绘于图上，总要经过缩放，才能在图纸上表示出来。图上某直线的长度与该直线实际水平长度之比称为比例尺。例如，某水平巷道

6	6 号胶带运输机 B＝800	1	TD75	75	1	1.216	1.216	倾角 18°
5	永磁磁力滚筒 CTDG-810	1		11	1	2.1	2.1	天源科技
4	5 号胶带运输机 B＝800	1	TD75	75	1	1.216	1.216	
3	圆盘给料机 DB16	1	YZT.41～4	4	1	2.24	2.24	鞍矿
2	粉矿仓	1						
1	4 号胶带运输机 B＝1000	1	TD75	75	1	1.216	1.216	倾角 18°
标号	名称规格	数量	型号	功率	数量	单重	共重	备注
			电动机			重量（t）		

设　备　表			
5200 吨/日铁矿选矿厂设计	西安建筑科技大学矿物资源工程专业××级		
设计	刘××或×××	图号	5－8
指导	张××或×××	主厂房平面图	比例	1：100
图幅	A0	日期	2015.6.9

图 1-6　图签格式

长度为 500m，图纸上绘制的长度为 0.5m，则图纸的比例尺为 0.5m/500m＝1：1000，或写为 1/1000、$\frac{1}{1000}$。图纸的比例尺通常用分子为 1、分母（M）为 10 的整倍数的分数形式表示，即 $\frac{1}{M}$。

设图纸上某线段长度为 1，实际水平长度为 L，比例尺分母为 M，则图纸的比例尺为：

$$\frac{1}{M}＝\frac{1}{L}$$

比例尺一般分为数字比例尺和图示比例尺，在工程技术中常用数字比例尺。比例尺的分母越小，比例尺越大；反之，分母越大，比例尺越小。常用的图纸比例尺有 1：200、1：500、1：1000、1：2000 和 1：5000，这些属于大比例尺；不太常用的 1：10000～1：100000 比例尺为中比例尺；小于 1：100000 的比例尺为小比例尺。

只要知道了图纸的比例尺，就可以根据图上直线的长度求出相应的实际水平长度，也可以将直线的实际水平长度换算为图纸上应绘制的长度。

1.2.4　地面（地下）点位表示

地面（地下）点的空间位置是利用该点在大地水准面上的投影位置和该点到此水准面的铅垂距离来表示的。在采矿技术中，点的投影位置常用平面直角坐标来表示，铅垂距离常用高程（标高）来表示。

静止时的海洋（水）表面称为水准面。水准面有无数多个，其中通过平均海水面的水准面称为大地水准面。大地水准面的位置是通过长期观测海平面的高低位置，取其平均位置而确定的。大地水准面是测量计算工作的基准面，是确定地面点高程（标高）的起算面。

（1）点的平面位置表示。某点在平面上的位置常用平面直角坐标表示，其数值大小可通过测量工作得到。如果知道了某点的坐标，可以将该点绘于图上。矿图中所绘的图形就是由若干点连线得到的。

平面直角坐标系是由平面上两条相互垂直的直线所组成。南北方向的直线称为坐标纵轴 X，向北为正；东西方向的直线称为坐标横轴 Y，向东为正；两坐标轴的交点称为坐标原点 O。坐标轴将平面分为 4 个部分，每一部分叫象限，按顺时针方向排列为 Ⅰ 、Ⅱ 、Ⅲ 、Ⅳ 象限，点的平面位置（坐标）是由该点到两坐标轴的垂直距离来表示，如图 1-7 所示。

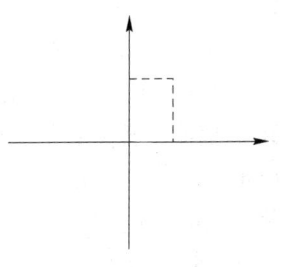

图 1-7 平面直角坐标系

（2）点的高低位置表示。为了确定点的空间位置，除确定点的平面位置外，还应确定点的高低位置。点的高低位置指该点到水准面的铅垂距离，用高程或标高来表示。

地面点到大地水准面的铅垂距离称为该点的绝对高程，用 H 表示。如图 1-8 所示，A、B 点的绝对高程分别为 H_A、H_B。

对于没有国家高程控制点的地区或因工作需要，可以选定一个适当的水准面作为高程的起算面，这个水准面称为假定水准面。地面上某点到假定水准面的铅垂距离称为该点的假定高程或相对高程。图 1-8 中 H_A'、H_B' 分别为 A、B 两点的相对高程。

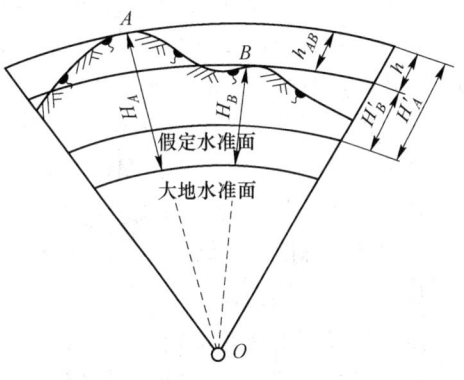

图 1-8 A、B 两点的绝对高程

地面点的高程往往是不相等的。任意两点的高程之差称为高差，用 h 表示。如图 1-8 所示，A、B 两点的高差为

$$h_{AB} = H_B - H_A = H_B' - H_A'$$

高差有正负之分，上坡高差为正值，反之为负值。高差的大小与起算面的位置无关。

1.2.5 直线方向及方位角

1.2.5.1 直线方向

直线的方向通常用直线与标准方向之间的夹角关系（大小）来表示。

标准方向通常有真子午线方向、坐标纵线方向和磁子午线方向 3 种，统称为三北方向线。

通过地面上一点，指向地球南北极的方向线称为该点的真子午线，真子午线的指北方向为真北方向，它是用天文测量方法确定的。

在平面直角坐标系中，把坐标方格网纵线称为坐标纵线方向，或称为 X 轴方向。矿图测绘工作中常用坐标纵线作为标准方向，因为坐标方格网的纵线或横线是彼此平行的，而且纵横线相互垂直，所以对于图纸的绘制与使用均十分方便。

通过地面上一点指向地球磁北极的方向称为该点的磁子午线方向，或称磁北方向，它是用罗盘测定的。

1.2.5.2　方位角

真方位角：从真子午线的北端起，顺时针量至某一直线的角度称为该直线的真方位角，角值 0°～360°，常用 $\alpha_{真}$ 表示。

坐标方位角：从坐标纵线的北端起，顺时针量至某一直线的角度称为该直线的坐标方位角，简称方位角，角值 0°～360°，常用 α 表示，如图 1-9 所示。

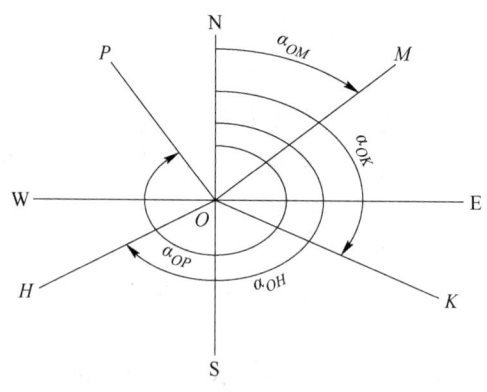

图 1-9　坐标方位角

直线是有方向的，它有起点和终点，直线前进方向的坐标方位角称为正坐标方位角或正方位角，其相反方向的坐标方位角称为反坐标方位角或反方位角。同一坐标系中同一直线的正反方位角相差 180°，即 $\alpha_{正} = \alpha_{反} \pm 180°$。

磁方位角：从磁子午线的北端起，顺时针量至某一直线的角度称为该直线的磁方位角，常用 $\alpha_{磁}$ 表示，角值 0°～360°。

某点的磁子午线方向与坐标纵线方向之间的夹角称为该点的坐标磁偏角，简称磁偏角，常用 Δ 表示。磁子午线偏向坐标纵线以东称为东偏，角值为正；偏向坐标纵线以西称为西偏，角值为负。我国各地坐标磁偏角的范围为 $-10°～+6°$。

1.2.5.3　象限角

从坐标纵线的北端或南端起，顺时针或逆时针量至某一直线的锐角称为该直线的象限角，角值均在 0°～90°之间，常用 R 表示，如图 1-10 所示。当用象限角表示直线方向时不仅应说明其角值大小，而且应说明直线所在象限的名称。图 1-10 中，直线 OA 的象限角表示为北东 45°21′或 NE45°21′，也可以表示为 N45°21′E。

象限角与坐标方位角的关系见表 1-2。

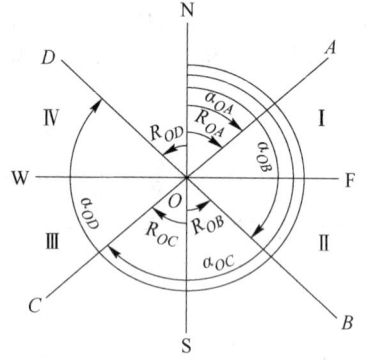

图 1-10　象限角

表 1-2　象限角与坐标方位角的关系

象限名称	角度区间	由方位角求象限角	由象限角求方位角
象限 I （北东）	0°～90°	$R = \alpha$	$\alpha = R$
象限 II （南东）	90°～180°	$R = 180° - \alpha$	$\alpha = 180° - R$
象限 III （南西）	180°～270°	$R = \alpha - 180°$	$\alpha = 180° + R$
象限 IV （北西）	270°～360°	$R = 360° - \alpha$	$\alpha = 360° - R$

1.2.6　坐标方格网

矿图上的坐标方格网为格网线与图廓正交的正方形格网，每个小方格的边长一般为

100mm。其精度要求规定：对角线上各交点应在一条直线上，每个小方格的边长误差不得超过0.2mm，图廓边长和对角线长与理论值之差不得超过0.3mm，方格网线粗不得超过0.1mm。

1.2.6.1　正交的正方形格网的绘制

绘制方格网的方法很多，下面只介绍对角线法。绘制方法如图1-11所示，其步骤如下：

（1）在正方形或长方形的图纸上先绘出两条对角线 AC 和 BD。

（2）以交点 O 为圆心，以适当长度用直尺在对角线上截取等长的线段 OA、OB、OC、OD，并将 AB、BC、CD、DA 连接起来，即得一矩形 AB-CD。

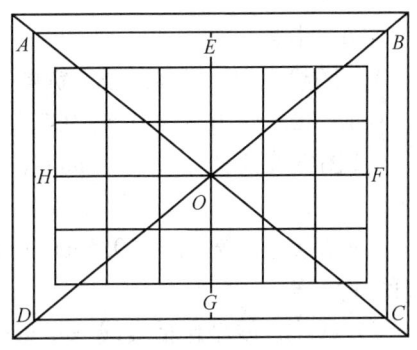

（3）找出 AB、BC、CD、DA 后边的中点 E、F、G、H，并连接 EG、FH，检查其交点是否通过中心（对角线交点），若不通过，需要重新绘制。

图1-11　对角线法绘制方格网图

（4）在矩形 ABCD 各边上，以100mm 的长度用直尺或圆规截取得到各个分点，连接对应的各分点，即坐标方格网。多余的部分应擦去。

（5）按格网精度要求检查坐标方格网是否符合要求。

1.2.6.2　斜交的正方形格网的绘制

矿图自由分幅时一般幅面较大，网格线常与图廓斜交。其绘制方法如图1-12所示，其步骤如下：

（1）首先按图幅大小绘出长方形图廓线。

（2）根据图面内容，在图幅内的适当位置画一条长直线作为格网的基准线，如图1-12所示的 AB。该线与图廓边线的交角依矿层的走向方位角而定。

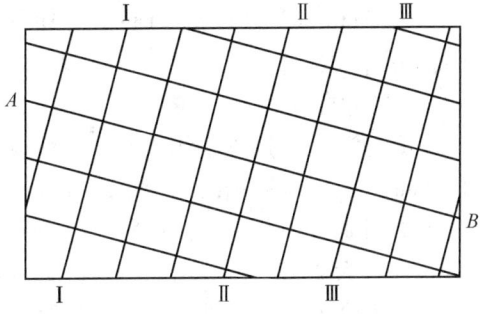

图1-12　斜交的正方形格网的绘制

（3）在基准线上每隔100mm 截取一点，并每隔若干点作基准线的垂线（即控制线，如图1-12所示的Ⅰ—Ⅰ、Ⅱ—Ⅱ、Ⅲ—Ⅲ直线）。

（4）在所作的几条垂线上从基准线开始，每100mm 截取一点，并连接对应点，得基准线的平行线。

（5）在平行于基准线的各线上，由同一条控制线开始每隔100mm 截取一点，连接对应点得到垂直于基准线的坐标方格网线。

1.2.7　平面图识读

平面图是水平剖面图，其基本要求如下。

（1）图纸幅面。A3 图纸幅面是（297×420）mm²，A2 图纸幅面是（420×594）mm²，A1 图纸幅面是（594×841）mm²，其图框的尺寸见相关的制图标准。

（2）图名及比例。矿山平面图的常用比例是 1：50、1：100、1：150、1：200、1：300、1：500、1：1000、1：2000、1：5000、1：10000、1：50000 等。图样下方应注写图名，图名下方应绘一条短粗实线，右侧应注写比例，比例字高宜比图名的字高小一号或二号。

（3）图线。

1）图线宽度。图线的基本宽度 b 可从下列线宽系列中选取：

0.18、0.25、0.35、0.5、0.7、1.0、1.4、2.0mm。

A2 图纸建议选用 $b = 0.7$mm（粗线）、$0.5b = 0.35$mm（中粗线）、$0.25b = 0.18$mm（细线）。

A3 图纸建议选用 $b = 0.5$mm（粗线）、$0.5b = 0.25$mm（中粗线）、$0.25b = 0.13$mm（细线）。

2）线型。线型包括实线 continuous、虚线 ACAD_ISOO2W100 或 dashed、单点长画线 ACAD_ISOO4W100 或 Center、双点长画线 ACAD_ISOO5W100 或 Phantom。

线型比例大致取出图比例倒数的一半左右（在模型空间应按 1：1 绘图）。

（4）字体。

1）图样及说明的汉字应采用仿宋体，文字的高度应从以下系列中选择：2.5mm、3.5mm、5mm、7mm、10mm、14mm、20mm。

2）汉字的高度不应小于 3.5mm，拉丁字母、阿拉伯数字或罗马数字的字高不应小于 2.5mm。

3）在 AutoCAD 中，执行 Dtext 或 Mtext 命令时，文字高度应设置为上述的高度值乘以出图比例的倒数。

（5）尺寸标注。

1）尺寸界线应用细实线绘制，一般应与被注长度垂直，其一端应离开图样轮廓线不小于 2mm，另一端宜超出尺寸线 2 ~ 3mm。

2）尺寸起止符号一般用中粗（0.5b）斜短线绘制，其斜度方向与尺寸界线成顺时针 45°，长度宜为 2 ~ 3mm。半径、直径、角度与弧长的尺寸起止符号，宜用箭头表示。

3）互相平行的尺寸线，应从被注写的图样轮廓线由近向远整齐排列，应将大尺寸标在外侧，小尺寸标在内侧。尺寸线距图样最外轮廓之间的距离不宜小于 10mm。平行排列的尺寸线的间距宜为 7 ~ 10mm，并应保持一致。

4）所有注写的尺寸数字应离开尺寸线约 1mm。

5）在 AutoCAD 中，标注样式全局比例应设置为出图比例的倒数。

（6）剖切符号。剖切位置线长度宜为 6 ~ 10mm，投射方向线应与剖切位置线垂直，画在剖切位置线的同一侧，长度应短于剖切位置线，宜为 4 ~ 6mm。为了区分同一形体上的剖面图，在剖切符号上宜用字母或数字，并注写在投射方向线一侧。

（7）详图索引符号。

1）图样中的某一局部或构件，如需另见详图，应以索引符号标出。索引符号是由直径为 10mm 的圆和水平直径组成，圆及水平直径均以细实线绘制。

2）详图的位置和编号，应以详图符号表示。详图符号的圆应以直径为 14mm 的粗实线绘制。

（8）引出线。引出线应以细实线绘制，宜采用水平方向的直线，与水平方向成30°、45°、60°、90°的直线，或经上述角度再折为水平线。文字说明宜注写在水平线的上方，也可注写在水平线的端部。

（9）指北针。指北针是用来指明建筑物朝向的。圆的直径宜为24mm，用细实线绘制，指针尾部的宽度宜为3mm，指针头部应标示"北"或"N"。需用较大直径绘制指北针时，指针尾部宽度宜为直径的1/8。

（10）高程。

1）高程符号用以细实线绘制的等腰直角三角形表示，其高度控制在3mm左右。在模型空间绘图时，等腰直角三角形的高度值应是3mm乘以出图比例的倒数。

2）高程符号的尖端指向被标注高程的位置。高程数字写在高程符号的延长线一端，以米为单位，注写到小数点的第3位。零点高程应写成±0.000，正数高程不用加"＋"，但负数高程应注上"－"。

（11）定位轴线。

1）定位轴线应用细单点长画线绘制。

2）定位轴线一般应编号，编号应注写在轴线端部的圆圈内，字高大概比尺寸标注的文字大一号。圆应用细实线绘制，直径为8～10mm，定位轴线圆的圆心，应在定位轴线的延长线上。

3）横向编号应用阿拉伯数字，从左至右顺序编写；竖向编号应用大写拉丁字母，从下至上顺序编写，但I、O、Z字母不得用作轴线编号。

1.3　制图标准及规范

1.3.1　制图标准

工程制图以制图规则及其相关标准作为根本依据，要贯彻现行有效的制图及其相关标准，使之在教学、实际工作中发挥应有的效能。

1.3.1.1　我国制图标准的历史沿革

技术图样是信息的载体。它传递设计的意图，集合加工制造的指令，是工程界工作的技术语言。技术图样的这一特性是以技术标准的确定和事实为基础实现的。

新中国成立后，1951年由政务院财政经济委员会发布了13项《工程制图》标准，规定以第一角画法作为我国工程制图的统一规则，从此结束了第一角和第三角两种画法并用的混乱状况。在此基础上，1956年由原第一机械工业部发布了我国第一套《机械制图》部颁标准，共21项。

自1959年至今，历次颁布的《机械制图》标准跟踪国际标准（ISO），《机械制图》国家标准于1985年开始实施，达到了国际先进水平。

1.3.1.2　标准化基础知识简介

标准是为在一定范围内获得最佳秩序，对活动或其结果规定共同的和重复使用的规则、导则或特性的文件。该文件经协商一致制定并经一个公认机构的批准。

标准是以科学、技术和经验的综合成果为基础，以促进最佳社会效益为目的而制定的。标准的制定和修订有严格的运作程序。我国的国家标准通过审查后，需由国务院标准化行政管理部门——国家市场监督管理总局、国家标准化管理委员会审批、给定标准编号并批准发布。

标准化是指为在一定的范围内获得最佳秩序，对实际的或潜在的问题制定共同的和重复使用的规则的活动。这类活动主要包括制定、发布及实施标准的过程。标准化是保证产品质量、实现专业化协作的社会大生产的技术保障，是消除技术壁垒、畅通和开拓国际技术交流渠道、实行贸易保护、应对经济全球化之必然。

标准化的基本原理通常是指统一原理、简化原理、协调原理和最优化原理。其实，这四条既是标准化原理，也是标准化的出发点和归宿。在国民经济的各个领域中，只有按这四条基本原理制定和实施标准，才有可能建立最佳的秩序，获得最佳的社会经济效益。

如图 1-13 所示，以 GB/T 17451—1998 为例说明标准编号和名称的构成。

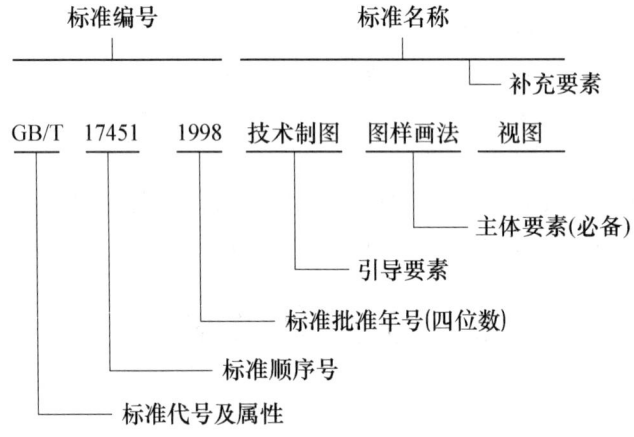

图 1-13　标准编号及名称

由以上示例可见，标准编号和标准名称分别由三部分组成。现对各组成部分说明如下。

（1）标准代号"GB"表示"国家标准"，是"国标"字的拼音缩写。在机械设计图中，使用较多的标准代号除"GB"外，还有以下行业标准代号：

JB——机械行业　　　　　　　SH——石化行业

HG——化工行业　　　　　　　SJ——电子行业

QB——轻工业行业　　　　　　YB——黑色冶金行业

QC——汽车行业　　　　　　　YS——有色冶金行业

与"GB"用斜线相隔的"T"表示"推荐性标准"；无"T"字时表示"强制性标准"。

（2）标准顺序号是按批准的先后顺序编排的，并无标准分类的含义。当某项标准需分几个部分编写，而每个部分又相互独立地作为一个标准发布时，可共用一个顺序号，并在同一顺序号之后增编一部分序号，两者之间用脚圆点隔开，如 GB/T 16675.1 和 GB/T 16675.2。

（3）为与国际惯例相通，我国标准批准年号已由两位数改为四位数。

（4）引导要素表示标准所属的领域，当主体要素表示的对象已明确时，则不需要引导要素。

（5）主体要素是必备要素，表示标准的主要对象。

（6）补充要素表示主体要素的特定方面。当该标准已包含主体要素的所有方面时，则不再命名补充要素。

1.3.1.3 标准级别

我国的标准在 1984 年以前分为国家标准、部标准和企业标准三级管理；1984 年开始改为两级管理，即国家标准（或专业标准——ZB）和企业标准；1990 年起至今改为四级管理，即国家标准、行业标准、地方标准和企业标准。

1.3.1.4 标准属性

新中国成立后，我国的各级标准均是以强制性标准发布和实施的。1988 年 12 月 29 日，《中华人民共和国标准化法》的颁布，才开始改变了我国标准属性的传统格局。《中华人民共和国标准化法》中明确规定，将国家标准、行业标准分为强制性标准和推荐性标准两种属性，近来，又将强制性标准细分为全文强制和条文强制两种形式。目前，在我国 20000 个左右的国家标准中，强制性标准是少数，仅占 14.1%，绝大多数标准为推荐性标准。强制性标准的范围可包括关系到国家安全、人身安全等重大问题，有八种情况。只要是相应的国家标准化行政管理部门批准发布的标准，无论哪种属性的标准，都是正式标准。

制图和公差标准均为推荐性标准。具体如下：

（1）1990 年，国家技术监督局令（第 12 号）中规定："推荐性标准，企业一经采用，应严格执行。"

（2）凡列入经济合同中的标准，即便是推荐性标准，均是各方应共同遵守的技术依据，具有法律意义上的约束性。

（3）欲使技术图样成为共同的技术语言，必须严格执行统一的制图标准，规范其画法和标注方法。

在由国家标准编号左端的字母代号判定标准属性时，除强制性标准（GB）和推荐性标准（GB/T）两种情况外，自 1998 年起还启用了代号"GB/Z"，它表示"国家标准化指导性技术文件"，是国家标准的补充。

1.3.1.5 与国际标准一致性程度的标识

先进的技术标准是先进的科技成果的结晶。采用先进的国际标准、国外标准是无偿的技术引进。因此，"双采"（采用国际标准和国外先进标准）方针是我国一项重要的技术经济政策，是实施多年的一项既定国策。GB/T 1.1 规定，采用了国际标准的我国标准，应在封面上注写出与国际标准一致性程度的标识、标识的代号和含义，GB/T 20000.2 规定分为三种情况：IDT 等同采用、MOD 修改采用、NEQ 非等效采用。

1.3.1.6 标准的复审

1990 年第 53 号国务院令在《中华人民共和国标准化法实施条例》中指出："标准实施后，制定标准的部门应当根据科学技术的发展和经济建设的需要适时进行复审。标准复审周期一般不超过五年。"

1.3.2　制图规范

（1）总则。

1）为了统一制图规则，保证制图质量，提高制图效率，做到图面清晰、简明、规范、美观，符合预算、施工、存档的要求，制定本标准。本标准以国家现行制图标准为依据，结合实际制图风格及经验编制而成。

2）本标准适用于计算机制图。

3）作图必须以 mm 为单位，在坐标原点附近按实际尺寸精确绘制；图面总体布局整齐、表达清晰、美观。

（2）一般规定。

1）图纸幅面：根据项目情况选择相应图框（A2—A0）。

2）图纸加长规定：图纸的短边一般不应加长，长边可加长，加长比例应符合表 1-3 的规定。

表 1-3　图纸边长加长尺寸　　　　　　　　　　　　（mm）

幅面	长边尺寸	长边加长倍数常用比例	长边加长倍数可用比例	长边加长后尺寸
A0	1189	1/4, 1/2	3/8	1486×1635×1783
A1	841	1/4, 1/2	3/4, 1	1051×1261, 1471×1682
A2	594	1/4, 1/2	3/4, 1	7438×9110, 411×189
A3	420	1/2	1	630×841

注：有特殊需要的图纸，可采用 $b×1$ 为 841mm×891mm 与 1189mm×1261mm 的幅面。

（3）图纸以短边作为垂直边称为横式，以短边作为水平边称为立式。一般 A0～A3 图纸宜横式使用；必要时也可立式使用。

思考与习题

1-1　简述计算机图形系统的组成。

1-2　几何造型是由哪些元素组成的？

1-3　二维图形有哪些基本的变换方式？

1-4　简述几何图形的布尔运算。

2 AutoCAD 绘图软件

2.1 AutoCAD 的产生与发展

2.1.1 AutoCAD 平台简介

AutoCAD 是由美国 Autodesk 公司为计算机上应用 CAD 技术而开发的绘图程序软件包,经过不断的完善,现已经成为国际上广为流行的绘图工具。AutoCAD 具有良好的用户界面,通过交互菜单或命令行方式便可以进行各种操作。它的多文档设计环境,让非计算机专业人员也能很快地学会使用。在不断实践的过程中更好地掌握它的各种应用和开发技巧,从而不断提高工作效率。AutoCAD 具有广泛的适应性,它可以在各种操作系统支持的微型计算机和工作站上运行,并支持分辨率由 320×200 到 2048×1024 的各种图形显示设备四十多种,以及数字仪和鼠标器三十多种,绘图仪和打印机数十种,这就为 AutoCAD 的普及创造了条件。

2.1.2 AutoCAD 软件发展历程

CAD(computer aided drafting)诞生于 20 世纪 60 年代,源于美国麻省理工学院提出的交互式图形学研究计划,由于当时硬件设施的昂贵,只有美国通用汽车公司和美国波音航空公司使用自行开发的交互式绘图系统。20 世纪 70 年代,小型计算机费用下降,美国工业界才开始广泛使用交互式绘图系统。20 世纪 80 年代,由于 PC 机的应用,CAD 得以迅速发展,出现了专门从事 CAD 系统开发的公司。当时 VersAutoCAD 是专业的 CAD 制作公司,所开发的 CAD 软件功能强大,但由于其价格昂贵,故不能普遍应用。而当时的 Autodesk 公司是一个仅有员工数人的小公司,其开发的 CAD 系统虽然功能有限,但因其可免费拷贝,故在社会得以广泛应用。同时,由于该系统的开放性,该 CAD 软件获得了迅速升级和发展。版本历史如下:

(1)AutoCAD 1.0 的诞生。当时的计算机,内存小得可怜,普遍只有 64K Bytes,其中 52K 可供用户使用。

AutoCAD V(ersion)1.0:1982.11 正式出版,容量为一张 360KB 的软盘,无菜单,命令需要背,其执行方式类似 DOS 命令。AutoCAD V1.2:1983.4 出版,具备尺寸标注功能。AutoCAD V1.3 在 1983 年 8 月出版,具备文字对齐及颜色定义功能,图形输出功能。AutoCAD V1.4:1983.10 出版,图形编辑功能加强。

(2)AutoCAD 2.0 的时代。从 2.0 版本开始,AutoCAD 的绘图能力有了质的飞跃,同时改善了兼容性,能够在更多种类的硬件上运行,并增强和完善了 DWG 文件格式。

AutoCAD V2.0:1984 年 10 月出版,图形绘制及编辑功能增加,如 MSLIDE VSLIDE DXFIN DXFOUT VIEW SCRIPT 等等。至此,在美国许多工厂和学校都有 AutoCAD 拷贝。

AutoCAD V2.17-V2.18：1985 年出版，出现了 Screen Menu，命令不需要背，Autolisp 初具雏形，二张 360K 软盘。AutoCAD V2.5：1986 年 7 月出版，Autolisp 有了系统化语法，使用者可改进和推广，出现了第三开发商的新兴行业，五张 360K 软盘。AutoCAD V2.6：1987 年 1 月出版，新增 3D 功能，AutoCAD 已成为美国高校的课程之一。

（3）AutoCAD Rx 版本。1987 年 V2.6 之后的版本，没有延续 x.x 的版本号形式，而是改用了 Rx 的编号形式，其中 x 是数字，从 1987 年到 1997 年，一共发布了从 R9 到 R14 共 6 个版本。R12 同时推出了 DOS 版和 Windows 版，是 DOS 版的终结版。R13 版本是最后一个同时在 UNIX、MS-DOS 和 Windows 3.1 上共同发布的版本。R14 版本中出现了 VBA 内置宏语言开发。

AutoCAD R（Release）9.0：1987 年 9 月出版，出现了状态行、下拉式菜单。至此，AutoCAD 开始在国外加密销售。AutoCAD R10.0：1988 年 10 月出版，进一步完善 R9.0，Autodesk 公司已成为千人企业。AutoCAD R11.0：1990 年 8 月出版，增加了 AME（Advanced Modeling Extension），但与 AutoCAD 分开销售。AutoCAD R12.0：1992 年 8 月出版，采用 DOS 与 Windows 两种操作环境，出现了工具条。AutoCAD R13.0：1994 年 11 月出版，AME 纳入 AutoCAD 之中。AutoCAD R14.0：1997 年 4 月出版，适应 Pentium 机型及 Windows95/NT 操作环境，实现与 Internet 网络连接，操作更方便，运行更快捷，加强了工具条功能，实现中文操作。

（4）21 世纪的 AutoCAD。21 世纪 AutoCAD 进入加速发展期，并改以年份为其版本标志。其前 10 年可看作前发展阶段，AutoCAD 2010 以后可看作后发展阶段。从 1999 年 AutoCAD 2000 发布一直到 2009 版，AutoCAD 在不断改进性能、增强 DWG 文件、改善与其他软件的交互性等方面取得持续的进步。从 2009 年 AutoCAD2010 发布至今，AutoCAD 更为注重 3D 功能、曲面造型、实体造型，3D 工具以及在 API 方面的改进和提升，开启了 64 位平台的支持。

AutoCAD2000（R15.0）：1999 年 1 月出版，提供了更开放的二次开发环境，出现了 Vlisp 独立编程环境。同时 3D 绘图及编辑更方便。AutoCAD 2000i（R15.1）：2000 年 7 月出版，出现了 Internet 驱动的设计，性能提高与操作简化也有所提升。AutoCAD2002（R15.6）：2001 年 6 月出版，增加了数据交换、团队合作。AutoCAD2004（R16.0）：2003 年 3 月出版，优化 DWG 文件的存储，具备设计中心、工具面板、特性选项版、状态托盘。AutoCAD2005（R16.1）：2004 年 1 月出版，提供了更为有效的方式来创建和管理包含在最终文档中的项目信息。其操作界面优势在于更省时、安全性更高、文件适用性更强。AutoCAD2006（R16.2）：2005 年 3 月出版，推出新功能：创建图形，动态图块的操作，选择多种图形的可见性，使用多个不同的插入点，对齐图中的图形，编辑图块几何图形，数据输入和对象选择。AutoCAD2007（R17.0）：2006 年 3 月出版，拥有强大直观的界面，可以轻松而快速地进行外观图形的创作和修改，致力于提高 3D 设计效率。AutoCAD2008（R17.1）：2007 年 4 月出版，提供了创建、展示、记录和共享构想所需的所有功能。将惯用的 AutoCAD 命令和熟悉的用户界面与更新的设计环境结合起来。AutoCAD2009（R17.2）：2008 年 5 月出版，软件整合了制图和可视化，加快了任务的执行，能够满足个人用户的需求和偏好，更快地执行常见的 CAD 任务，更容易找到那些不常见的命令。

AutoCAD2010（R18.0）：2009 年 3 月出版，新版本的 AutoCAD 中引入了全新功能，其中包括自由形式的设计工具、参数化绘图，并加强 PDF 格式的支持。界面风格完全改变，VBA 不再是捆绑安装，需要单独下载安装。更进一步对 .Net 开发支持。Auto-CAD2011（R18.1）：2010 年 3 月出版，增强自由形式设计，曲面造型，用户可以使用 DWG 文件格式做轻松共享和交流设计。AutoCAD2012（R18.2）：2011 年 4 月出版，增加近似命令提示输入功能，可进行概念构思和设计工作。AutoCAD2013（R19.0）：2012 年 5 月出版，增强视图控件，DWFx 文件支持，360 云支持。AutoCAD2014（R19.1）：2013 年 4 月出版，两个相交曲面交线提取，地理位置插入等。AutoCAD2015（R20.0）：2014 年 3 月出版，添加了新的套索工具，加速三维显示，增强了三维空间视口。AutoCAD2016（R20.1）：2015 年 4 月出版，加速 2D 与 3D 设计、创建文件和协同工作流程的新特性，并能为创作任意形状提供丰富的屏幕体验。使用者还能方便地使用 TrustedDWG 技术与他人分享作品，储存和交换设计资料。AutoCAD2017（R21.0）：2016 年 3 月出版，增加了 3D Print Studio，屏幕外选择，增强了 PDF 导入功能。AutoCAD2018（R22.0）：2017 年 3 月出版，改进了文件保存、二维图形、三维导航性能，增强协作功能。

2.1.3 AutoCAD 平台架构和特点

2.1.3.1 AutoCAD 总体构架

（1）文件操作管理系统：文件内容的剪切、复制与粘贴；文件中文字的查找与替换；文件的建立与保存；文件的打印；文件的输入与输出等。

（2）视图管理与窗口管理系统：视图的平移、缩放与旋转；视口的建立与显示；多文档窗口管理等。

（3）图形绘制与修改系统：图形及标注的绘制、图形编辑与修改。

（4）图形特性与精准绘图辅助工具：图层、颜色、线型、线宽、对象捕捉、图形信息提取等。

（5）图形格式与程序配置系统：单位、菜单、程序的配置。

（6）二次开发系统：VBA；LISP 编程环境。

（7）帮助系统：用户使用手册、开发人员开发技术文档等。

2.1.3.2 AutoCAD 平台特点

（1）具有完善的图形绘制功能。

（2）有强大的图形编辑功能。

（3）可以采用多种方式进行二次开发或用户定制。

（4）可以进行多种图形格式的转换，具有较强的数据交换能力。

（5）支持多种硬件设备。

（6）支持多种操作平台。

（7）具有通用性、易用性，适用于各类用户。

此外，从 AutoCAD2007 开始，该系统又增添了许多强大的功能，如 AutoCAD 设计中心（ADC）、多文档设计环境（MDE）、Internet 驱动、新的对象捕捉功能、增强的标注功能以及局部打开和局部加载的功能，从而使 AutoCAD 系统更加完善。

2.1.4　AutoCAD 软件中几个重要概念

2.1.4.1　矢量图与光栅图

（1）矢量图：是根据几何特性来绘制图形，矢量可以是一个点或一条线，矢量图只能靠矢量生成，文件占用内在空间较小，它的特点是放大后图像不会失真，和分辨率无关。也称矢量图形。文件后缀 DWG、DGN。常用编辑软件为 AutoCAD、MicroStation。

（2）光栅图：就是最小单位由像素构成的图，只有点的信息，缩放时会失真。每个像素有自己的颜色，类似计算机里的图片都是像素图，如果充分放大就会看到点变成小色块了。光栅图也称光栅图像、位图、点阵图、像素图。文件后缀 BMP、GIF、JPG。常用编辑软件为 photoshop、画图板。

2.1.4.2　右手坐标系与左手坐标系

（1）右手坐标系：在空间直角坐标系中，让右手拇指指向 x 轴的正方向，食指指向 y 轴的正方向，如果中指能指向 z 轴的正方向，则称这个坐标系为右手直角坐标系。

（2）左手坐标系：在空间直角坐标系中，让左手拇指指向 x 轴的正方向，食指指向 y 轴的正方向，如果中指能指向 z 轴的正方向，则称这个坐标系为左手直角坐标系。

一般来说与几何建模相关的软件通常使用右手坐标系，与游戏相关的场景使用左手坐标系。OpenGL 使用的是右手坐标系，而 Direct3D 使用的是左手坐标系。AutoCAD 采用的是右手坐标系，Unity 3D 采用的是左手坐标系。数控机床坐标系采用右手坐标系。

2.1.4.3　交互文件接口

（1）DXF 文件：DXF 是 Autodesk（欧特克）公司开发的用于 AutoCAD 与其他软件之间进行 CAD 数据交换的 CAD 数据文件格式。DXF 是一种开放的矢量 ASCII 数据格式，具有较好的可读性。由于 AutoCAD 现在是最流行的 CAD 系统，DXF 也被广泛使用，成为事实上的标准。绝大多数 CAD 系统都能读入或输出 DXF 文件。

（2）SAT 文件：ACIS 是美国 Spatial Technology 公司推出的三维几何造型引擎，它集线框、曲面和实体造型于一体，并允许这三种表示共存于统一的数据结构中，为各种 3D 造型应用的开发提供了几何造型平台。ACIS 作为造型内核被 AutoCAD 所使用，SAT 文件是一种开放的矢量 ASCII 数据格式，具有可读性，可与 Ansys 交互。

2.1.4.4　二次开发技术

（1）Auto LISP 与 Visual LISP：LISP 文件以解释型语言的方式运行；将程序代码编译为 VLX 应用程序，VLX 应用程序在独立的名称空间中运行。

（2）VBA 与 VB：VBA 和 VB 的主要差别是 VBA 和 AutoCAD 在同一进程空间中运行，提供的是具有 AutoCAD 智能的、非常快速的编程环境。

（3）ARX：采用 C++语言，借助 ARX 库完成最强大的二次开发。

（4）.NET：Interop 程序集位于全局程序集缓存中，它们会将 Automation 对象映射到 .NET 的对等对象。通过 Microsoft Visual Studio® .NET 完全访问 AutoCAD Automation 对象进行二次开发。

2.1.5　计算机辅助设计的特点

（1）良好的用户界面；

（2）强大的图形绘制和编辑功能；

（3）灵活的显示方式；

（4）采用开放式结构，便于用户进行二次开发；

（5）较强的数据交换能力；

（6）具有工程设计所必需的许多特殊绘图功能。

2.1.6　计算机辅助设计的工作步骤

（1）利用 CAD 系统输入设计要求，建立产品模型。

（2）应用各种软件进行设计计算和优化，确定产品的设计方案和零部件主要参数，在显示设备上以数据或图形方式显示初步设计效果。

（3）采用人机交互的方式对初步设计进行修改，直到完善。

（4）在外围设备上输出设计结果，或者对 CAD 信息进一步加工后直接得到可以输出到数控设备的指令。

2.1.7　AutoCAD 主要进展

AutoCAD 的主要进展包括：

（1）轻松设计环境（heads-up design enviroment）。AutoCAD 所引入的"轻松设计环境"把设计对象和设计过程放在中心位置，尽可能地减少对键盘和其他输入设备的依赖。在 AutoCAD 中，不仅仅实现了最常用设计的自动化，而且它还以最便利的方式为用户提供访问相关设计数据的能力。

（2）改进数据访问特性和易用特性。AutoCAD 的用户界面从"以命令为中心"继续向"以设计为中心"发展，变得更加透明，以便用户以更高的效率与其最为关注的设计对象和设计过程交互。在 AutoCAD 软件中实现了许多用户长久以来所期望的功能。

（3）把设计连为一体。在今天这样一个高速运行的网络化世界里，用户需要迅速而有效地共享设计信息。AutoCAD 能够让用户在任何时间、任何地点与任何人保持沟通，共享设计成果。

（4）一体化的绘图输出。AutoCAD 不仅能够帮助用户提高设计效率，而且还能帮助用户更好地沟通。在软件中包含的许多改进和新功能为用户提供更加灵活而方便的打印输出能力。

（5）更加强大的软件用户化和可扩展能力。AutoCAD 作为著名的软件开放系统的优势在 AutoCAD 中达到了崭新的水平。现在，AutoCAD 所支持的编程语言接口包括：Visual LISP、VBA、ActiveX 和 ObjectARX。更加开放的 AutoCAD 软件将帮助用户进一步提升设计过程的自动水平和智能化水平。

（6）强有力的技术体系。在 AutoCAD 强大功能的背后是对先进软件技术的充分应用。Autodesk 公司在不断地引进和吸收最先进的软件技术，如 Windows、COM 和 ACIS。Autodesk 公司也开发和使用了诸如 ObjectARX、HEIDI、ISM 等独具特色的技术。这些技术的应用使用户可以借助于 AutoCAD 软件的更新而持续地提高生产效率，跟上整个世界在 21 世纪前行的步伐。

2.2   CAD 系统组成和分类

2.2.1   CAD 系统组成

由一定的硬件和软件组成的供辅助设计使用的系统称为 CAD 系统。软件是 CAD 系统的核心，相应的硬件设备为软件的正常运行提供基础保障和运行环境。一个完善的 CAD 系统的主要功能是：快速地计算、分析、生成和处理图形，存储程序、数据并快速地检索，输入输出和人机交互。

CAD 的硬件系统包括主机、外围设备以及各种图形输入输出设备，如图 2-1 所示。主机由中央处理器（CPU）和内存储器组成，外围设备包括输入设备、输出设备和外存储器。常用的输入设备有键盘、鼠标、数字化仪和扫描仪。常用的输出设备有打印机、绘图机，显示器是最不可缺少的输出设备。

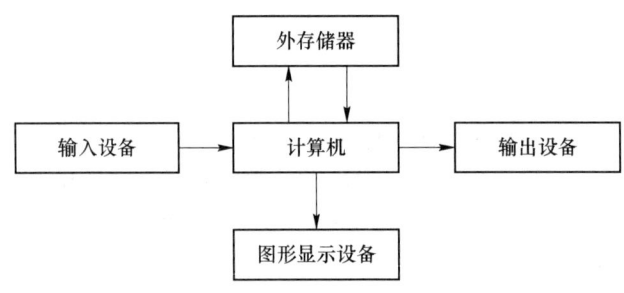

图 2-1   CAD 系统硬件的组成

CAD 的软件系统包括完成设计任务所需的全体计算机软件资源，可分为三个层次：

（1）系统软件。系统软件指操作系统和系统实用程序等，它用于计算机的管理、控制和维护。

（2）支撑软件。支撑软件是在系统软件基础上，由软件公司开发人员开发出来的，目的在于帮助人们高效、优质、低成本地建立并运行专业 CAD 系统的软件，是 CAD 系统的核心。

（3）应用软件。应用软件是用户为解决各类实际问题，在系统软件的支持下而设计、开发的程序，或利用支撑软件进行二次开发形成的程序。

2.2.2   CAD 系统分类

（1）大中型 CAD 系统。是一种多用户分时性计算机系统，由一台主机控制多达几百个图形或字符终端，体积庞大，计算速度快，存储量大，价格高。

（2）工作站 CAD 系统。具有大中型 CAD 系统的基本性能，但体积小，具有很强的图像处理能力，软件功能强大。

（3）微机 CAD 系统。微型计算机价格低廉，而且性能在不断完善，具有很好的发展前景。

2.3 AutoCAD 2016 的启动和退出

2.3.1 AutoCAD 2016 的启动

要使用 AutoCAD 进行绘图，首先必须启动该软件。在完成绘制之后，应保存文件并退出该软件，以节省系统资源。

安装好 AutoCAD 后，启动 AutoCAD 的方法有以下几种：

（1）"开始"菜单。单击"开始"按钮，在菜单中选择"所有程序|Autodesk|AutoCAD2016-简体中文（Simplified Chinese）|AutoCAD2016-简体中文（Simplified Chinese）"选项。

（2）桌面。双击桌面上的快捷图标 。

（3）与 AutoCAD 相关联格式文件。双击打开与 AutoCAD 相关格式的文件（＊.dwg、＊.dwt 等），如图 2-2 所示。

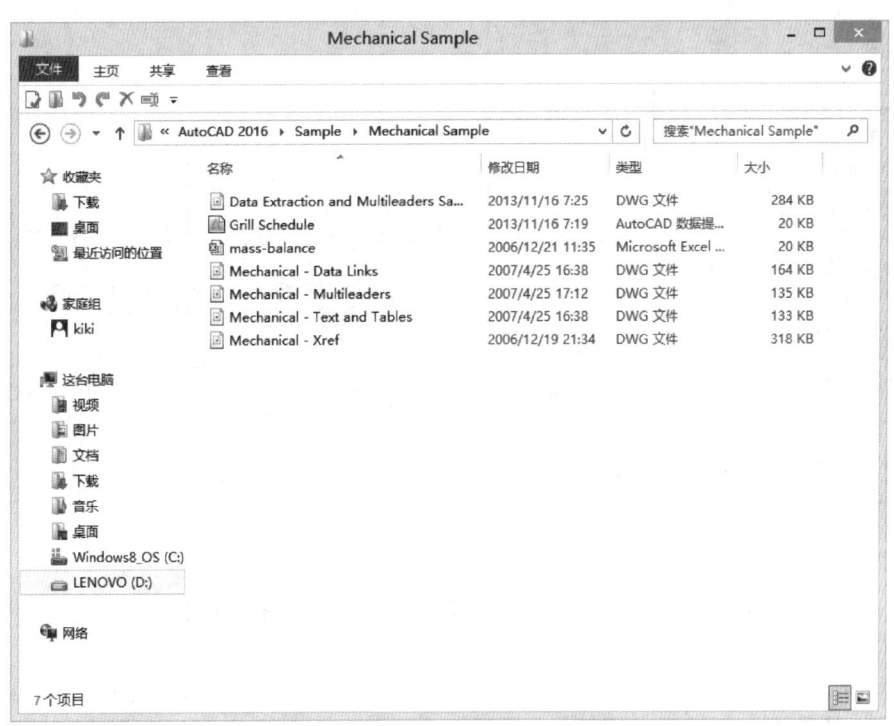

图 2-2　AutoCAD 图形文件

2.3.2 AutoCAD 2016 的退出

在完成图形的绘制和编辑后，退出 AutoCAD 的方法有以下几种：

（1）应用程序按钮。单击应用程序按钮，选择"关闭"选项，如图 2-3 所示。

（2）标题栏。单击标题栏上的"关闭"按钮 ▓ 。

（3）菜单栏。选择"文件"|"退出"命令。

（4）快捷键。Alt + F4 或 Ctrl + Q 组合键。

（5）命令行。QUIT 或 EXIT。

若在退出 AutoCAD 2016 之前未进行文件的保存，系统会弹出如图 2-4 所示的提示对话框。提示使用者在退出软件之前是否保存当前绘图文件。单击"是"按钮，可以进行文件的保存；单击"否"按钮，将不对之前的操作进行保存而退出；单击"取消"按钮，将返回到操作界面，不执行退出软件的操作。

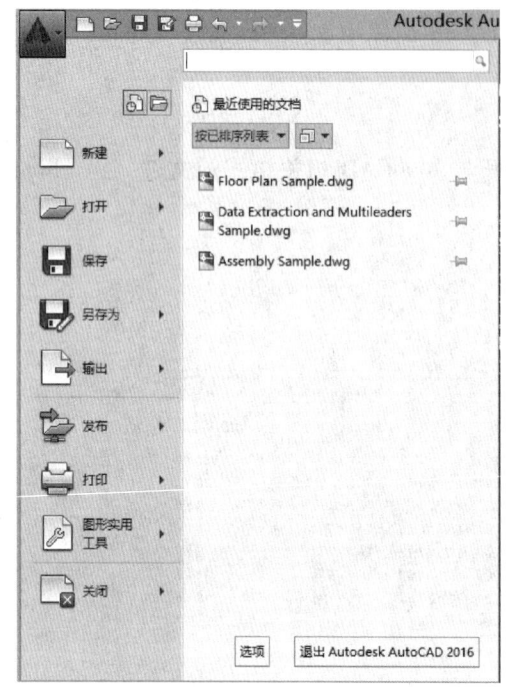

图 2-3 【应用程序菜单】关闭软件

图 2-4 退出提示对话框

2.4 AutoCAD 2016 的工作界面的使用

AutoCAD 的默认界面为"草图与注释"工作空间的界面。该工作空间界面包括应用程序按钮、快速访问工具栏、标题栏、菜单栏、工具栏、十字光标、绘图区、坐标系、命令行、标签栏、状态栏及文本窗口等，如图 2-5 所示。

（1）应用程序按钮。"应用程序"按钮 🅰 位于窗口的左上角，单击该按钮，系统将弹出用于管理 AutoCAD 图形文件的菜单，包含"新建""打开""保存""另存为""输出"及"打印"等命令，右侧区域则是"最近使用文档"列表，如图 2-6 所示。

此外，在应用程序"搜索"按钮左侧的空白区域输入命令名称，即会弹出与之相关的各种命令的列表，选择其中对应的命令即可执行，如图 2-7 所示。

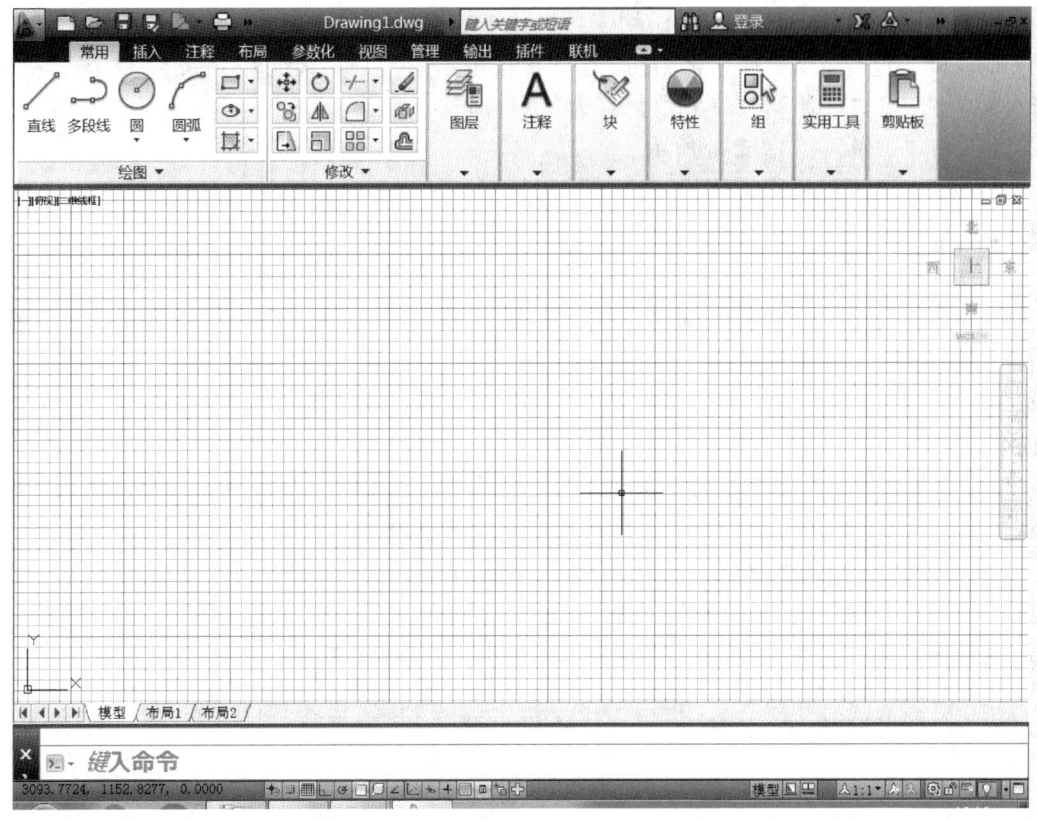

图 2-5　AutoCAD 2016 默认的工作界面

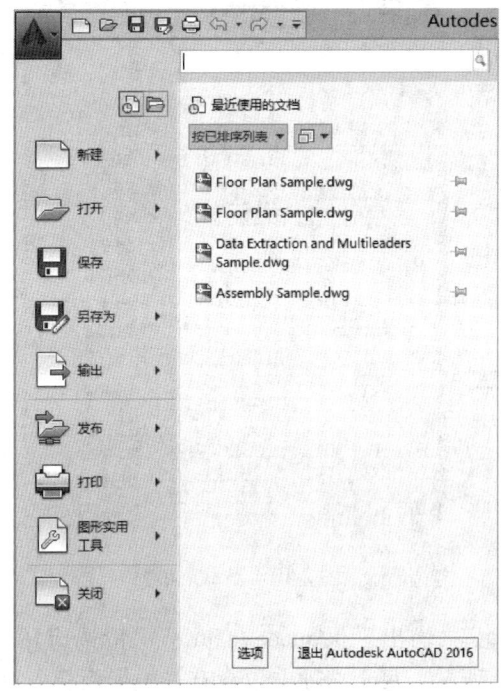

图 2-6　应用程序菜单

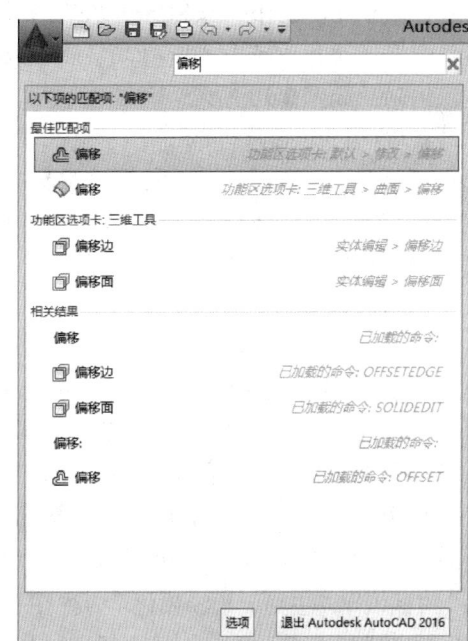

图 2-7　搜索功能

（2）快速访问工具栏。快速访问工具栏位于标题栏的左侧，包含了文档操作常用的 7 个快捷按钮，依次为"新建""打开""保存""另存为""打印""放弃"和"重做"，如图 2-8 所示。

图 2-8　快速访问工具栏

可以通过相应的操作为"快速访问"工具栏增加或删除所需的工具按钮，有以下几种方式：

1）单击"快速访问"工具栏右侧下拉按钮 ，在菜单栏中选择"更多命令"选项，在弹出的"自定义用户界面"对话框选择将要添加的命令，然后按住鼠标左键，将其拖动至快速访问工具栏上即可。

2）在"功能区"的任意工具图标上单击鼠标右键，选择其中的"添加到快速访问工具栏"命令。

3）如果要删除已经存在的快捷键按钮，只需要在该按钮上单击鼠标右键，然后选择"从快速访问工具栏中删除"命令，即可完成删除按钮操作。

（3）标题栏。标题栏位于 AutoCAD 窗口的最上方，如图 2-9 所示，标题栏显示了当前软件名称，以及显示当前新建或打开的文件的名称等。位于标题栏右上角的按钮（ ）用于实现 AutoCAD 2016 窗口的最小化、最大化和关闭操作。

图 2-9　标题栏

（4）菜单栏。在 AutoCAD 2016 中，菜单栏在任何工作空间都不会默认显示。在"快速访问"工具栏中单击下拉按钮 ，并在弹出的下拉菜单中选择"显示菜单栏"选项，即可将菜单栏显示出来，如图 2-10 所示。

菜单栏位于标题栏的下方，包括了 12 个菜单："文件""编辑""视图""插入""格式""工具""绘图""标注""修改""参数""窗口""帮助"，几乎包含了所有绘图命令和编辑命令，如图 2-11 所示。

每个菜单均有一级或多级子菜单。单击菜单项或按下 Alt + 菜单项中带下划线的字母（例如 Alt + O），即可打开对应的下拉菜单。

图 2-10　显示菜单栏

（5）功能区。"功能区"是一种特殊的选项卡，它用于显示与绘图任务相关的按钮和控件，"草图与注释"空间的"功能区"包含了"默认""插入""注释""参数化""视图""管理""输出""Autodesk 360""精选应用""BIM 360""Performance"等选项卡，如图 2-12 所示。每个选项卡包含有若干个面板，每个面板又包含许多由图标表示的命令按钮。

图 2-11 菜单栏

图 2-12 功能区选项卡

用户创建或打开图形时，功能区将自动显示。如果没有显示功能区，那么用户可以执行以下操作来手动显示功能区。

1）菜单栏：选择"工具栏"|"选项板"|"功能区"命令。

2）命令行：ribbon。如果要关闭功能区，则输入 ribbonclose 命令。

（6）标签栏。文件标签栏位于绘图窗口上方，每个打开的图形文件都会在标签栏显示一个标签，单击文件标签即可快速切换至相应的图形文件窗口，如图 2-13 所示。

图 2-13 标签栏

AutoCAD 2016 的标签栏中，"新建选项卡"图形文件选项卡重命名为"开始"，并在创建和打开其他图形时保持显示。单击标签上的 × 按钮，可以快速"关闭"文件；单击标签栏右侧的 ⊕ 按钮，可以快速"新建"文件；右击标签栏空白处，会弹出快捷菜单（见图 2-14），利用该快捷菜单可以选择"新建""打开""全部保存"或"全部关闭"命令。

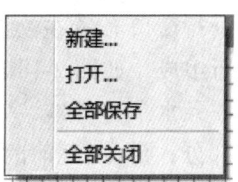

图 2-14 快捷菜单

此外，在光标经过图形文件选项卡时，将显示模型的预览图像和布局。如果光标经过某个预览图像，相应的模型或布局将临时显示在绘图区域中，并且可以在预览图像中访问"打印"和"发布"工具，如图 2-15 所示。

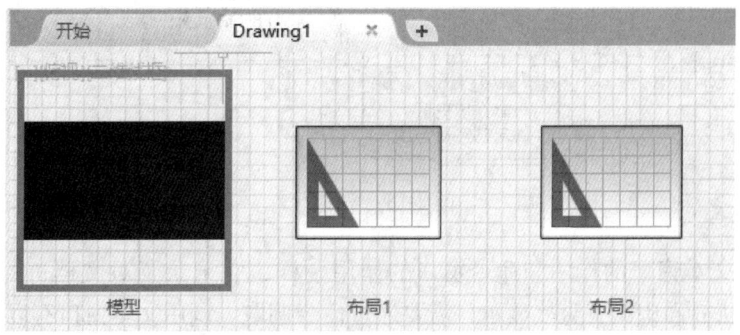

图 2-15 文件选项卡的预览功能

（7）绘图区。"绘图窗口"又常被称为"绘图区域"，它是绘图的焦点区域，绘图的核心操作和图形显示都在该区域中。在绘图窗口中有 4 个工具需注意，分别是光标、坐标系图标、ViewCube 工具和视口控件，如图 2-16 所示。其中，视口控件显示在每个视口的左上角，提供更改视图、视觉样式和其他设置的便捷操作方式，视口控件的 3 个标签将显示当前视口的相关设置。注意当前文件选项卡决定了当前绘图窗口显示的内容。

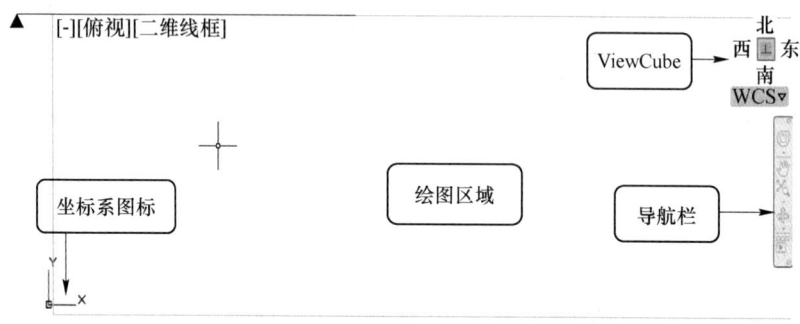

图 2-16　绘图区

图形窗口左上角有三个快捷功能控件，可以快速地修改图形的视图方向和视觉样式，如图 2-17 所示。

（8）命令行与文本窗口。命令行是输入命令名和显示命令提示的区域，默认的命令行窗口布置在绘图区下方，由若干文本行组成，如图 2-18 所示。命令窗口中间有一条水平分界线，它将命令窗口分成两个部分：命令行和命令历史窗口。位于水平线下方为"命令行"，它用于接收用户输入命令，并显示 AutoCAD 提示信息；位于

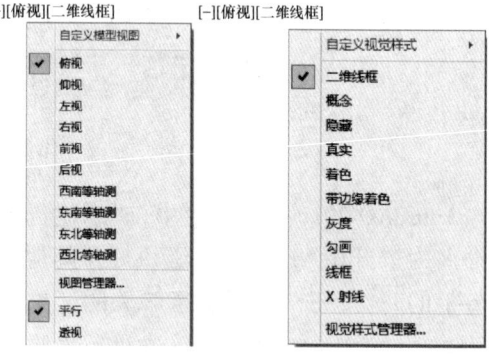

图 2-17　快捷功能控件菜单

水平线上方为"命令历史窗口"，它含有 AutoCAD 启动后所用过的全部命令及提示信息，该窗口有垂直滚动条，可以上下滚动查看以前用过的命令。

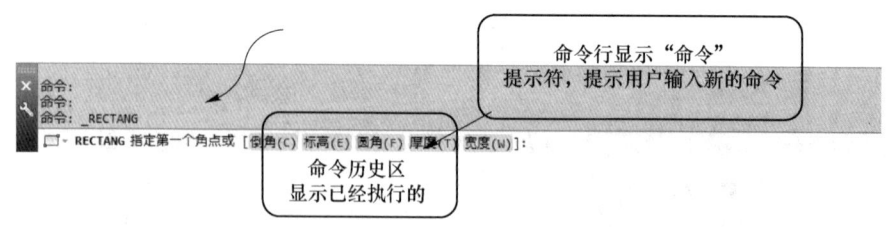

图 2-18　命令行

AutoCAD 文本窗口的作用和命令窗口的作用一样，它记录了对文档进行的所有操作。文本窗口在默认界面中没有直接显示，需要通过命令调取。调用文本窗口有以下几种方法。

1）菜单栏：选择"视图"|"显示"|"文本窗口"命令。

2）快捷键：按下 Ctrl + F2 键。

3）命令行：TEXTSCR。

执行上述命令后，系统弹出如图 2-19 所示的文本窗口，记录了文档进行的所有编辑操作。

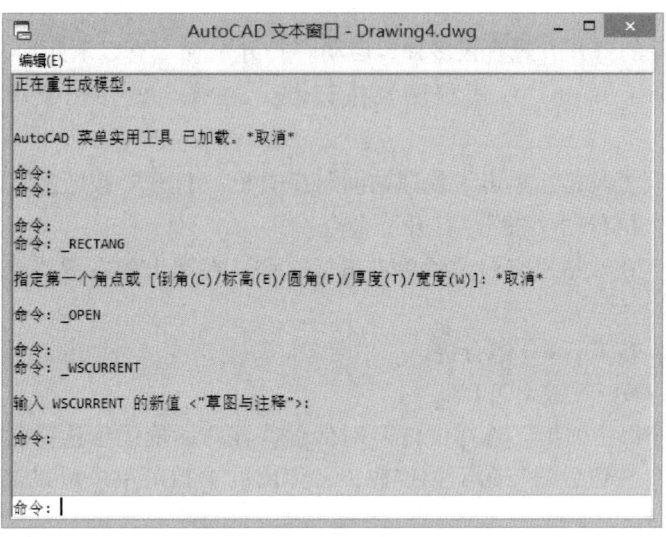

图 2-19　AutoCAD 文本窗口

（9）状态栏。状态栏位于屏幕的底部，用来显示 AutoCAD 当前的状态，如对象捕捉、极轴追踪等命令工作状态。主要由 4 部分组成，如图 2-20 所示。同时 AutoCAD 2016 将之前的模型布局标签栏和状态栏合并在一起，并且取消显示当前光标位置。

图 2-20　状态栏

2.5　图形文件的基本操作

AutoCAD 2016 图形文件的基本操作主要包括新建文件、打开文件、保存文件和输出文件等基本操作。

2.5.1　新建文件

当启动 AutoCAD 2016 后，如果用户需要绘制一个新的图形，则需要使用"新建"命令。启动"新建"命令有以下几种方法。

（1）应用程序：单击"应用程序"按钮 ，在弹出的快捷菜单中选择"新建"选项。

（2）快速访问工具栏：单击"快速访问"工具栏中的"新建"按钮 。

（3）菜单栏：选择"文件"|"新建"命令。

（4）标签栏：单击标签栏上的 按钮。

（5）快捷键：按 Ctrl + N 组合键。

（6）命令行：NEW 或 QNEW。

2.5.2 打开文件

AutoCAD 文件的打开方式有很多种，启动“打开”命令有以下几种方法。

（1）应用程序：单击“应用程序”按钮，在弹出的快捷菜单中选择“打开”按钮。

（2）快速访问工具栏：单击“快速访问”工具栏“打开”按钮。

（3）菜单栏：执行“文件”|“打开”命令。

（4）标签栏：在标签栏空白位置单击鼠标右键，在弹出的右键快捷菜单中选择“打开”选项。

（5）快捷键：按 Ctrl + O 组合键。

（6）命令行：OPEN 或 QOPEN。

执行以上操作都会弹出“选择文件”对话框，该对话框用于选择已有的 AutoCAD 图形，单击“打开”按钮后的三角下拉按钮，在弹出的下拉菜单中可以选择不同的打开方式，如图 2-21 所示。

图 2-21 “选择文件”对话框

2.5.3 保存文件

保存文件不仅是将新绘制的或修改好的图形文件进行存盘，以便以后对图形进行查看、使用或修改、编辑等，还包括在绘制图形过程中随时对图形进行保存，以避免意外情况发生而导致文件丢失或不完整。

（1）保存新的图形文件。保存新文件就是对新绘制还没保存过的文件进行保存。启动“保存”命令有以下几种方法。

1）应用程序：单击"应用程序"按钮 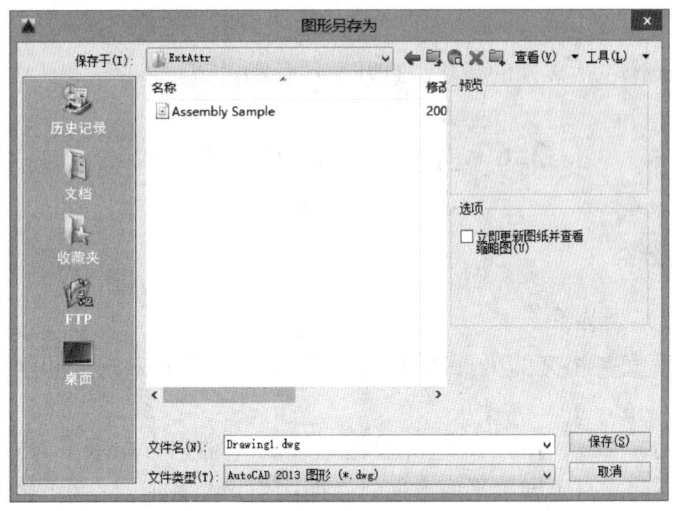 ，在弹出的快捷菜单中选择"保存"选项。

2）快速访问工具栏：单击"快速访问"工具栏"保存"按钮 。

3）菜单栏：选择"文件"|"保存"命令。

4）快捷键：按 Ctrl + S 组合键。

5）命令行：SAVE | QSAVE。

执行"保存"命令后，系统弹出如图 2-22 所示的"图形另存为"对话框。

图 2-22 "图形另存为"对话框

（2）另存为其他文件。当用户在已存盘的图形基础上进行了其他修改工作，又不想颠覆原来的图形，可以使用"另存为"命令，将修改后的图形以不同图形文件存盘。启动"另存为"命令有以下几种方法。

1）应用程序：单击"应用程序"按钮 ，在弹出的快捷菜单中选择"另存为"选项。

2）快速访问工具栏：单击"快速访问"工具栏"另存为"按钮 。

3）菜单栏：选择"文件"|"另存为"命令。

4）快捷键：按 Ctrl + Shift + S 组合键。

5）命令行：SAVE AS。

（3）定时保存图形文件。此外，还有一种比较好的保存文件的方法，即定时保存图形文件，可以免去随时手动保存的麻烦。设置定时保存后，系统会在一定的时间间隔内实行自动保存当前文件编辑的文件内容。

2.5.4 关闭文件

为了避免同时打开过多的图形文件，需要关闭不再使用的文件，选择"关闭"命令的方法如下。

（1）应用程序：单击"应用程序"按钮 ，在弹出的快捷菜单中选择"关闭"选项。

（2）菜单栏：选择"文件"|"关闭"命令。

（3）文件窗口：单击文件窗口上的"关闭"按钮 ▣。注意不是软件窗口的"关闭"按钮，否则会退出软件。

（4）标签栏：单击文件标签栏上的"关闭"按钮。

（5）快捷键：按 Ctrl + F4 组合键。

（6）命令行：CLOSE。

执行该命令后，如果当前图形文件没有保存，那么关闭该图形文件时系统将提示是否需要保存修改。

文件的基本操作包括文件的新建、打开、保存和关闭。

2.6 坐标系与坐标的输入

2.6.1 坐标系的分类

2.6.1.1 世界坐标系

由三个相互垂直并相交的坐标轴 X、Y、Z 组成，其坐标原点和坐标轴方向都不会改变。

如图 2-23 所示，默认情况下，世界坐标系统的 X 轴正方向水平向右，Y 轴正方向垂直向上，Z 轴正方向垂直于屏幕平面方向，指向用户。坐标原点在绘图区的左下角，在其上有一个方框标记，表明是世界坐标系统。

2.6.1.2 用户坐标系

用户需要修改坐标系的原点和方向，AutoCAD 提供了可变的用户坐标系以方便用户绘图。在默认情况下，用户坐标系和世界坐标系是相重合的，用户也可以在绘图过程中根据需要来定义 UCS。如图 2-24 所示为用户坐标系图标。

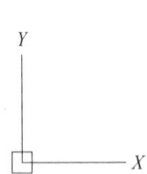

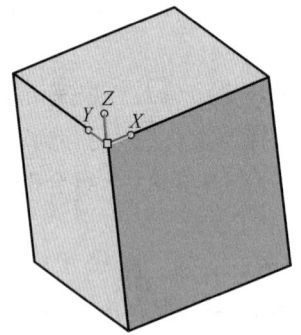

图 2-23 世界坐标系统图标   图 2-24 用户坐标系图标

2.6.2 坐标输入方法

2.6.2.1 绝对直角坐标

直角坐标系又称为笛卡尔坐标系，由一个原点和两条通过原点的、互相垂直的坐标轴构成，如图 2-25 所示。其中，水平方向的坐标轴为 X 轴，以右方向为其正方向；垂直方向的坐标轴为 Y 轴，以上方向为其正方向。平面上任何一点 P 都可以由 X 轴和 Y 轴的坐标来定义，即用一对坐标轴（x，y）来定义一个点，例如图 2-25 中 P 点的垂直坐标为（5，4）。

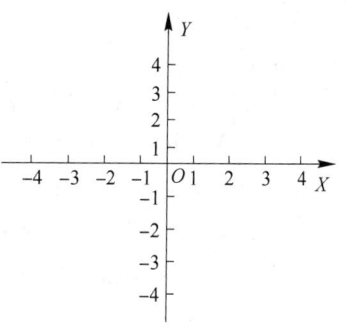

图 2-25　笛卡尔坐标系

［**案例 2-1**］　以精确坐标点绘制直线。

（1）在"默认"选项卡中，单击"绘图"面板中的"直线"按钮 ╱。

（2）根据命令行提示输入直线的两个端点的坐标（2，3）和（7，6），确定一条直线，命令行操作如下。

命令：_line　　　　　　　　　　　　　//调用"直线"命令
指定第一个点:2,3 ↙　　　　　　　　　//输入起点坐标
指定下一个点或［放弃(U)］:7,6 ↙　　//输入终点坐标

（3）绘制完成的直线如图 2-26 所示。

2.6.2.2　绝对极坐标

极坐标系由一个极点和一根极轴构成，极轴的方向为水平向右，如图 2-27 所示。平面上任何一点 P 都可以由该点到极点的连线长度 L（>0）和连线与极轴的夹角 α（极角，逆时针方向为正）来定义，即用一对坐标值（L < a）来定义一个点，其中"<"表示角度。

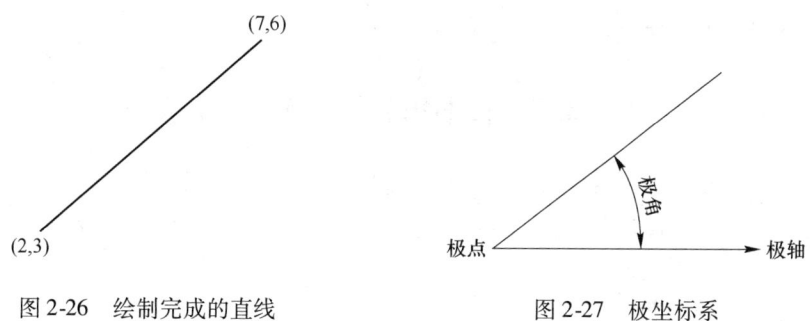

图 2-26　绘制完成的直线　　　　　　图 2-27　极坐标系

例如，某点的极坐标为（15 < 30），表示该点距离极点的长度为 15，与极轴的夹角为 30°。

［**案例 2-2**］　绘制长为 50mm 且与水平方向呈 37°角的直线。

（1）在"默认"选项卡中，单击"绘图"面板中的"直线"按钮 ╱。

（2）在命令行提示"指定第一点："时，在绘图区任意拾取一点作为直线第 1 点。

（3）在命令行提示"指定下一点或［放弃（U）］"时，在命令行输入"@ 50 < 37"并回车，完成直线绘制，如图 2-28 所示，命令行操作如下。

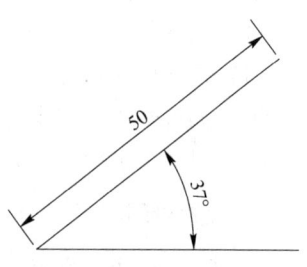

图 2-28　绘制完成的直线

命令: _line   // 调用"直线"命令
指定第一个点: // 在绘图区任意指定一点为起点
指定下一个点或［放弃(U)］:@50<37   // 输入终点坐标

2.6.2.3 相对直角坐标

绝对坐标是指点在 X 轴和 Y 轴方向上的绝对位置,例如,在 2.6.2.1 小节中讲的点 $P(3,2)$,以及"绝对极坐标系"中的案例,这些都是绝对坐标。绝对坐标的参考位置是 AutoCAD 的坐标系原点,而相对坐标的参考为上一点或者用户指定的某处,这是两者之间的主要区别。

相对坐标分为两种,分别为相对直角坐标和相对极坐标。

相对直角坐标系的输入方法是以上一点为参考点,然后输入相对的位移坐标值来确定输入的点坐标。它与坐标系的原点无关。

相对直角坐标的输入方法与输入绝对直角坐标的方法类似,只需在绝对直角坐标前加一个"@"符号即可。

例如某条直线的起点坐标为(5,5)、终点坐标为(10,5),则终点相对于起点的直角坐标为(@5,0)。

2.6.2.4 相对极坐标

相对极坐标以某一特定的点为参考极点,输入相对于参考极点的距离和角度来定义一个点的位置。相对极坐标的格式输入为(@ A<角度),其中 A 表示指定点与特定点的距离。例如某条直线的起点坐标为(5,5)、终点坐标为(10,5),则用相对极坐标表示为(@5<0)。

2.6.2.5 直接距离输入

对各种坐标输入方法通过操作演示解释。

2.7 绘图的基本过程

作图步骤: 设置图幅——设置单位——设置图层——开始绘图。

综合考虑: 设置绘图单位、图形界限、图层、线型、线宽、颜色、文字标示、尺寸标注、中心线、图形、图框的绘制等方面。

绘图中应注意的问题:

(1) 对初学者来说,每次绘图的顺序最好是先选取菜单(或命令、图标),然后再进行操作;

(2) 绘图时应密切关注命令行的提示信息;

(3) 如果绘图过程中出现了错误,可以随时按 Esc 键来中断操作;

(4) 明确鼠标"左键""右键"的含义;

(5) 选择操作目标时,要移动鼠标选取框至目标上,然后按鼠标左键确认;

(6) 如果输入的文本为中文,应选择合适的输入方法;

(7) 对每个命令最好先分析其特点再做实际练习,即学会先思考后操作。

2.7.1 设置绘图界限

AutoCAD 默认的绘图区是 420mm×297mm 的矩形区域,但实际上可以在任何地方绘图。用户可以重新为绘图区设置矩形边界,它由矩形区的左下角和右上角的坐标值规定。

设置绘图界限的菜单命令为"格式|图形单位"或者在命令行输入 Limits 命令。

[**案例 2-3**] 设置 A4 (297mm×210mm) 界限。

(1) 单击快速访问工具栏中的"新建"按钮,新建文件。

(2) 选择"格式"|"图形界限"命令,设置图形界限,命令行提示如下:

命令:_LIMITS　　　　　　　　　　　　　　　//调用"图形界限"命令

其功能为重新设置模型空间界限:

指定左下角点或[开(ON)/关(OFF)] <0.0000,0.0000>:0,0✓　　//指定坐标原点为图形界限左下
　　　　　　　　　　　　　　　　　　　　　　　　　　　　　角点

指定右上角点 <420.0000,297.0000>:297,210　　　　//指定右上角点

(3) 右击状态栏上的"栅格"按钮 ▦,在弹出的快捷菜单中选择"网格设置"命令,或在命令行输入 SE 并按 Enter 键,系统弹出"草图设置"对话框,在"捕捉和栅格"选项卡中,取消选中"显示超出界限的栅格"复选框,如图 2-29 所示。

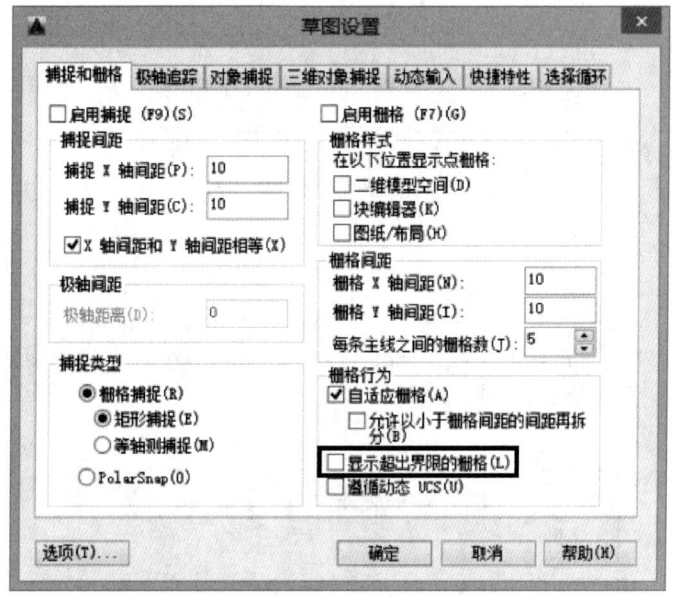

图 2-29　"草图设置"对话框

(4) 单击"确定"按钮,设置的图形界限以栅格的范围显示,如图 2-30 所示。

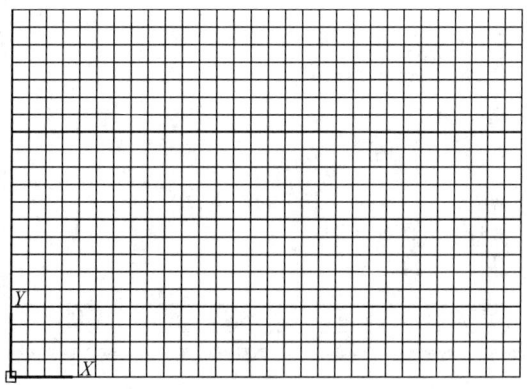

图 2-30　以栅格范围显示绘图界限

（5）将设置的图形界限（A4 图纸范围）放大至全屏显示，如图 2-31 所示，命令行操作如下：

命令：ZOOM ↙　　　　　　　　　　　　　　　　　　　//调用视图缩放命令

指定窗口的角点，输入比例因子(nX 或 nXP)，或者［全部(A)/中心(C)/动态(D)/范围(E)/上一个(P)/比例(S)/窗口(W)/对象(O)]＜实时＞:a ↙　　　　//激活"全部"选项，正在重生成模型。

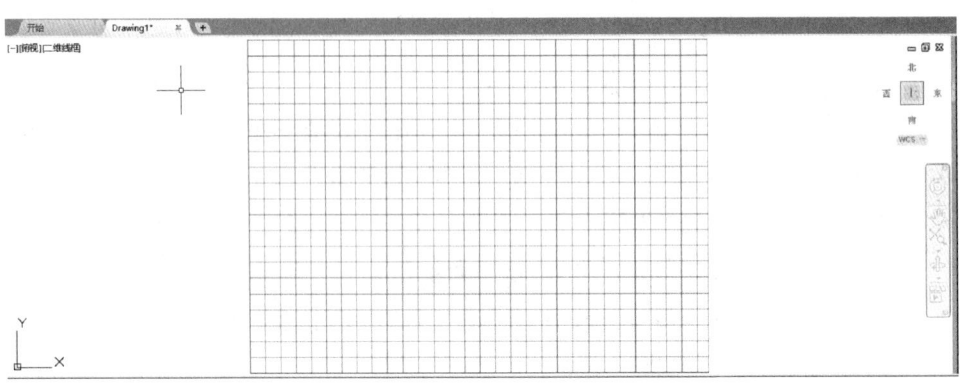

图 2-31　布满整个窗口的栅格

2.7.2　绘图单位设置

单击"格式|单位"菜单项或者在命令行输入 Units 或者 Un 命令打开如图 2-32 所示的"图形单位"对话框来设置图形单位。

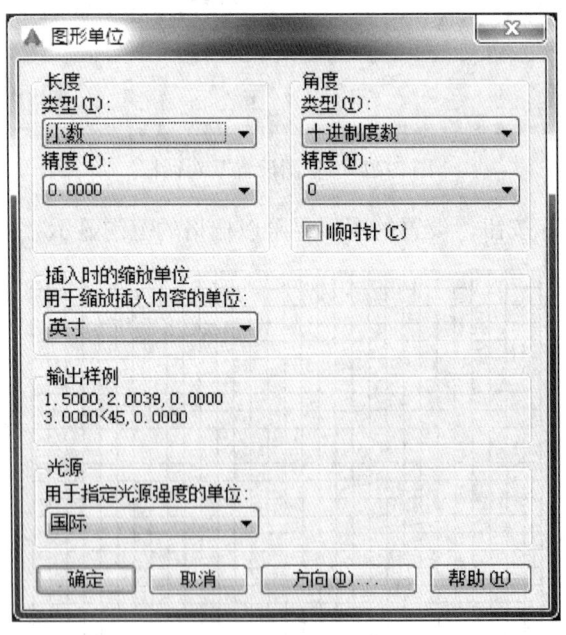

图 2-32　"图形单位"对话框

2.7.3 图层特性管理器

单击"格式|图层"菜单项或者在命令行输入 Layer 命令或者在工具栏单击"图层特性"按钮，打开如图 2-33 所示图层特性管理器对话框，可以使用它来新建图层或者改变图层设置。

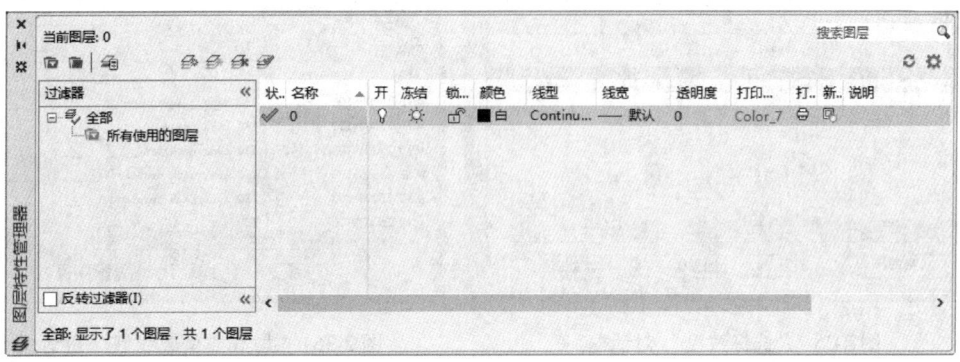

图 2-33 图层特性管理器

2.7.4 设置图层的颜色、线型及线宽

对话框的列表视图窗格中，与"颜色"对应的列上的各小图标的颜色反映了对应图层的颜色，同时还在图标的右侧显示出颜色的名称。如果要改变某一图层的颜色，单击对应的图标，AutoCAD 会弹出如图 2-34 所示的"选择颜色"对话框，从中选择即可。

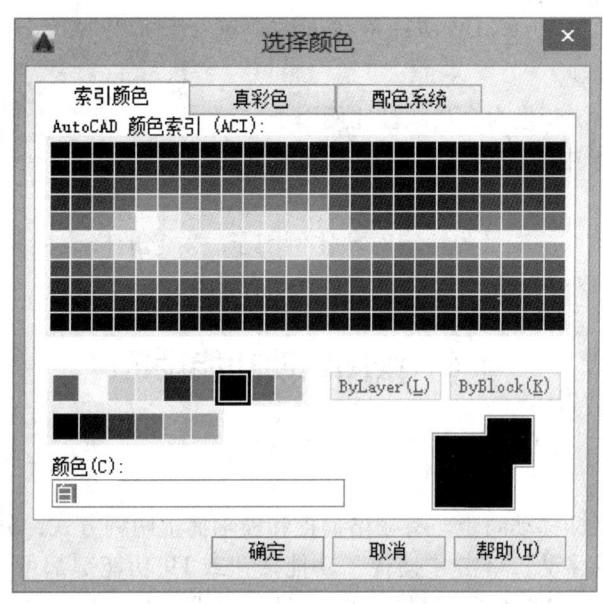

图 2-34 "选择颜色"对话框

如果要改变某一图层的线性，单击该图层的原有线性名称，AutoCAD 弹出如图 2-35 所示的"选择线型"对话框，从中选择即可。如果在"选择线型"对话框中没有列出所需要的线型，应单击"加载"按钮，通过弹出的"加载或重载线型"对话框（如图 2-36 所示）选择线型文件，并加载所需要的线型。

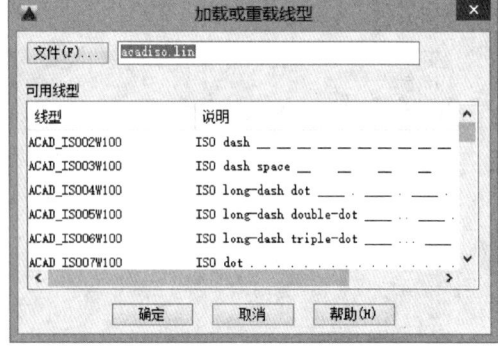

图 2-35　"选择线型"对话框　　　　图 2-36　"加载或重载线型"对话框

如果需要改变某一图层的线宽，单击该图层上的对应项，AutoCAD 会弹出如图 2-37 所示的"线宽"对话框，从中选择即可。

2.7.5　控制非连续线型外观

在绘制图形时，经常需要使用中心线、虚线等非连续线型，应该根据图形的尺寸，来控制非连续线型的外观（即疏密程度）。

在 AutoCAD 中，可以通过修改线型比例因子来修改非连续线型的外观。

LTSCALE：该系统变量为全局线型比例因子，对它的修改将影响图形中的全部对象的非连续线型的外观。

图 2-37　"线宽"对话框

CELTSCALE：该系统变量为特定对象比例因子，对它的修改将只影响图形中新绘制对象的非连续线型的外观，而对已绘制的对象没有影响。

2.8　绘图辅助功能设置

2.8.1　捕捉

捕捉用于设定光标移动间距。有栅格捕捉和极轴捕捉两种方式，分别用于控制栅格方向和极轴方向的精确移动。单击"捕捉"功能按钮或 F9 功能键都可以打开/关闭捕捉功能，在命令行执行 SNAP 命令可以对捕捉方式进行设置，也可以在"草图设置"对话框的"捕捉和栅格"选项卡中进行设置。

2.8.1.1 对象捕捉

启用对象捕捉功能后，用户只需要在特征点附近拾取点，系统就会精确地捕捉到该特征点。有关对象捕捉的设置在"对象捕捉"选项卡中进行。选中其中的选项后，绘图时，光标在特征点附近停留，就会显示特征点的名称。如果没有选中，则在绘图时，按住 Ctrl 键或 Shift 键的同时，右键单击鼠标，就会弹出如图 2-38 所示的快捷菜单，从中选择特征点的类型即可。

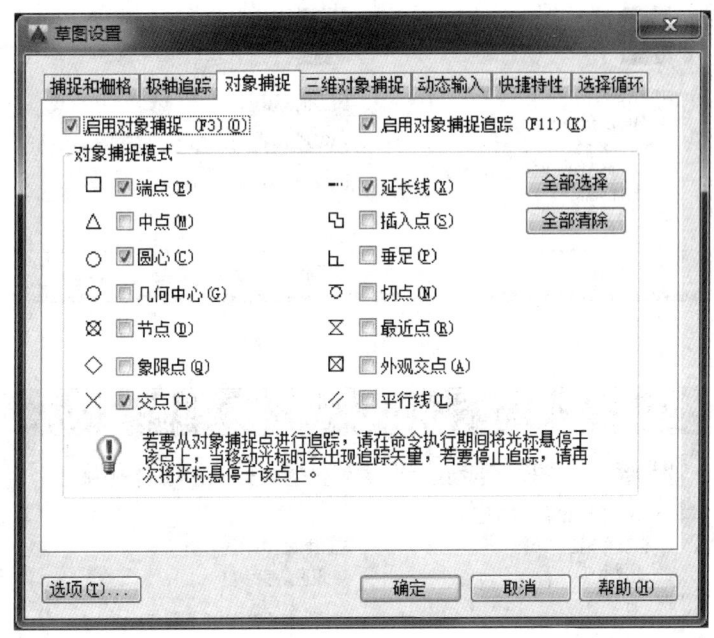

图 2-38 "对象捕捉"选项卡

2.8.1.2 设置对象捕捉参数

在使用对象捕捉时，可以发现捕捉标记总是可以自动锁定到特征点上，捕捉点类型可以自动显示。这些都通过在如图 2-39 所示的"选项"对话框的"草图"选项卡中进行设置。

2.8.1.3 对象追踪

所谓对象自动追踪，就是在光标离开某个捕捉点（在这里也可称为对象自动追踪的基准点）时，系统在该捕捉点与光标当前位置之间拉出一条辅助线（称为对齐路径），并显示该辅助线与 X 轴正向的夹角，沿着这条辅助线拖动光标，就可以精确地定位点。

2.8.1.4 对象自动追踪有关设置

对象自动追踪只有启用后才能有效，并且按照如图 2-40 所示的"草图设置"对话框之"极轴追踪"选项卡上的设置进行追踪。

2.8.1.5 栅格捕捉设置

显示栅格可以为用户提供直观距离和位置参照。显示/隐藏栅格的功能键是 F7，也可

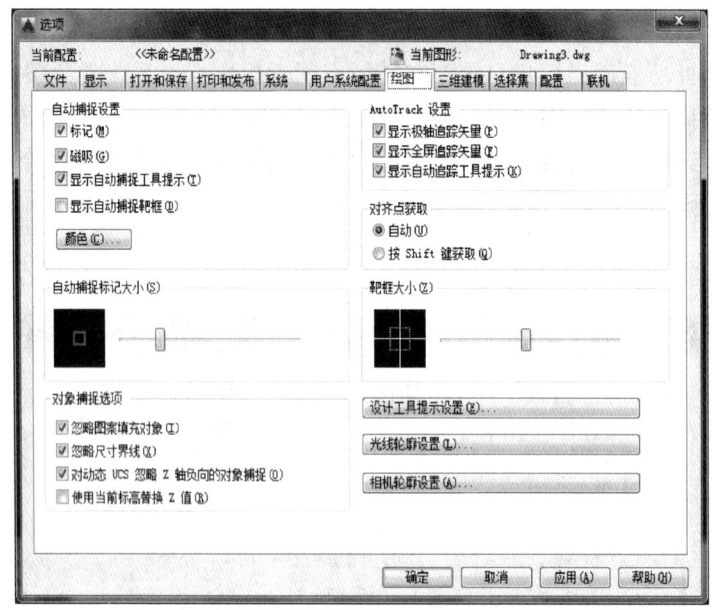

图 2-39　"选项"对话框

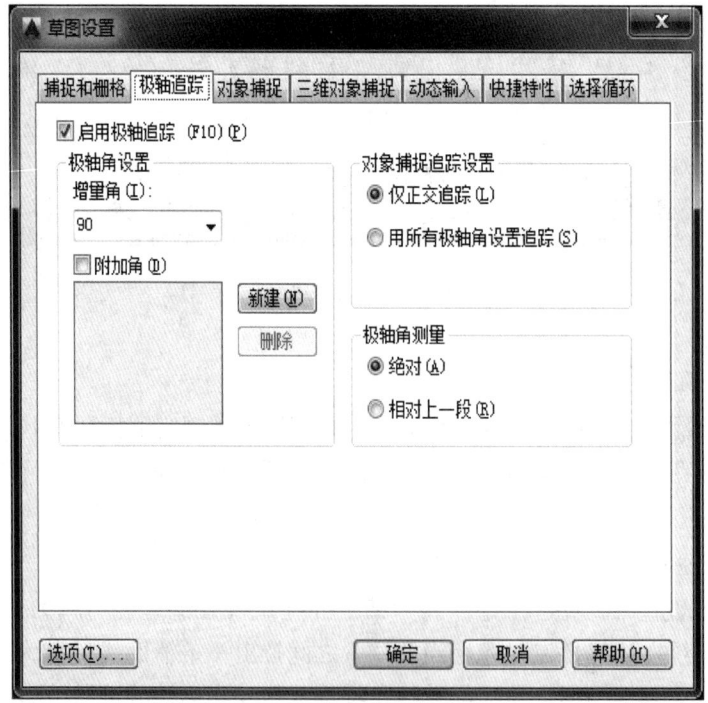

图 2-40　"极轴追踪"选项卡

以通过按下"栅格"功能按钮显示栅格。通过在命令行执行 GRID 命令,既可以选择显示或者隐藏栅格,也可以设置栅格显示间距(包括纵横两个方向,亦为捕捉间距)。另外,还可以使用 DDRMODES 命令或者打开"草图设置"对话框的"捕捉和栅格"选项卡进行设置。

2.8.2　正交

当需要将绘图限制在水平或者垂直两个方向时，可以启用正交功能。切换正交功能的三种方式是：按下/放开状态栏上的"正交"功能按钮、使用 ORTHO 命令，按下 F8 功能键。

思考与习题

2-1　绘图前要进行哪些设置，设置的目的是什么？

2-2　对象特性包括哪些内容，修改对象的特性的方法有哪些？

2-3　设置图层的目的是什么，有哪些益处？

2-4　上机操作：设置绘图区背景色为白色；自动保存时间为 5min；图形界限为 A4（210mm×297mm）；线型的全局比例因子为 1.5；长度、角度单位均为十进制，小数点后的位数保留 2 位，角度 0 位。

2-5　上机操作：建立表中的图层，并进行相应设置。

图层名	颜色	线型	线宽/mm
粗实线	红色	实线	0.7
细实线	白色	实线	0.2
虚线	蓝色	虚线	0.2
点划线	洋红色	点划线	0.2
剖面线	灰色	实线	0.2
尺寸	黄色	实线	0.2
文字	绿色	实线	0.2
剖切符号	黑色	实线	1

3 平面图形的绘制及编辑

矿业软件经过了近半个世纪的发展，涌现出很多优秀的产品。CAD 技术是所有矿业软件中不可缺少的核心技术，目前国内无论矿业设计单位还是生产单位，都以 AutoCAD 作为主要应用平台。对 AutoCAD 平台的认识，以及根据采矿 CAD 的特点，基于 AutoCAD 平台编制采矿 CAD 所需模块，是当今采矿专业技术人员必备的专业技能。

3.1 绘 制 点

3.1.1 设置点样式

从理论上来讲，点是没有长度和大小的图形对象。在 AutoCAD 中，系统默认情况下绘制的点显示为一个小圆点，在屏幕中很难看清，因此可以为点设置显示样式，使其清晰可见。

执行"点样式"命令的方法有以下几种。

（1）功能区：单击"默认"选项卡、"实用工具"面板中的"点样式"按钮 点样式...，如图 3-1 所示。

（2）菜单栏：选择"格式"|"点样式"命令。

（3）命令行：DDPTYPE。

执行该命令后，将弹出如图 3-2 所示的"点样式"对话框，可以在其中设置点的显示样式和大小。

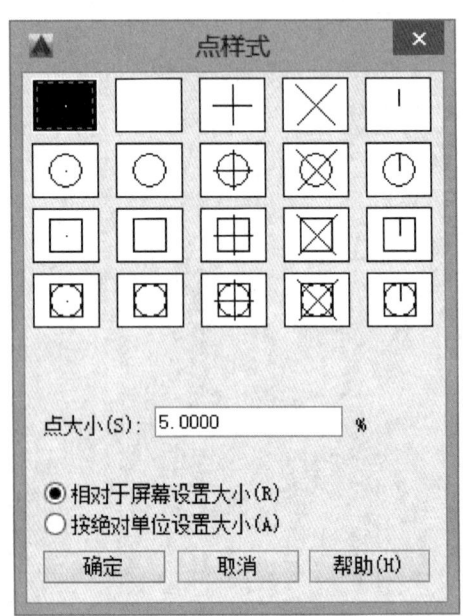

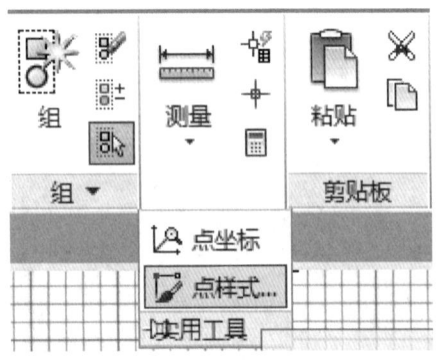

图 3-1　面板中的"点样式"按钮　　　　图 3-2　"点样式"对话框

3.1.2　单点和多点的绘制

在 AutoCAD 2016 中，点的绘制有"单点"和"多点"两个命令。

（1）单点。绘制单点就是执行一次命令只能指定一个点。执行"单点"命令有以下几种方法。

1）菜单栏：选择"绘图"|"点"|"单点"命令。

2）命令行：PONIT 或 PO。

设置好点样式之后，选择"绘图"|"点"|"单点"命令，根据命令行提示，在绘图区任意位置单击，即完成单点的绘制，结果如图 3-3 所示。命令行操作如下。

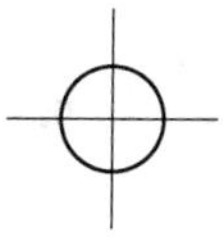

图 3-3　绘制
单点效果

命令：_POINT

当前点模式：PDMODE = 0　　PDSIZE = 0.0000

指定点：　　　　　　　　　　　　　　　　　　//选择任意坐标作为点的位置

（2）多点。绘制多点就是指执行一次命令后可以连续指定多个点，直到 Esc 键结束命令。执行"多点"命令有以下几种方法。

1）功能区：单击"绘图"面板中的"多点"按钮▫。

2）菜单栏：选择"绘图"|"点"|"多点"命令。

设置好点样式之后，单击"绘图"面板中的"多点"按钮▫，根据命令行提示，在绘图区任意 6 个位置单击，按 Esc 退出，即可完成多点的绘制，结果如图 3-4 所示。命令行操作如下。

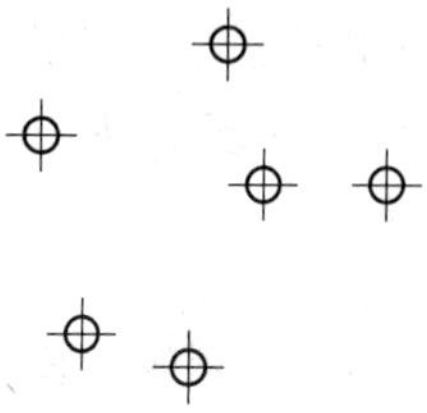

图 3-4　绘制多点效果

命令：_point

当前点模式：PDMODE = 34　　PDSIZE = 0.0000　　　//在任意 6 个位置单击

指定点：﹡取消﹡　　　　　　　　　　　　　　　//按 Esc 键取消多点绘制

3.1.3　绘制定数等分点

DIVIDE 命令用于等分一个选定的实体，并在等分点处设置点标记符号或图块。等分段数的取值为 2 ~ 32767。执行"定数等分"命令的方法有以下几种。

（1）功能区：单击"绘图"面板中的"定数等分"按钮🖾，如图 3-5 所示。

（2）菜单栏：选择"绘图"|"点"|"定数等分"命令。

（3）命令行：DIVIDE 或 DIV。

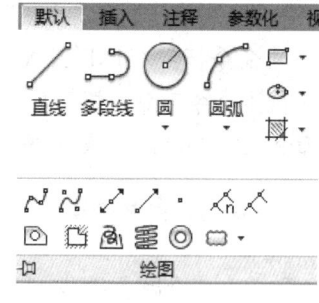

图 3-5　面板中的"定数
等分"按钮

3.2　线 的 绘 制

3.2.1　绘制直线

直线是绘图中最常用的图形对象，只要指定了起点和终点，就可绘制出一条直线。执行"直线"命令的方法有以下几种。

（1）功能区：单击"绘图"面板中的"直线"按钮 ✎ 。

（2）菜单栏：选择"绘图"|"直线"命令。

（3）命令行：LINE 或 L。

3.2.2 绘制射线

射线是一端固定而另一端无限延伸的直线。它只有起点和方向，没有终点，一般用来作为辅助线。执行"射线"的方法有以下几种。

（1）功能区：单击"绘图"面板中的"射线"按钮，如图 3-6 所示。

（2）菜单栏：选择"绘图"|"射线"命令。

（3）命令行：RAY。

调用"射线"命令指定射线的起点后，可以根据"指定通过点"的提示指定多个通过点，绘制经过相同起点的多条射线，直到按 Esc 键或 Enter 键退出为止。

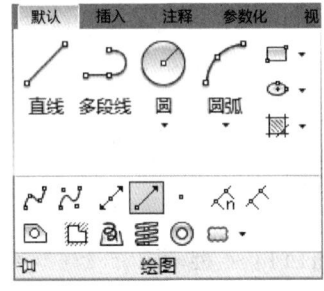

图 3-6 面板中的"射线"按钮

3.2.3 绘制构造线

构造线是两端无限延伸的直线，没有起点和终点，主要用于绘制辅助线和修剪边界，在建筑设计中常用来作为辅助线，在机械设计中也可作为轴线使用。构造线只需指定两个点即可确定位置和方向，执行"构造线"命令的方法有以下几种。

（1）功能区：单击"绘图"面板中的构造线按钮 ✐ 。

（2）菜单栏：选择"绘图"|"构造线"命令。

（3）命令行：XLINE 或 XL。

执行该命令后命令提示如下。

命令：_XLINE 指定点或［水平(H)/垂直(V)/角度(A)/二等分(B)/偏移(O)］。

3.2.4 绘制和编辑多段线

3.2.4.1 绘制多段线

多段线旧版称为多义线，是 AutoCAD 中常用的一类复合图形对象。使用"多段线"命令可以生成由若干条直线和曲线首尾连接形成的复合线实体。调用"多段线"命令的方式如下。

（1）功能区：单击"绘图"面板中的"多线段"按钮，如图 3-7 所示。

（2）菜单栏：调用"绘图"|"多段线"菜单命令，如图 3-8 所示。

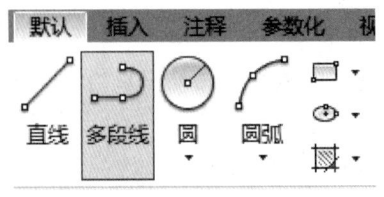

图 3-7 "绘图"面板中的
"多段线"按钮

（3）命令行：PLINE 或 PL。

3.2.4.2 编辑多段线

可以使用 PEDIT 命令对多段线进行编辑，也可以使用 EX-PLODE 命令将多段线分解为直线段和弧线段，分解后的线段线宽恢复为 0，并按先前多段线的线宽中心重新定位。

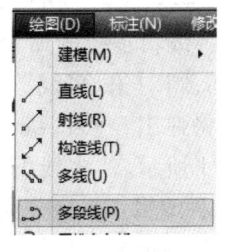

在命令行输入 PEDIT 或者单击"修改|对象|多段线"菜单项，则命令行提示为：

命令：_pedit 选择多段线或［多条（M）］:（选择多段线）

输入选项［闭合（C）/合并（J）/宽度（W）/编辑顶点（E）/拟合（F）/样条曲线（S）/非曲线化（D）/线型生成（L）］

如果在选择多段线时，所选线段并不是多段线，则命令行显示如下提示：

选定的对象不是多段线

是否将其转换为多段线？＜Y＞

按回车键将其转化为多段线后就会出现前面包含多个选项的提示。

图 3-8 "多段线" 菜单命令

3.2.5 绘制和编辑多线

3.2.5.1 绘制多线

绘制多线的命令是 Mline，也可以单击"绘图|多线"菜单项 或者绘图工具栏上的"多线"按钮执行 Mline 命令。这时，系统命令行提示为：

命令：_mline（单击"绘图|多线"菜单项）当前设置:对正＝下,比例＝20.00,样式＝STANDARD（显示当前多线设置）指定起点或［对正（J）/比例（S）/样式（ST）］:（用户做出选择）指定起点:采用默认设置开始绘制多线,指定多线起点。对正（J）:控制多线的偏移的类型。选择该选项后的提示为:输入对正类型［上（T）/无（Z）/下（B）］＜下＞:（在此选择多线偏移类型）即有 3 种偏移类型:上（T）|无（Z）|下（B）＞

创建多线样式是在"多线样式"对话框中进行的。单击"格式|多线样式"菜单项可以打开该对话框，如图 3-9、图 3-10 所示。

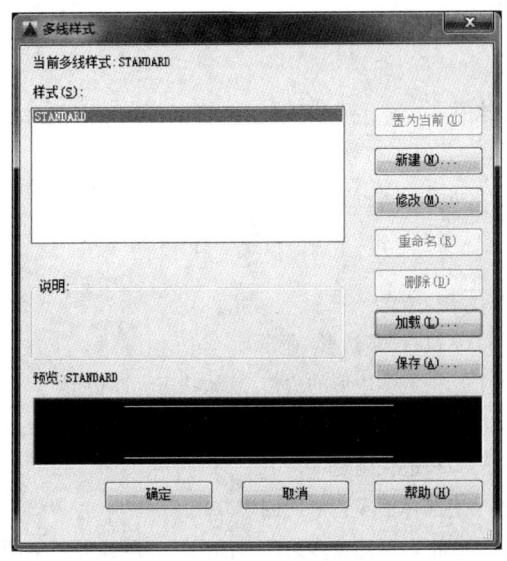

图 3-9 "多线样式"对话框

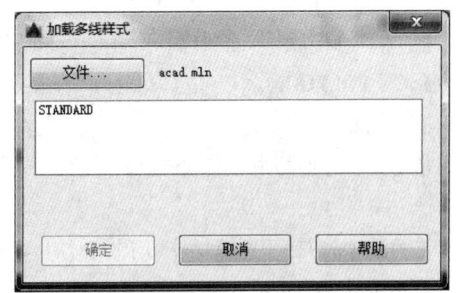

图 3-10 "加载多线样式"对话框

3.2.5.2　编辑多线

编辑多线的命令是 MLEDIT，可以单击"修改|对象|多线"菜单项执行该命令，此时将弹出"多线编辑工具"对话框，如图 3-11 所示。"多线编辑工具"对话框提供了 12 种编辑工具，分为十字形、T 字形、直角以及切断 4 类。

3.2.6　绘制样条曲线

在命令行执行样条曲线的命令是 Spline，也可以单击"绘图|样条曲线"菜单项或者绘图工具栏上的"样条曲线"按钮 ～ 发出 Spline 命令，这时，命令行提示为：

命令：_spline(单击"绘图|样条曲线"菜单项)
指定第一个点或〔对象(O)〕：(指定点或对象)
指定第一个点：系统提示用户指定第一个点作为起点。

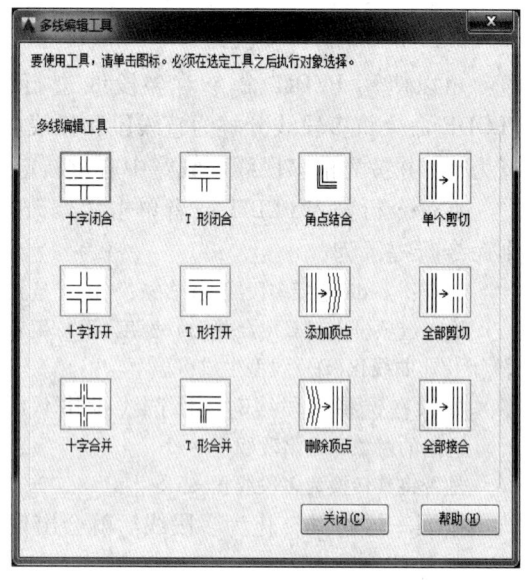

图 3-11　"多线编辑工具"对话框

确定起点后，系统提示指定下一点，在指定第二个控制点后，AutoCAD 将绘制一条样条曲线，然后 AutoCAD 再提示用户指定下一点，依次类推，直到指定了所有的控制点后，再按回车键。

3.3　正多边形的绘制

正多边形是由三条或三条以上长度相等的线段首尾相接形成的闭合图形，其边数范围值在 3～1024 之间。

启动"多边形"命令有以下 4 种方法。

（1）功能区：在"默认"选项卡中，单击"绘图"面板中的"多边形"按钮 多边形 。

（2）菜单栏：选择"绘图"|"多边形"菜单命令。

（3）命令行：POLYGON 或 POL。

执行"多边形"命令后，命令行将出现如下提示：

命令：POLYGON↙　　　　　　　　　　//执行"多边形"命令
输入侧面数<4>：　　　　　　　　　　//指定多边形的边数，默认状态为四边形
指定正多边形的中心点或[边(E)]：　　//确定多边形的一条边来绘制正多边形，由边数和边长确定
输入选项[内接于圆(I)/外切于圆(C)]<I>：↙　//选择正多边形的创建方式
指定圆的半径：　　　　　　　　　　//指定创建正多边形时的内接于圆或外切于圆的半径(见图 3-12)

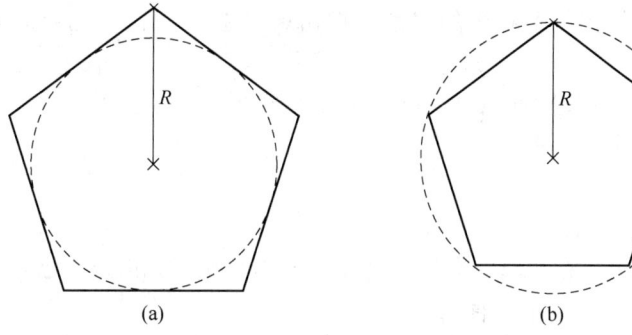

图 3-12　通过"内接于圆（I）/外切于圆（C）"绘制正多边形
（a）内接于圆；（b）外切于圆

3.4　圆和圆弧的绘制

3.4.1　圆

圆也是绘图中最常用的图形对象，执行"圆"命令的方法有以下几种。

（1）功能区：单击"绘图"面板中的"圆"按钮。

（2）菜单栏：选择"绘图"|"圆"命令，然后在子菜单中选择一种绘图方法。

（3）命令行：CIRCLE 或 C。

在"绘图"面板"圆"的下拉列表中提供了 6 种绘制圆的命令。图 3-13 ～ 图 3-18 分别展示了用 6 种命令绘制的圆。

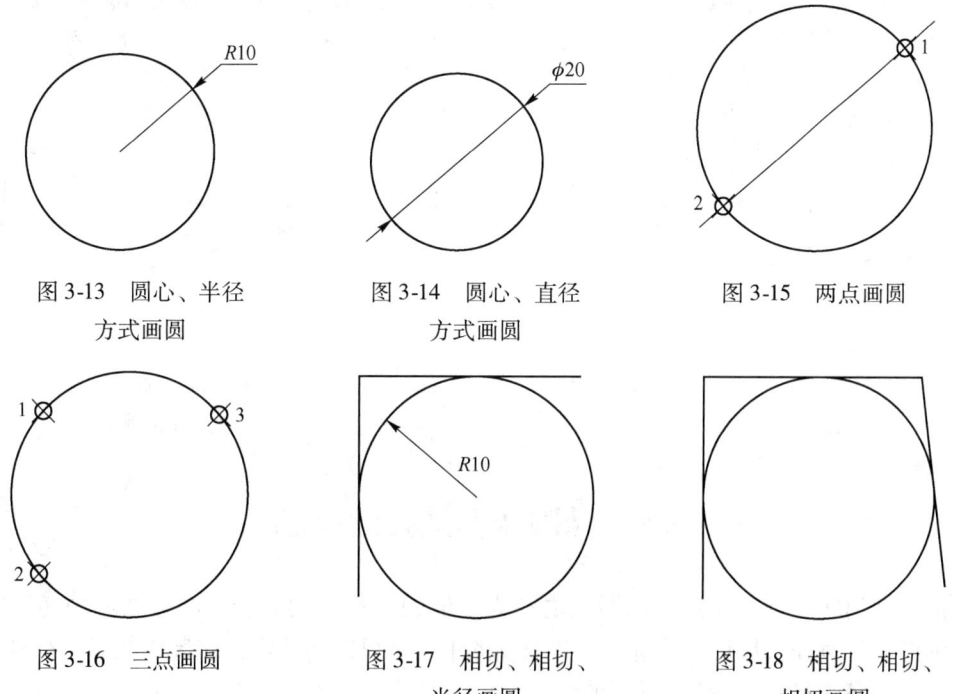

图 3-13　圆心、半径　　　　图 3-14　圆心、直径　　　　图 3-15　两点画圆
　　　方式画圆　　　　　　　　　方式画圆

图 3-16　三点画圆　　　　图 3-17　相切、相切、　　　图 3-18　相切、相切、
　　　　　　　　　　　　　　　半径画圆　　　　　　　　相切画圆

如果直接单击"绘图"面板中的"圆"按钮，执行"圆"命令后命令提示如下。

命令：_circle

指定圆的圆心或[三点(3P)/两点(2P)/切点、切点、半径(T)]：

其默认执行方式为"圆心、半径(R)"。

3.4.2 圆弧

圆弧即圆的一部分，在机械制图中，经常需要用圆弧来光滑连接已知直线和圆弧。执行"圆弧"命令的方法有以下几种。

(1) 功能区：单击"绘图"面板中的"圆弧"按钮　。

(2) 菜单栏：选择"绘图"|"圆弧"命令。

(3) 命令行：ARC 或 A。

在"绘图"面板"圆弧"按钮的下拉列表中提供了11种绘制圆弧的命令，图3-19～图3-24分别展示了用6种命令绘制的圆弧。

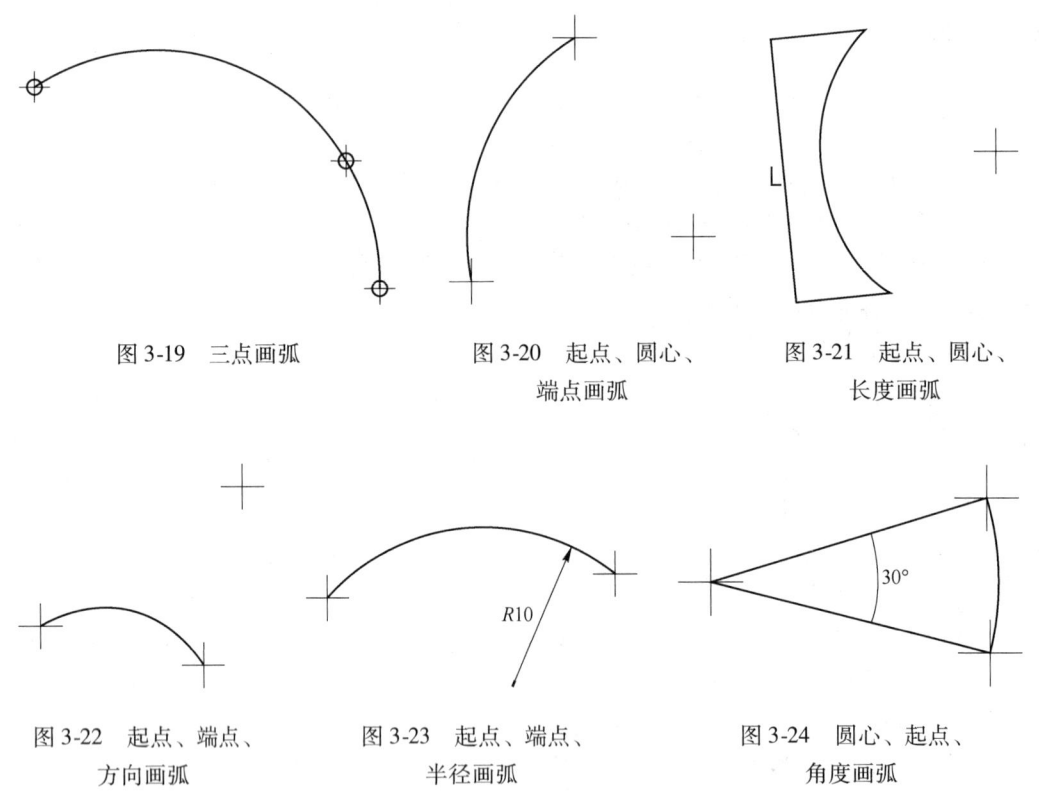

图3-19　三点画弧　　　　　　图3-20　起点、圆心、　　　　　图3-21　起点、圆心、
　　　　　　　　　　　　　　　　　　　端点画弧　　　　　　　　　　　　长度画弧

图3-22　起点、端点、　　　　　图3-23　起点、端点、　　　　　图3-24　圆心、起点、
　　　　方向画弧　　　　　　　　　　　半径画弧　　　　　　　　　　　角度画弧

3.5　椭圆及椭圆弧的绘制

椭圆是到两定点（焦点）的距离之和为定值的所有点的集合，在自然界中椭圆也是常见的图形，例如行星运动轨迹。在建筑制图中椭圆可以构造出许多装饰图案，在机械制图中一般用椭圆来绘制轴测图上的圆。

3.5.1 绘制椭圆

椭圆是平面上到定点距离与到指定直线间距离之比为常数的所有点的集合。

在 AutoCAD 2016 中启动绘制"椭圆"命令有以下几种方法：

（1）功能区：单击"绘图"面板"椭圆"按钮，如图 3-25 所示。

（2）菜单栏，执行"绘图"|"椭圆"命令，如图 3-26 所示。

（3）命令行：ELLIPSE 或 EL。

绘制"椭圆"命令有指定"圆心"和"端点"两种方法。

（1）指定圆心。如绘制一个如图 3-27 所示圆心坐标为（0，0），长半轴为 200，短半轴为 75 的椭圆，通过指定"圆心"进行绘制的方法如下：

命令：EL↙　　　　　　　　　　　　　　//调用绘制椭圆命令 ELLIPSE
指定椭圆的轴端点或[圆弧(A)/中心点(C)]:c↙　//选择中心点 C 绘制模式
指定椭圆的中心点:0,0↙　　　　　　　　//输入椭圆中心点的坐标
指定轴的端点:@100,0↙　　　　　　　　//利用相对坐标输入方式确定椭圆长半轴的一端点
指定另一条半轴长度或[旋转(R)]:75↙　　//输入另一半长轴长度

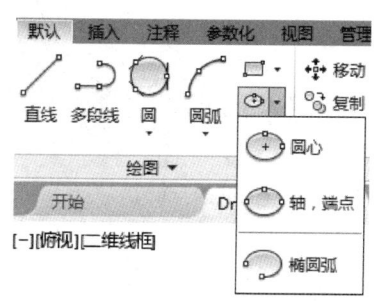

图 3-25　通过工具按钮创建椭圆

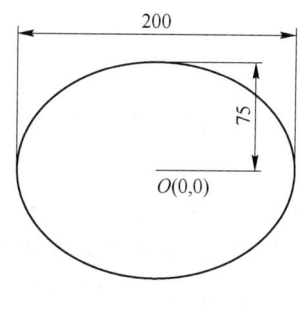

图 3-27　椭圆

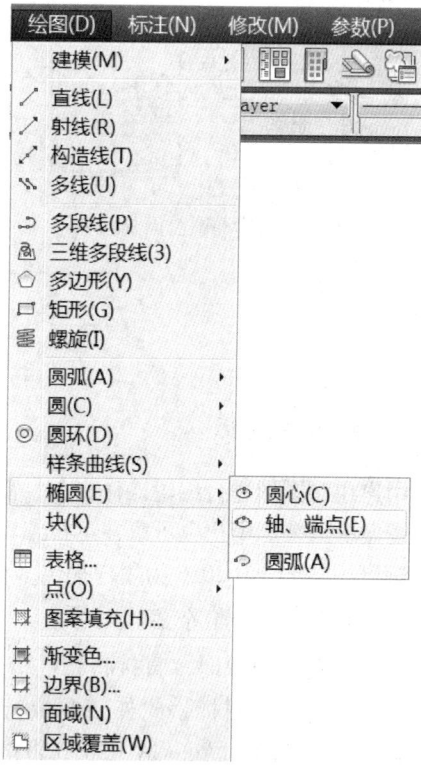

图 3-26　通过菜单命令创建椭圆

（2）指定端点。如使用"轴、端点"的方法绘制图 3-27 所示长半轴为 200、短半轴为 75 的椭圆，则命令行的提示如下：

命令：EL　　　　　　　　　　　　　　//调用绘制椭圆命令 ELLIPSE

指定椭圆的轴端点或[圆弧(A)/中心点(C)]：　//单击鼠标指定椭圆的一端点
指定轴的另一个端点:@200,0　　　　　　　//用相对坐标方式确定长轴另一端点
指定另一条半轴长度或[旋转(R)]:75　　　　//输入椭圆短半轴的长度

3.5.2　绘制椭圆弧

绘制椭圆弧需要确定的参数：椭圆弧所在椭圆的两条轴及椭圆弧的起点和终点角度。
在 AutoCAD 2016 中启动绘制"椭圆"命令，有以下几种常用方法。

（1）功能区：单击"绘图"面板"椭圆弧"命令，如图 3-28 所示。

（2）菜单栏：执行"绘图"|"椭圆"|"圆弧"命令。

"椭圆弧"的绘制与"椭圆"类似，只需在确定"椭圆"形态后再指定椭圆弧的中心起始角度和终止角度，即可完成椭圆弧的绘制，如图 3-29 所示。

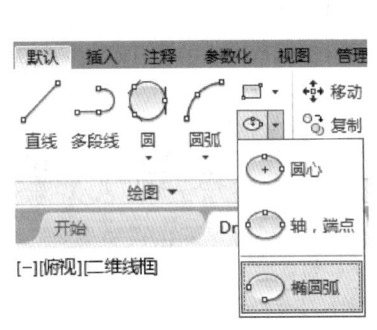

图 3-28　创建椭圆弧面板按钮

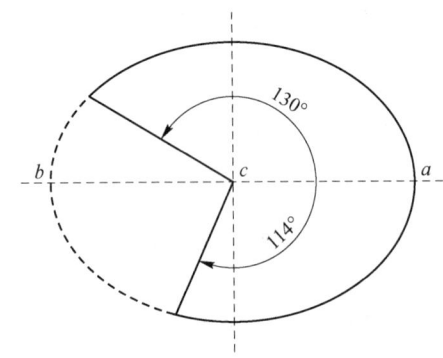

图 3-29　椭圆弧与椭圆的关系

3.6　二维图形编辑

3.6.1　图形对象选择

用户在对图形进行编辑操作之前，需要选择编辑的对象，即创建选择集，被选中的实体以虚线显示出来。用户也可以在运行编辑命令前创建选择集。选择集可以包含单一对象或者多个对象。AutoCAD 2016 为用户提供多种创建选择集的方式，并可以对选择集进行修改。

3.6.1.1　选择单个实体对象

在需要选择对象时，直接将靶框 ✛ 或者拾取框 □ 移到要编辑的单个实体上，单击鼠标左键，即可选中目标。此外，在执行编辑命令时，当命令行出现"选择对象:"提示时，输入 L 并回车，AutoCAD 2016 将把最后绘制的单个实体选择为目标。

3.6.1.2　选择多个实体对象

（1）选择窗口方式。该方式选择完全包含于矩形窗口中的所有对象。具体方法为：当需要选择对象时，首先确定窗口的左侧角点，然后向右拖动到适当的位置，确定右侧角点，这两点所确定的矩形窗口称为选择窗口，被选择窗口所完全包含的对象将被选中。参见图 3-30。

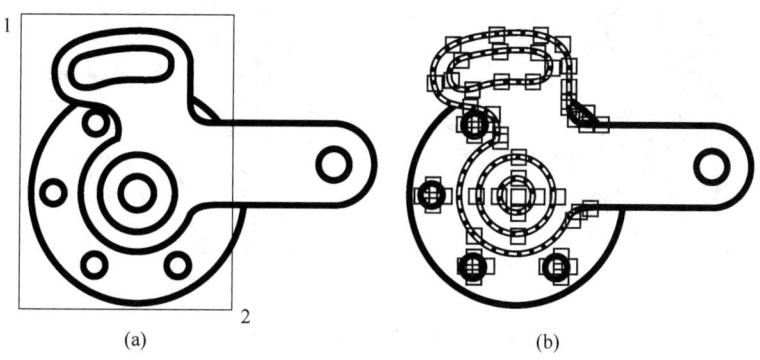

图 3-30 用选择窗口选择对象

(a) 选择对象；(b) 选择结果

（2）交叉选择窗口方式。该方式选择完全或者部分包含于矩形窗口中的所有对象。具体方法为：当需要选择对象时，首先确定窗口的右侧角点，然后向左拖动到适当的位置，确定左侧角点，这两点所确定的矩形窗口称为交叉选择窗口，被交叉选择窗口所完全或者部分包含的对象将被选中。参见图 3-31。

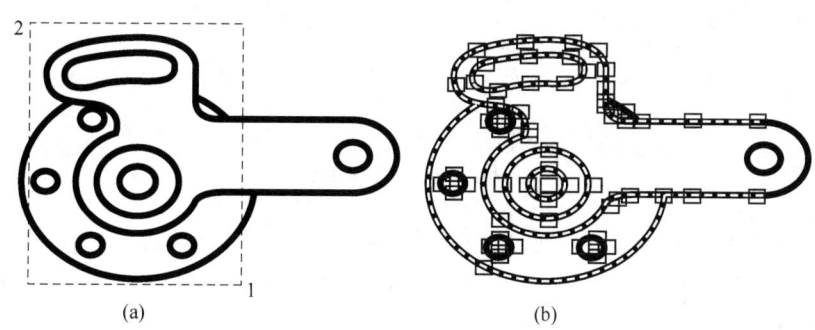

图 3-31 用交叉选择窗口选择对象

(a) 选择对象；(b) 选择结果

（3）选择全部目标。在"选择对象："提示下输入 ALL 并回车，AutoCAD 2016 将自动选中当前视图中的全部图形目标。

（4）使用多边形选择窗口和交叉多边形选择窗口选择对象。当需要选择的对象在一个不规则的区域内时，可以使用多边形选择窗口和交叉多边形选择窗口进行选择。完全包含在多边形选择窗口内的对象将被选择，而对象的全部或者部分包含在交叉多边形选择窗口内时，对象都会被选中。

要使用多边形选择窗口选择对象，应在"选择对象："提示下输入 wp，然后依次指定多边形的顶点。

要使用交叉多边形选择窗口选择对象，应在"选择对象："提示下输入 cp，然后依次指定多边形的顶点。

图 3-32（a）即为使用多边形选择窗口选择对象的情况，图 3-32（b）为选择结果。

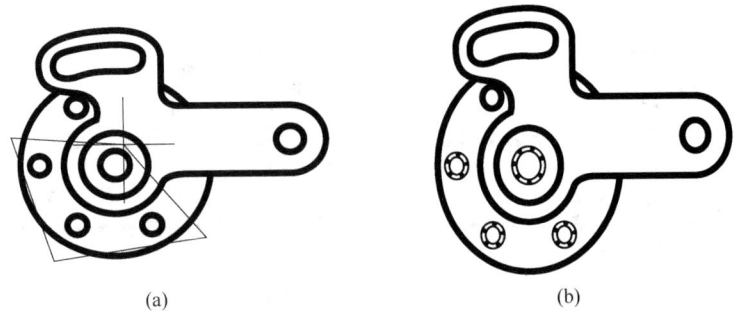

图 3-32   用多边形选择窗口选择对象

（a）选择对象；（b）选择结果

图 3-33（a）即为使用交叉多边形选择窗口选择对象的情况，图 3-33（b）为选择结果。

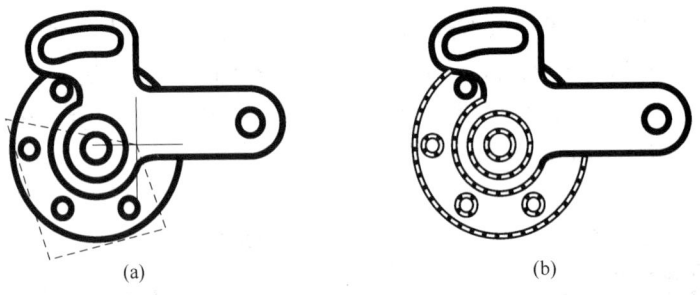

图 3-33   用交叉多边形选择窗口选择对象

（a）选择对象；（b）选择结果

（5）使用选择栏选择对象。选择栏由一段直线或者多段线组成，其贯穿的所有对象都被选中。在需要选择对象时，输入 F 即表示使用选择栏选择对象。图 3-34 为执行"删除"操作时用选择栏选择对象的情况。

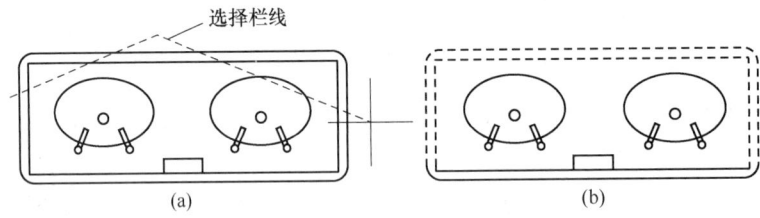

选择栏线

图 3-34   用选择栏选择对象

（a）选择对象；（b）选择结果

3.6.2   密集或重叠对象的选择

当待选择的对象处于非常密集或者重叠的区域时，是很难一次就能选准对象的。这时，可以使用循环选择方式，即在出现"选择对象:"提示时，首先按住"Ctrl"键，在待选择对象附近反复单击，直到选中待选对象为止。如图 3-35 中需要选择图示的直线段，选择时，按住"Ctrl"键，第一次在 A 点处单击，选中的一般为填充图案，再次单击将选中直线段。

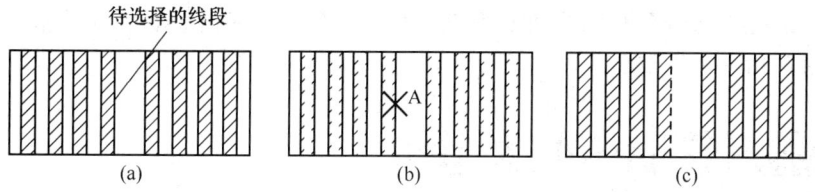

图 3-35　借助"Ctrl"键进行循环选择

（a）待选对象；（b）第1次选择结果；（c）第2次选择结果

3.6.3　快速选择

选择菜单"工具|快速选择"菜单项，便可进入如图 3-36 所示的"快速选择"对话框。

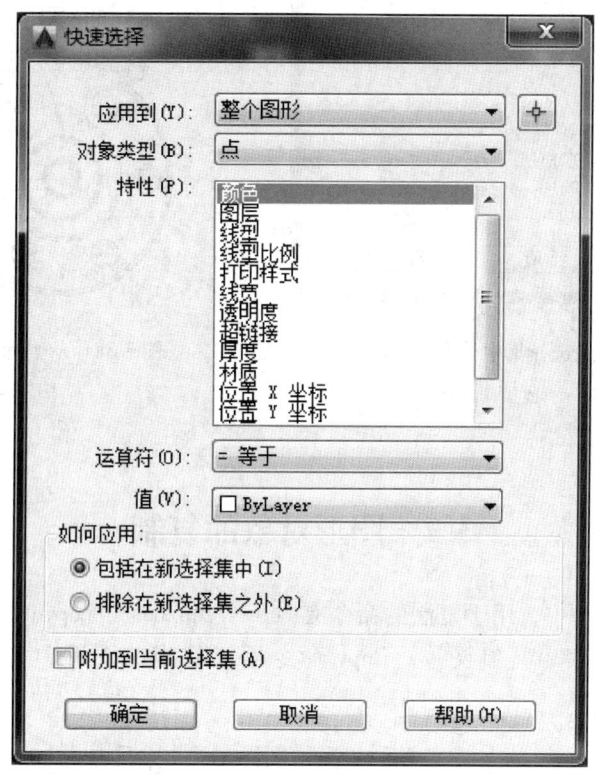

图 3-36　"快速选择"对话框

3.6.4　从选择集中删除或者增加对象

在编辑对象过程中创建了一个选择集后，要删除选择集中的某个对象，可以在命令行"选择对象："提示下输入 R 并回车，这时命令栏内的提示为"删除对象："，此时可选择要从选择集中删除的对象。如果要回到"选择对象"状态，可以输入 A 命令。另外，要从选择集中删除对象，也可以在"选择对象："提示下按住"Shift"键，然后选择对象。利用"快速选择"对话框也可以用来从当前选择集中删除某些对象。例如，要选择图

3-30 中除开半径小于 45 的圆之外的所有图形对象，"快速选择"对话框的设置参见图 3-37，图 3-38 为选择结果。

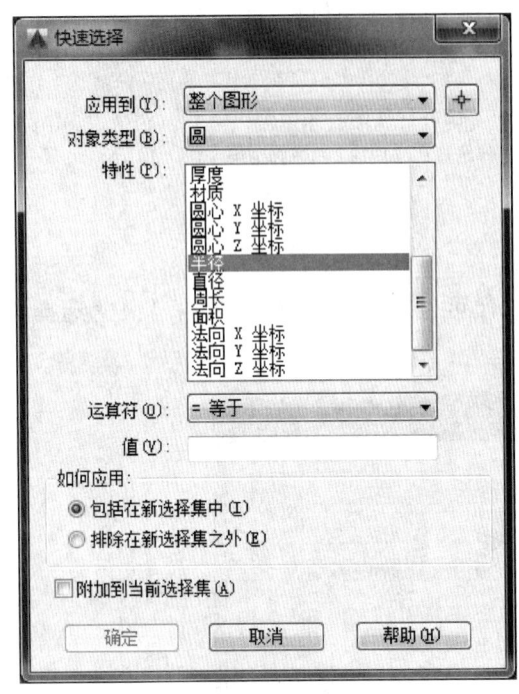

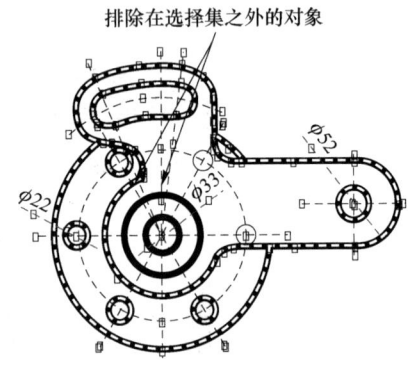

图 3-37   排除选择集中给定对象时   图 3-38   从当前选择集中排除
　　　　　"快速选择"对话框的设置   　　　　　给定对象

3.7   图形对象的复制

在 AutoCAD 2016 中，用于复制的命令有 copy、copybase、copyclip 和 copylink 等。

（1）使用 Copy 命令复制图形。Copy 命令用于在当前图形中复制对象，如图 3-39

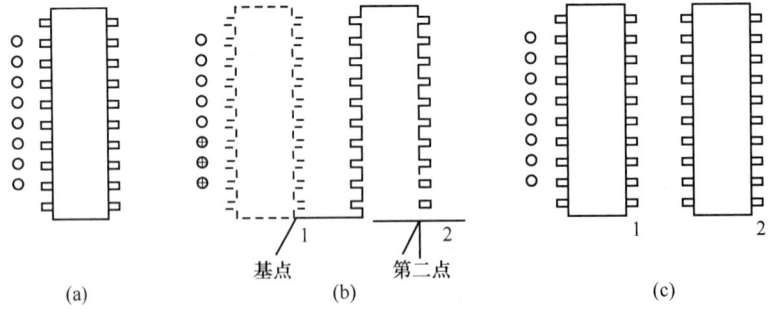

图 3-39   使用 Copy 命令复制对象
（a）原图；（b）复制过程；（c）结果

所示。

（2）使用 Copyclip 命令复制图形。Copyclip 命令用于将选定对象复制到系统剪贴板中，然后在 AutoCAD 图形文件中或者其他应用程序创建的文件中粘贴剪贴板中的内容。使用"编辑|剪切"菜单项（即执行 cutclip 命令）也可以将选定对象复制到剪贴板中，但是当前图形文件中的选定对象将被删除。

（3）使用 Copybase 命令复制图形。执行 Copybase 命令时需要首先指定复制基点，然后将选择的对象复制至剪贴板中。标准工具栏中的复制按钮 即对应这种复制方式。

（4）使用 Copylink 命令复制图形。使用 Copylink 命令可以将整个图形的内容（包括所有图层的内容等）复制到剪贴板中，不需要选定对象，复制基点为当前图形的坐标原点。

（5）粘贴剪贴板中的内容。

1）使用"编辑|粘贴"菜单项。这是最为常见的粘贴方式，标准工具栏中的粘贴按钮 对应这种粘贴方式，其命令方式为 pasteclip。

2）使用"编辑|粘贴为块"菜单项。pasteclip 命令粘贴得到的图形保持原图形的特征，如果需要粘贴得到的图形表示为一个块的形式，可以使用 pasteblock 命令，对应的菜单项为"编辑|粘贴为块"。

对 AutoCAD 图形，只需要指定插入点，而对从其他应用程序中复制到剪贴板中的图像或者文字，执行粘贴命令时，在当前绘图窗口的右上角粘贴对象后，将打开如图 3-40

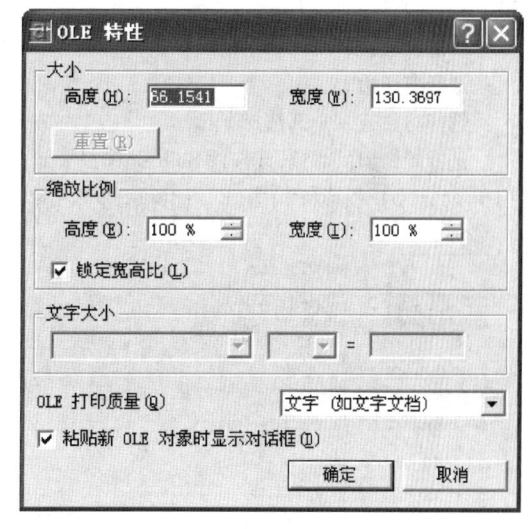

图 3-40 "OLE 特性"对话框

所示的"OLE 特性"对话框，可在其中修改缩放比例等。

3.8 图形对象的移位

移动是指将对象在水平和垂直方向平移，操作步骤为：

（1）单击"修改|移动"菜单项，或者修改工具栏中的"移动"按钮，或者在命令行输入 Move 命令；

（2）选择要移动的对象，选择完毕后按"Enter"结束对象选择；

（3）指定移动的基点；

（4）指定移动的第二个位移点，结束移动操作。

3.9 图形对象的修改

3.9.1 修剪

修剪操作能利用一个或者多个对象作为剪切边，对其他对象进行精确地修剪。对宽多段线，剪切是沿着中心线进行的。

修剪操作在 AutoCAD 2016 中非常实用，合理地使用修剪，将会极大地提高绘图效率。在 AutoCAD 2016 中"修剪"命令有以下几种常用调用方法。

（1）菜单栏：执行"修改"|"修剪"命令，如图 3-41 所示。

（2）功能区：单击"修改"面板"修剪"按钮，如图 3-42 所示。

（3）命令行：在命令行中输入 TRIM/TR。

执行上述任一命令后，选择作为剪切边的对象（可以是多个对象），命令行提示如下：

当前设置:投影 = UCS,边 = 无

选择剪切边...

选择对象或＜全部选择＞:   //鼠标选择要作为边界的对象

选择要修剪的对象,或按住 Shift 键选择要延伸的对象,延伸模式修剪效果见图 3-43,或选用［栏选（F）/窗交（C）/投影（P）/边（E）/删除（R）/放弃（U）］:   //选择要修剪的对象

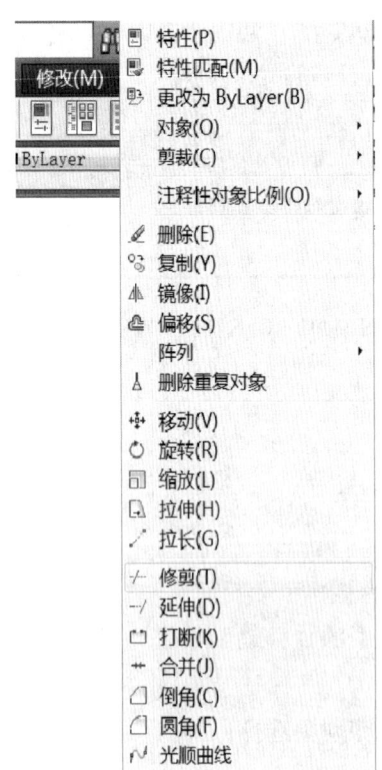

图 3-41 "修剪"菜单命令

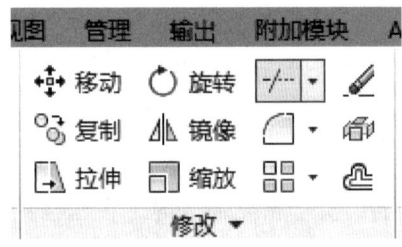

图 3-42 "修改"面板中的"修剪"按钮

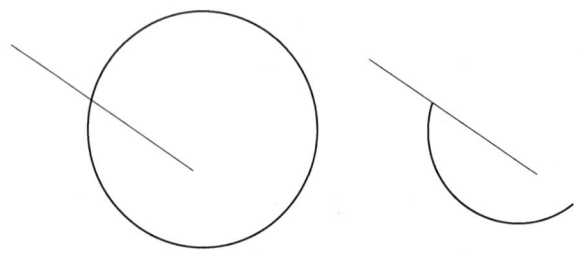

图 3-43 延伸模式修剪效果

3.9.2 延伸

延伸操作的步骤为：

（1）单击"修改|延伸"菜单，或者单击修改工具栏中的延伸按钮，或者直接输入 extend 命令；

（2）选择边界对象；

（3）选择延伸对象；

（4）单击 Enter 键结束命令。

注意：

（1）可以有多个边界对象和多个延伸对象。选择延伸对象时，总是延伸到较近的边界或隐含边界上。

（2）选择要延伸的实体时，拾取框应靠近要延伸的那一端。

（3）有效的边界对象包括二维多段线、三维多段线、圆弧、圆、椭圆、浮动视口、直线、射线、面域、样条曲线、文字和构造线。如果选择二维多段线作为边界对象，AutoCAD 将忽略其宽度并将对象延伸到多线的中心线处。

（4）延伸宽多段线使中心线与边界相交。因为宽多义线的末端位于 90° 角上，如果边界不与延伸线段垂直，则末端的一部分延伸时将越过边界。如果延伸一段锥形的多义线，延伸末端的宽度将被修改以将原锥形延长到新的端点。如果此修正给该线段指定一个负的末端宽度，则末端宽度强制为 0。

3.9.3 对象的打断

图形打断是指将图形分为几个部分，并且根据需要删除其中一部分。打断于点是指将对象于唯一的打断点处分为两个部分。图形分解是指将复杂的对象分解为简单的对象，例如可以将完成的尺寸标注分解为标注文本、尺寸线、箭头等。

进行打断操作时，在选择对象时拾取点即为第一个打断点，然后选择第二点，打断这两点之间的图形。如果需要精确打断，则在选择对象后，输入 f，然后重新指定第一个打断点，再指定第二个打断点。

3.10 图形对象的分解

操作用于分解组合对象，使其所属的图形实体成为可编辑的单个实体。可以通过单击"修改|分解"菜单项，或者单击修改工具栏中的分解按钮 🖋，或者直接在命令行输入 Explode 命令来执行分解操作。如图 3-44（b）即为对图 3-44（a）中的尺寸标注进行分解后，将尺寸标注的各个部分移动后的结果。

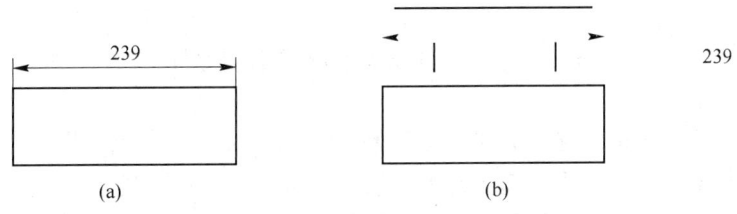

（a）   （b）

图 3-44　分解对象

（a）分解前；（b）分解后移动的结果

3.11　图形对象的编辑

3.11.1　编辑多段线

可以使用 PEDIT 命令对多段线进行编辑，也可以使用 EXPLODE 命令将多段线分解为直线段和弧线段，分解后的线段线宽恢复为 0，并按先前多段线的线宽中心重新定位。

在命令行输入 PEDIT 或者单击"修改|对象|多段线"菜单项，则命令行提示为：

命令：_

pedit 选择多段线或［多条(M)］：(选择多段线)

输入选项［闭合(C)/合并(J)/宽度(W)/编辑顶点(E)/拟合(F)/样条曲线(S)/非曲线化(D)/线型生成(L)］

如果在选择多段线时，所选线段并不是多段线，则命令行显示如下提示：

选定的对象不是多段线

是否将其转换为多段线？＜Y＞

按回车键将其转化为多段线后就会出现前面包含多个选项的提示。

3.11.2　样条曲线

3.11.2.1　绘制样条曲线

在命令行执行样条曲线的命令是 Spline，也可以单击"绘图|样条曲线"菜单项或者绘图工具栏上的"样条曲线"按钮发出 Spline 命令，这时，命令行提示为：

命令：_spline(单击"绘图|样条曲线"菜单项)

指定第一个点或［对象(O)］：(指定点或对象)

指定第一个点：系统提示用户指定第一个点作为起点。

确定起点后，系统提示指定下一点，在指定第二个控制点后，AutoCAD 2016 将绘制一条样条曲线，然后 AutoCAD 2016 再提示用户指定下一点，依次类推，直到指定了所有的控制点后，再按回车键。

3.11.2.2　编辑样条曲线

编辑样条曲线时，可以增加或者删除拟合点，可以闭合或者打开样条曲线，修改起点和终点的切线方向，更改拟合公差，方向样条曲线，等等。

编辑样条曲线的命令是 SPLINEDIT，也可以单击"修改|对象|样条曲线"菜单项来发出该命令。

3.12　夹点编辑方式的使用

利用夹点进行编辑前，应首先选择称为基夹点的夹点，基夹点可以是一个或者多个，基夹点将被加亮显示。选择多个基夹点的方法是：按住"Shift"键，逐次选择夹点。基夹点之间的几何图形在编辑时保持形状不变。默认的夹点编辑模式为拉伸。要切换夹点编辑模式，可以在选择基夹点后按空格键或者"Enter"键。

3.12.1 利用夹点拉伸对象

图 3-45 为将图 3-45（a）的矩形拉伸至图 3-45（e）形状的过程。操作步骤为：

（1）选择矩形对象，显示夹点，参见图 3-45（b）；

（2）按住"Shift"键，选择左上和右下角点作为基夹点，参见图 3-45（c）；

（3）释放"Shift"键，选择右下基夹点；

（4）拉伸至图 3-45（d）所示位置单击；

（5）按"Esc"键，取消夹点，结果参见图 3-45（e）。

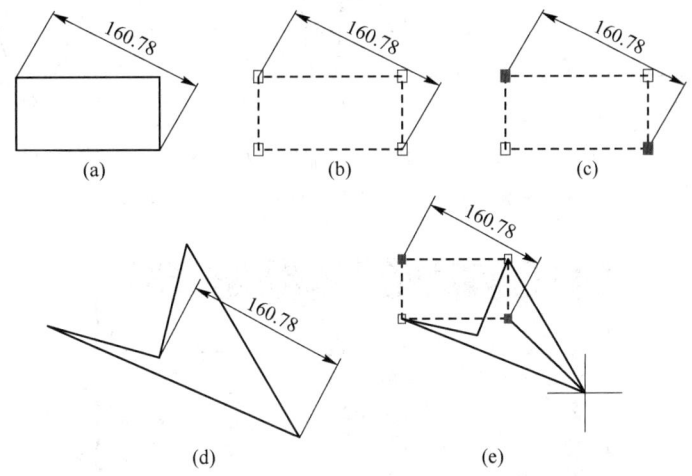

图 3-45　利用夹点拉伸对象

（a）原图；（b）选择对象；（c）选择基夹点；（d）拉伸；（e）结果

3.12.2 利用夹点移动对象

移动对象时仅改变对象的位置，而不改变其形状。图 3-46 为将小矩形移动到大矩形中间的过程。操作步骤为：

（1）选择小矩形对象，显示夹点；

（2）选择小矩形左上角点作为基夹点，参见图 3-46（b）；

（3）按空格键切换至移动编辑模式；

（4）拖动至大矩形左上角点位置；

（5）按"Esc"键，取消夹点，结果参见图 3-46（c）。

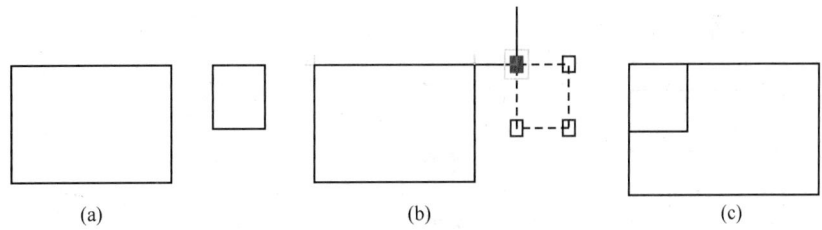

图 3-46　利用夹点移动对象

（a）原图；（b）选择对象以及基夹点；（c）结果

3.13　特性匹配

利用特性匹配命令，可以将一个对象的部分或者所有特性复制给其他对象，这些特性包括图层、颜色、线型、线型比例、线宽、厚度、打印样式、标注样式、文字样式、图案填充特性等，见图 3-47。如需个别设置特性对象，需打开"特性设置"对话框，见图 3-48。

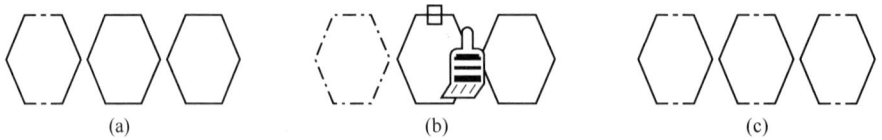

图 3-47　利用特性匹配复制对象特性

（a）原图；（b）选择原对象和目标对象；（c）结果

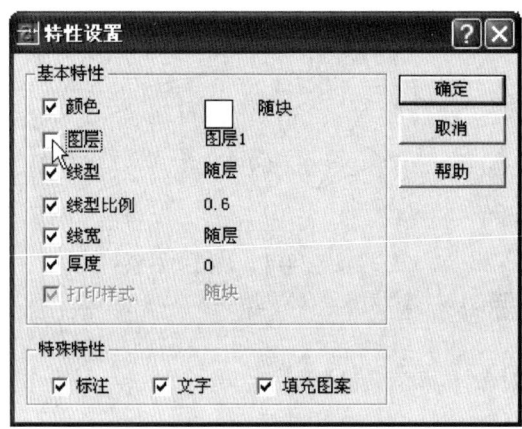

图 3-48　"特性设置"对话框

3.14　对象特性管理器的使用

特性窗口显示了对象的完整特性。可以一次选中一个或者几个对象来进行特性编辑。在图 3-49 中，有两个矩形、两个圆和两条直线，选择对象下拉框中的每一项，则特性栏中就会显示这类对象的共同特性。

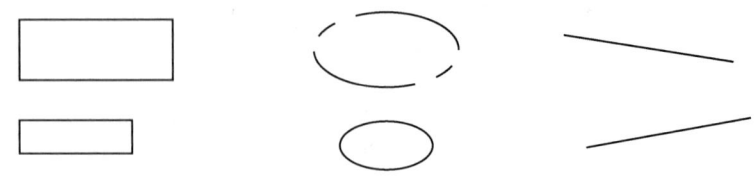

图 3-49　已知图形对象

3.15 图 案 填 充

3.15.1 图案填充的创建与编辑

两种创建图案填充的方式：对话框和命令行。BHatch 命令用于对话框方式，Hatch 命令用于命令行方式，是 AutoCAD 传统方式。BHatch 命令给用户提供创建图案填充的对话框方式，可以通过 3 种方法输入 BHatch 命令。单击"绘图 | 图案填充"菜单项、单击绘图工具栏中的"图案填充"按钮、从命令行输入 BHatch 命令都可以执行 BHatch 命令，打开如图 3-50 所示的"边界图案填充"对话框。对话框中有"快速"和"高级"二个选项卡，前者用于快速设置，后者用于高级设置。

（1）选择填充图案。图 3-50 所示的"快速"选项卡用于选择填充图案，并可以设置填充图案的倾斜角度和疏密程度等参数。

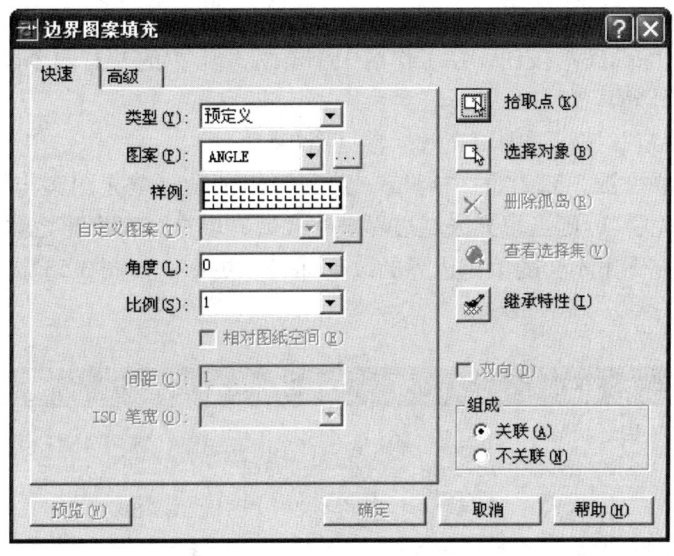

图 3-50 "边界图案填充"对话框

（2）确定填充区域。可以通过确定拾取点和选定填充区域对象两种方式来确定图案填充区域。

1）选择拾取点。单击"拾取点"按钮，将暂时关闭"填充图案控制板"对话框，在工作区每一个需要填充图案的封闭区域内部单击，按回车键结束选择回到"填充图案控制板"对话框，单击对话框中的"预览"按钮可以预览填充效果，单击工作区结束预览，返回"填充图案控制板"对话框。单击"确定"按钮即可完成图案填充。

2）选择填充对象。当单击"选择对象"按钮时，用户可通过选择对象的方式来定义填充区域的边界。此时并不要求边界封闭。

（3）关于孤岛。孤岛是位于选定填充区内的封闭区域，如图 3-51 所示的三个圆包含的区域即为孤岛。在填充包含孤岛的区域时，系统将按照设定的孤岛侦测样式决定对孤岛的处理，用户也可以选择是否填充孤岛内部。如图 3-51（b），即对左右两个孤岛进行了填充，而中间的孤岛不进行填充。

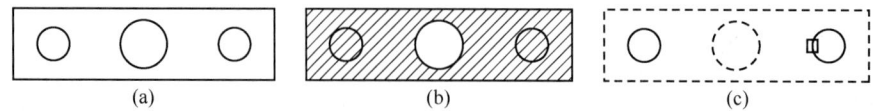

图 3-51　图案填充

（a）原始图形；（b）填充效果；（c）删除左右两个孤岛

图案填充时对孤岛的处理具体步骤为：

1）单击"图案填充"按钮，打开"边界图案填充"对话框；

2）选择填充类型；

3）单击"拾取点"按钮，在图 3-51 的矩形区域内、孤岛外部单击；

4）按回车键返回"边界图案填充"对话框，此时对话框中的"删除孤岛"按钮有效；

5）单击"删除孤岛"按钮，在工作区中单击图 3-51 中的左右两个圆（孤岛），按回车键返回"边界图案填充"对话框；

6）单击"确定"按钮，则填充效果参见图 3-51（c）。

（4）边界关联。图 3-52 中的"组成"选项组用于设置填充图案与填充边界间的关系。如果选择"关联"，则当填充区域边界被修改后，填充图案将随之被更新。如果选择"不关联"，则填充图案不会随填充边界的改变而自动更新。如图 3-53 展示了填充图案与填充边界之间的关系。

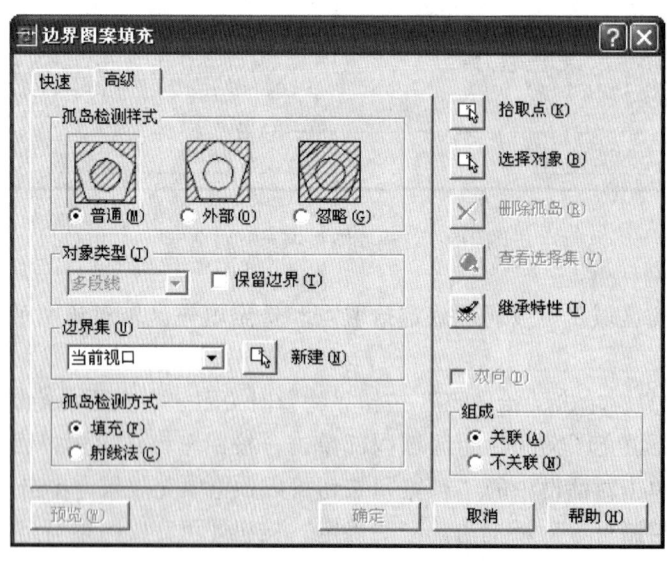

图 3-52　"边界图案填充"对话框之"高级"选项卡

（5）继承特性。选择图形中已有的填充图案作为当前填充图案。单击此按钮，Auto-CAD 临时切换到绘图屏幕，并提示：

选择图案填充对象:(选择某一填充图案)

　　拾取内部点或[选择对象(S)/删除边界(B)]:(通过拾取内部点或其他方式确定填充边界。如果在此之前已确定了填充区域,则没有该提示)

　　拾取内部点或[选择对象(S)/删除边界(B)]:

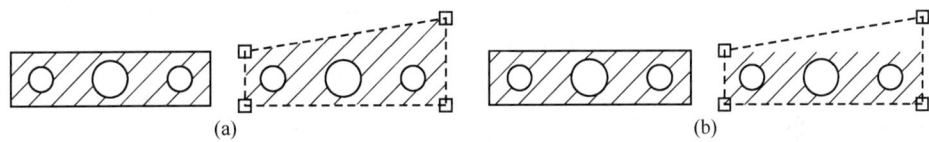

图 3-53　填充图案与填充边界之间关系

(a) 关联时改变边界的效果;(b) 不关联时改变边界的效果

　　在此提示下可以继续确定填充边界。如果按 Enter 键,AutoCAD 返回到"图案填充和渐变色"对话框,见图 3-54。

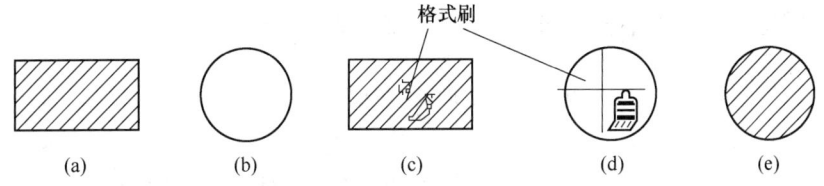

图 3-54　使用继承特性填充图案

(a) 源对象;(b) 目标对象;(c) 在源对象中单击;(d) 在目标对象中单击;(e) 结果

3.15.2　通过指定点创建图案填充

　　图 3-55 (b) 为使用 HATCH 命令通过捕捉点 1～5 进行图案填充的效果,具体步骤是:

　　(1) 在命令行输入 HATCH 命令;

　　(2) 输入图案填充的名称;

　　(3) 指定比例和角度;

　　(4) 在"选择对象"提示下按回车键放弃"选择对象"方式而改为指定点方式;

　　(5) 因为使用点来创建的填充边界是一个多段线边界,此时输入 Y 保留多段线边界,输入 N 则在完成填充后清除边界,这里选择保留多段线,指定定义边界的点 1～5;

　　(6) 输入 C 闭合边界,按两次回车键结束。

　　使用继承特性,可以将一个已经完成了的填充图案完全"继承"给另一个填充区域,从而使得该区域与源对象填充图案相同。如图 3-55 (a) 左右图案分别为已经存在的源对象和目标对象,图 3-55 (b) 右图为继承源对象,左图为填充特性的结果。操作方法为:先单击图 3-55 (b) 中右图中图案,然后单击"继承特性"按钮(此时将暂时关闭"边界图案填充"对话框,光标变成格式刷形状),然后单击图 3-55 (b) 中左图中图案,即可实现继承特性创建图案填充。

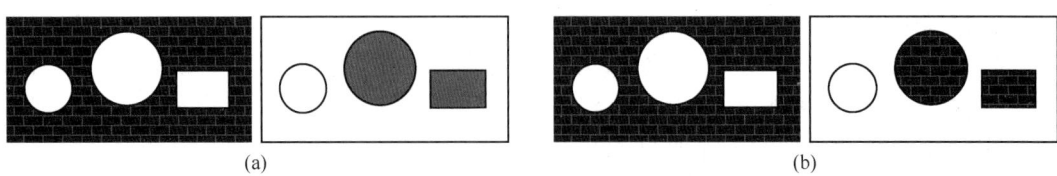

(a)　　　　　　　　　　　　　　　　　(b)

图 3-55　通过指定点创建图案填充
（a）继承特性前；（b）继承特性后

3.15.3　编辑图案填充

通过双击填充图案，可以打开"图案填充编辑"对话框，该对话框与"边界图案填充"对话框相比，只是有些选择项不可用。通过"图案填充编辑"对话框，可以改变填充图案的类型、比例和角度等。

3.15.4　用对象特性管理器编辑图案填充

用对象特性管理器编辑图案填充，首先应选择要修改的图案，然后打开"对象特性管理器编辑图案填充"对话框，可以再次快速编辑填充图案。

3.16　图形信息查询

在 AutoCAD 中可以查询三维空间中两点的距离、封闭对象或者定义区域的面积、所选点的坐标，可以查询图形对象的特性参数以及图形文件的信息。

3.16.1　查询距离、面积和点坐标

查询距离、面积和点坐标分别对应"工具|查询"菜单中的"距离""面积"和"点坐标"菜单项，其命令依次为 DIST、AREA 和 ID。另外，还可以使用"查询"工具栏中相应的按钮。

3.16.2　查询图形对象特性参数

在 AutoCAD 2016 中所绘制的每一个图形都属于 AutoCAD 2016 规定的某一种对象类型。可以使用 LIST 命令列出选定的图形对象的对象类型及其特性参数。

3.16.3　查询图形文件信息

命令 STATUS 用于查询图形文件信息，该命令为用户获得当前图形文件的有关信息提供了极大的方便。

3.17　图块、外部参照及图像

3.17.1　内部图块和外部图块的定义与插入

3.17.1.1　定义内部块

块是一个或者多个对象组成的对象集合，可以将其看成一个单一的对象插入到图形中，

并且可以指定不同的比例系数和旋转角度。根据需要块还可以进行分解、修改和重新定义。定义块的命令为 Block，单击"绘图|块|创建"菜单项，或者单击绘图工具栏中的工具按钮，或者在命令行直接输入 Block 命令，都可以打开"块定义"对话框来定义块，见图 3-56。

图 3-56 "块定义"对话框

3.17.1.2 使用 WBlock 命令存储块（定义外部图块）

使用 Block 命令定义的块只能在该块定义的图形文件中使用，为了能在其他图形文件中引用块，可以使用 WBlock 命令。WBlock 可以将块、对象选择集或者一个完整的文件写入一个图形文件中。具体步骤为：

（1）在命令行输入 WBlock，打开"写块"对话框（见图 3-57）。

图 3-57 "写块"对话框

（2）在"源"设置区有三个单选按钮，表示写入文件中的源的类型。

（3）在"目标"设置区中指定目标文件的名称、位置和图形单位。在"文件名"编辑框中输入文件名称（如果选择源为"块"，则默认为块名）。"位置"下拉列表框右边的按钮用于打开"浏览文件夹"对话框，以选定目标文件存放的文件夹。在插入单位中输入插入其他文件中块的单位。

3.17.1.3　图形中使用块

生成块的目的是使用块。在图形中插入块时候，一般都是将块作为一个单一对象，除非在插入时选择了"分解"选项。当然，也可以在插入块后使用分解命令将块分解。插入块的命令有 Insert 和 MInsert。

3.17.1.4　使用 MInsert 命令插入块

使用 MInsert 命令插入块可以创建块的阵列。

3.17.2　图块的编辑

对块可以使用复制、镜像、旋转等编辑命令，但不能使用修剪、延伸、偏移、拉伸、拉长、打断、倒角、倒圆等命令。可以使用分解命令将块还原为块的各个组成对象，这样块将不再以整体的形式存在。可以通过重新定义块，自动地同时改变所有块的引用，从而提高绘图效率。

3.17.2.1　块的分解

分解块的目的是编辑块的组成对象。在插入块，就可以选择是否将其分解。如果插入块时没有进行分解，可以使用 Explode 命令或者 Xplode 命令进行分解。

A　使用 Explode 命令分解块

单击"修改|分解"菜单项，或者单击修改工具栏中的"分解"按钮，然后选择待分解的块即可将块分解。块分解后，如果其对象设置为"随层"特性，则返回原始设置，如果其对象为"随块"特性，则显示为黑色、实线型。如果块带有属性，则属性值将丢失而只是显示属性定义时在"标记"编辑框中输入的标记名。

B　使用 Xplode 命令分解块

在命令行输入 Xplode 命令后，提示为：

命令：XPLODE

选择要分解的对象。

选择对象：找到 1 个

选择对象：1 个对象已找到。

输入选项［全部（A）/颜色（C）/图层（LA）/线型（LT）/从父块继承（I）/分解（E）］＜分解＞：

可以根据需要按提示选择操作。

3.17.2.2　重新定义块

重新定义块是快速修改所有块引用的方法。重新定义块就是使用相同的块名重新定义块的内容。对于用 WBlock 建立的块，如果在一个图形中插入了块，当使用 WBlock 命令建立一个同名的新块文件代替原块文件，则在该图形再次插入同名块文件，也将提示是否重新定义块，如果确认，则会更新原来插入的块。

3.17.3 块属性的定义与修改

在定义块时，块中的对象将保持原有的特性（如图层、颜色、线型等）。如果在新的图形文件中插入块，则将在新的图形文件中自动建立块中各对象所用的图层，并保持块的特性，除非当前图形文件中已经存在这些图层。具体说明如下：

（1）随层。如果块中对象的颜色和线型设置为"随层"，则当被插入块的图形文件中具有同名图层，则块中各对象的颜色和线型将被同名图层所代替。当插入块的图形文件中没有同名图层，则块中各对象的颜色和线型将保持原来图层的设置，并为当前图层添加块中对象所有的图层。

（2）随块。如果块中对象的颜色和线型设置为"随块"，则块中这些对象在被插入前就没有确定的颜色和线型，则：当被插入块的图形文件中具有同名图层，则块中各对象的颜色和线型将被同名图层所代替。当插入块的图形文件中没有同名图层，则块中各对象的颜色和线型将保持原来图层的设置。

（3）使用显式颜色和线型。如果块中对象的颜色和线型设置为显式颜色、线型和线宽，则插入块时，块中的颜色、线型和线宽将保持不变。

（4）0层上块的特殊性。如果块的对象是属于0层，当具有"随层"或"随块"特性时，则无论将块插入哪一层，都将随当前层变化；当具有显式设置时，将保持原来对象的设置。

3.17.4 外部参照的使用

3.17.4.1 使用外部参照

外部参照是指在一幅图形中对另一幅外部图形的引用。外部参照有两种基本用途。首先，它是用户在当前图形中引入不必修改的标准元素（如各种标准元件）的一个高效率途径；其次，它是提供用户在多个图形中应用相同图形数据的一个手段。当任何一个用户对外部参照图形进行修改后，AutoCAD都会自动在它所附加的或覆盖的图形中将其更新，这是外部参照和块引用的显著区别。

3.17.4.2 插入外部参照

外部参照与块在很多方面都类似，其不同点在于块的数据存储于当前图形中，而外部参照的数据存储于一个外部图形中，当前图形数据库中仅存放外部文件的一个引用。

XREF命令可以使用户附加、覆盖、连接或更新外部参照图形，执行该命令时系统将显示图3-58所示的"外部参照管理器"对话框。该命令对应的菜单项为"插入|外部参照管理器"，工具为"参照"工具栏中的"外部参照"按钮。如果用户单击"附着"按钮或者直接单击"参照"工具栏中的"附着外部参照"按钮，或者直接单击"插入|外部参照"菜单项，则系统将显示图3-59所示

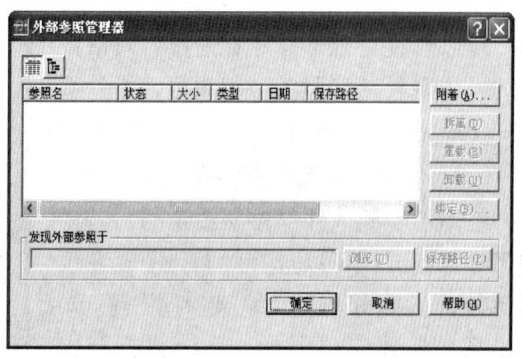

图3-58 "外部参照管理器"

的"选择参照文件"对话框，可以通过该对话框选择参照的文件。选定文件后，单击"打开"按钮，系统将显示图 3-60 所示的"外部参照"对话框。用户可由该对话框选择引用类型（附加或覆盖），加入图形时的插入点、比例和旋转角度，以及是否包含路径。

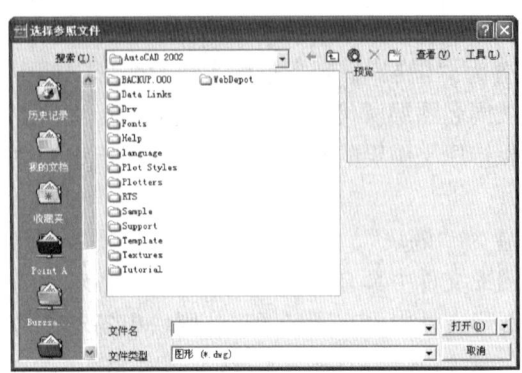

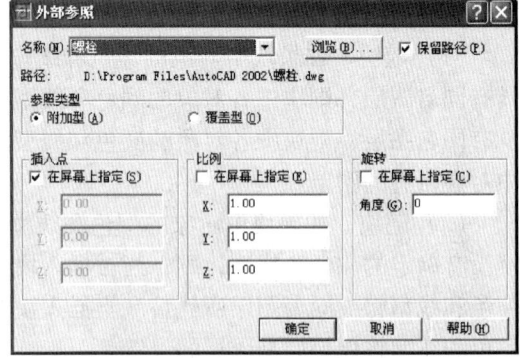

图 3-59　"选择参照文件"对话框　　　　图 3-60　"外部参照"对话框

（1）附加外部参照。若要附加外部参照，可在"外部参照"对话框中的"参照类型"区选中"附加型"单选钮。当用户需要嵌套至少一级的外参照时，可以使用附加型的 XREF 命令。附加外部参照不支持循环嵌套。

（2）覆盖外部参照。覆盖外部参照和附加型的外部参照非常相似，但覆盖外部参照比附加型的外部参照更灵活。用户可以通过在"外部参照"对话框中的"参照类型"区选中"覆盖型"单选钮来执行它。覆盖外部参照不能显示嵌套的附加或覆盖外部参照，即它仅显示一层深度。覆盖引用允许循环引用。

3.17.4.3　管理外部参照

（1）删除外部参照。要从一个图形中删除某个外部参照，可在"外部参照管理器"对话框的外部参照列表中选定一个外部参照后，选择"拆离"按钮。

（2）重新加载外部参照。如果在工作组中某个同事更新了用户当前图形中的一个引用图形，则用户可以用"外部参照管理器"对话框中的"重载"按钮，更新自己的外部参照。

（3）改变外部参照路径。如果用户的项目结构发生了改变，并且引用文件被移到另外一个子目录、磁盘或文件服务器中，用户必须在外部参照对象中更新路径信息。用户可以通过"外部参照管理器"对话框中的"发现外部参照于"编辑框，为外部文件重新指定一个路径。

3.17.4.4　编辑外部参照

在图形中插入外部参照图形后，若要编辑外部参照，可以选择"修改"|"在位编辑外部参照和块"|"编辑参照"菜单，单击某个外部参照图形，系统将打开如图 3-61 所示"参照编辑"对话框。

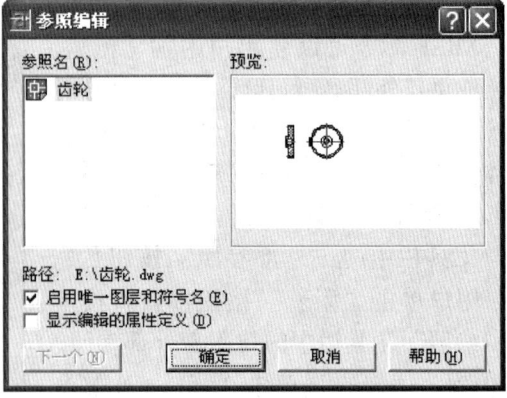

图 3-61　"参照编辑"对话框

3.17.4.5 归档外部参照

将某个外部参照归档可使该外部参照图形转化为一个块，使它成为当前图形的一个部分，而不再是一个外部参照文件。使用"外部参照管理器"对话框中的"绑定"按钮，连接整个图形的数据库，或当前图形中已命名的项（称为从属符号）。单击该按钮后，系统将显示图3-62所示"绑定外部参照"对话框。若在该对话框中选择"绑定"按钮，表示将外部参照定义归档至当前图形。若在该对话框中选择"插入"，则此操作类似使用 INSERT 插入块。

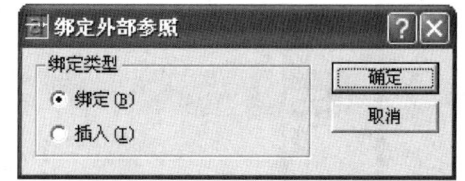

图3-62 "绑定外部参照"对话框

在实际应用中，也可根据需要，使用 XBIND 命令把在外部参照图形中定义的从属符号（块、尺寸标注格式、文本字体、层和线型）引入当前图形中。执行该命令时，系统将打开"外部参照绑定"对话框。单击"外部参照"区名称前的"＋"号，系统将展开其中所包含的项目。指定所需连接的符号类型，然后单击"添加-〉"按钮，即可将选定项加入"绑定定义"列表区中。若未出现这些项目，可以通过单击"＋"号顺序打开它们。

用户也可通过单击"参照"工具栏的或选择"修改|对象|外部参照|绑定"菜单，执行 XBIND 命令，见图3-63。

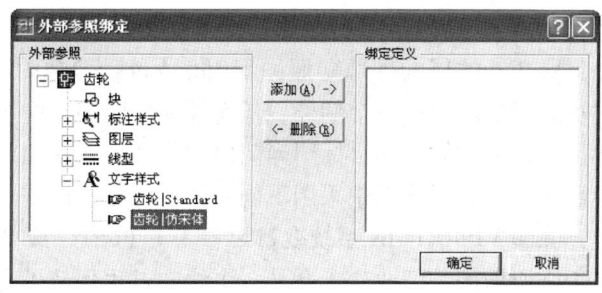

图3-63 "外部参照绑定"对话框

3.17.4.6 剪辑外部参照

XCLIP 命令用于剪辑当前图形的外部参照。用户通过使用 XCLIP 定义剪裁边界，系统只显示剪裁边界内的外部参照的部分。剪裁只对外部参照的引用起作用，而不对外部参照定义本身起作用。定义剪裁边界后，外部参照几何图形本身并没有改变，只是限制了它的显示范围。用户还可使用 XCLIP 创建新的剪裁边界、删除现有的剪裁边界，或生成与剪裁边界定点重合的多段线对象。用户可以根据情况打开或关闭外部参照的剪裁功能。当剪裁边界关闭时，只要几何图形所在的图层处于打开和解冻状态，就不会显示边界。此时，整个外部参照是可视的。关闭剪裁边界后，边界仍然存在并可随时打开，使用剪裁边界效果见图3-64。

经过剪裁的外部参照，可像未剪裁过一样进行编辑。在编辑时，边界与参照一起移动。如果外部参照包含嵌套的剪裁外部参照，它们将在图形中显示剪裁效果。如果上级外

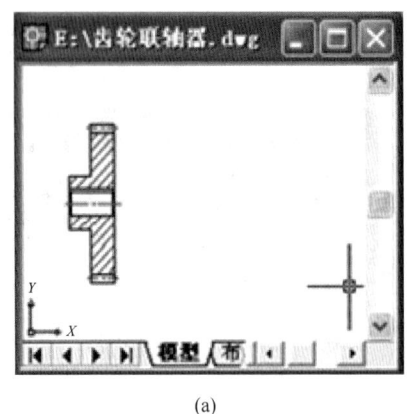 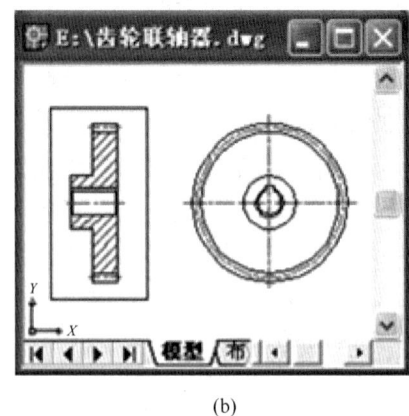

(a)   (b)

图 3-64　剪裁边界

（a）确定剪裁边界；（b）剪裁结果

部参照是经过剪裁的，嵌套外部参照同样被剪裁。系统变量 XCLIPFRAME 的值决定剪裁边界是否关闭。

　　XCLIPFRAME 为 1 时，剪裁边界是可见的，可以作为对象的一部分选择和打印。XCLIP 命令可在命令行执行，或单击"参照"工具栏，或在绘图选定外部参照后，单击右键并且选择"外部参照剪裁"来执行。

3.17.4.7　管理外部参照的层、颜色和线型

　　当附加某个包含除层 0 外的层的外部参照图形时，AutoCAD 2016 将修改该外部参照图形的层名以避免重复。但是层 0 是一个例外，任何外部参照图形中层 0 上的对象均会进入目标图形的层 0 之上，然后它们采用目标图当前层的属性，如同插入一个块一样。如果用户想让某个外部参照暂时在目标图形中采用不同的特性，则可以在目标图形中改变外部参照层的设置。但是，除非 VISRETAIN 系统变量设置为 1（on），或者在当前绘图过程中重新加载外部参照，否则所做的一切改变不会从一个绘图过程保持到另一个绘图过程。

3.18　文本与表格编辑

3.18.1　文字样式的建立

3.18.1.1　创建堆栈文本

　　堆栈文本就是垂直对齐的文本或者分数，如 $\frac{1}{2}$，可以先在"多行文字编辑器"对话框中将其书写为 1/2 的形式，然后选定这部分文本，然后按下按钮 $\frac{a}{b}$ 即可。参见图 3-65 和图 3-66。

3.18.1.2　从文件中输入文本

　　（1）可以从文本文件、样板文件等文件中输入文本。单击"多行文字编辑器"对话框的"输入文本"按钮，打开如图 3-67 所示的"选择文件"对话框。

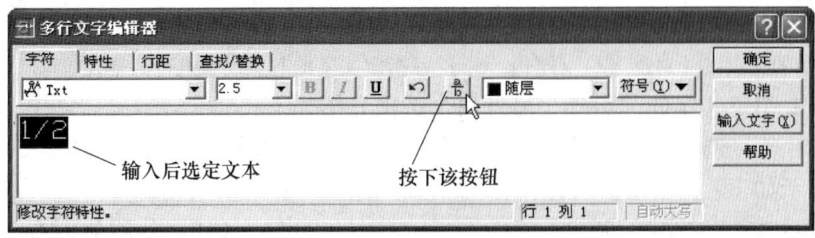

图 3-65 创建堆栈文本的过程

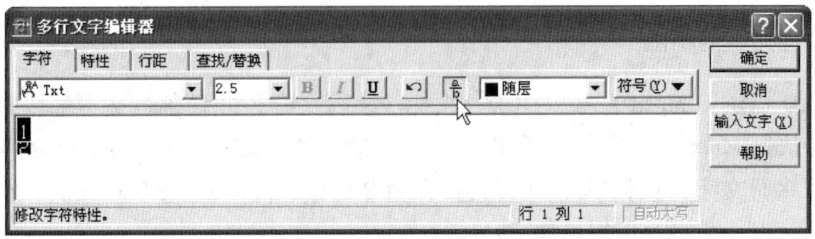

图 3-66 创建堆栈文本的效果

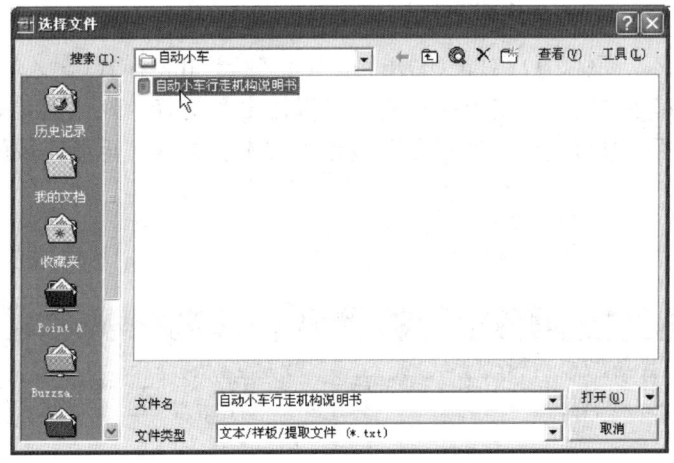

图 3-67 "选择文件"对话框

（2）从某个文件夹中找到所需文件，如"自动小车行走机构说明书.txt"文件。

（3）选中该文件后单击"打开"按钮，则文件内容就输入"多行文字编辑器"对话框的文本框中。

3.18.2 单行文字的标注

当书写的文字较短，并且只使用单一字体和文字样式时，可以使用单行文字注释。AutoCAD 提供了 Text 或 Dtext 命令用于单行文字注释，单击"绘图|文字|单行文字"菜单项或者在命令行输入 Text 或 Dtext 命令，就可以开始输入单行文字。输入命令后，AutoCAD 将显示如下提示：

命令：_dtext(单击"绘图|文字|单行文字"菜单项)

当前文字样式：Standard 当前文字高度：2.5000（显示系统设置）

指定文字的起点或［对正（J）/样式（S）］:（指定文字的起点或者进行其他设置）

除了需要指定文字的起点外，另外两个选项介绍如下：

（1）"对齐"选项。"对齐"选项用于指定文字与拾取的起点对齐的方式，输入 J 后，命令行的提示如下：

输入选项［对齐(A)/调整(F)/中心(C)/中间(M)/右(R)/左上(TL)/中上(TC)/右上(TR)/左中(ML)/正中(MC)/右中(MR)/左下(BL)/中下(BC)/右下(BR)］:

（2）样式（S）选项。该选项用于改变当前文字的样式。

3.18.3　多行文字的标注

AutoCAD 提供了 Mtext 命令，用于一次标注多行文字，并且各行文本都以指定宽度排列对齐。要执行 Mtext 命令，可以单击"绘图|文本|多行文字"菜单项，或者单击绘图工具栏中的"多行文字"按钮 **A**，或者直接在命令行输入 Mtext，命令输入后，需要指定多行文字的第一点，AutoCAD 提示如下：

命令：_mtext(单击绘图工具栏中的"多行文字"按钮 **A**,见图 3-68)

当前文字样式:"Standard "当前文字高度:2.5(显示系统设置)

指定第一角点:(指定第一点)

指定对角点或［高度(H)/对正(J)/行距(L)/旋转(R)/样式(S)/宽度(W)］:（指定对角点或者输入其他选项）指定第一点后，可以用多种选择，一般直接指定对角点，则 AutoCAD 将以这两个对角点形成的矩形区域作为文本注释区，矩形区域的宽度就是所标注文本的宽度。

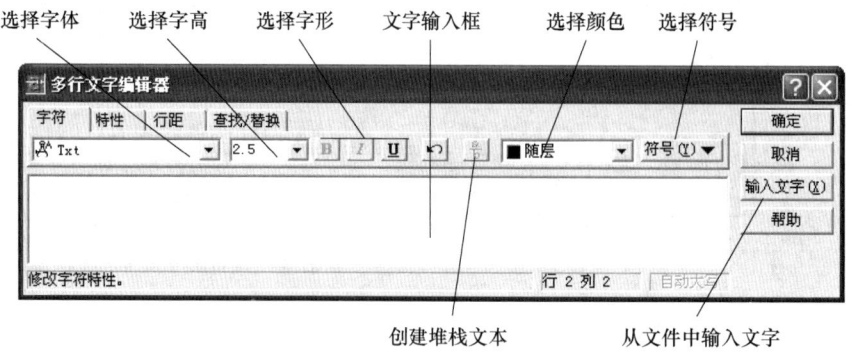

图 3-68　"多行文字编辑器"对话框

"多行文字编辑器"对话框有四个选项卡。

（1）"字符"选项卡。在"字符"选项卡中可以对输入的文字选择字体、设置字高、字形、颜色，输入特殊符号，从磁盘文件中输入文本等。

（2）"特性"选项卡。

（3）"行距"选项卡。

（4）"查找/替换"选项卡。

3.18.4 文字的编辑

创建了文本对象之后，就可以根据需要对文字进行编辑，包括修改文本内容和文本特性，如文本的高度、旋转角度等。文本字体的修改则通过修改文本样式来进行。

3.18.4.1 使用 Ddedit 命令修改文本

单击"修改|对象|文字|编辑"菜单项或者在命令行输入 Ddedit 命令，都可以启动行文本编辑命令。另外，可以直接双击文字对象来打开相应的对话框。

启动 Ddedit 命令后，需要选择文本对象，如果选择的是多行文字，则打开"多行文字编辑器"对话框，如果选择的是单行文字，则打开如图 3-69 所示的"编辑文字"对话框，在各自的对话框进行修改即可。

图 3-69 "编辑文字"对话框

3.18.4.2 使用"特性"对话框修改文本

所有对象的修改都可使用"特性"编辑器，这一工具同样适用于文本。图 3-70 和图 3-71 分别为单行文字和多行文字的"特性"对话框。单行文字可以直接在"内容"栏内修改其文本内容。而多行文字，当选择"内容"一栏时，会在右边显示按钮 ，单击该按钮就会打开"多行文字编辑器"对话框供用户修改多行文字。

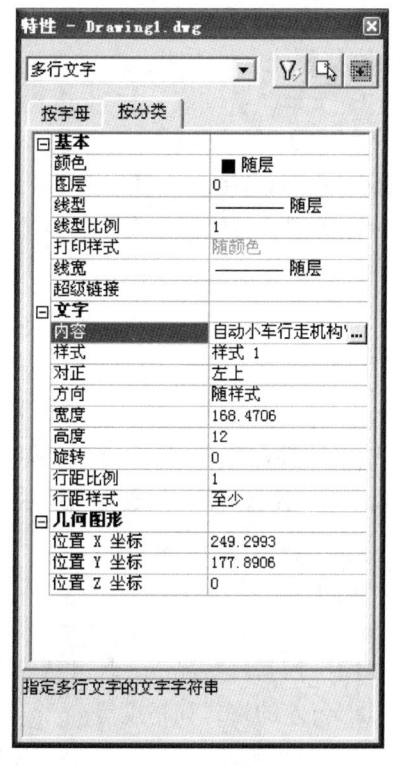

图 3-70 单行文字的"特性"对话框

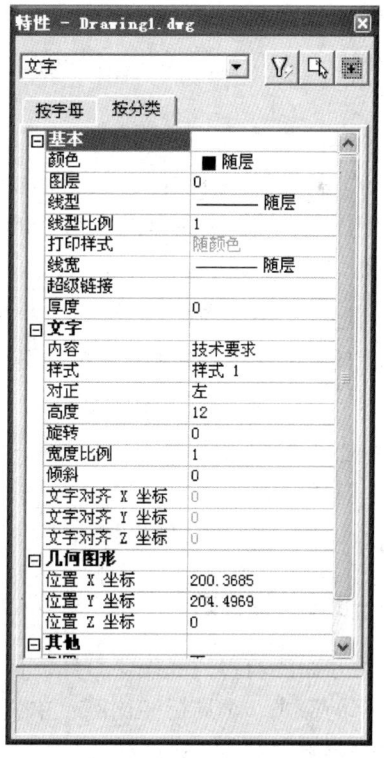

图 3-71 多行文字的"特性"对话框

3.19 尺寸标注

3.19.1 尺寸的组成与标注方法

3.19.1.1 尺寸标注的组成要素

在 AutoCAD 中，尺寸标注的组成要素与工程图绘制的标准类似，是由尺寸界线、尺寸线、箭头和标注文字构成，如图 3-72 所示。

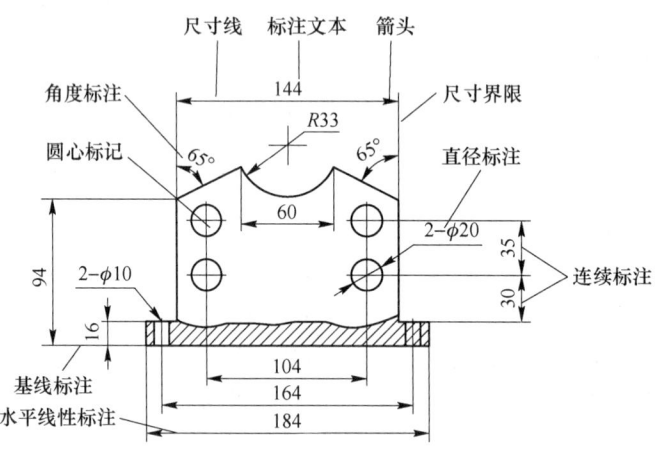

图 3-72 尺寸标注的各组成要素

3.19.1.2 尺寸标注的系统变量

AutoCAD 2016 约有 60 多个用于尺寸标注的系统变量，这些变量大都以 DIM 的形式开头。它们用于确定尺寸界线超出尺寸的距离、设置标注类型、设置箭头大小、设置标注文字高度等。

3.19.1.3 尺寸标注菜单及其工具栏

所有的尺寸标注命令和尺寸标注编辑命令都被集中在"标注"菜单和"标注"工具栏里。

3.19.1.4 尺寸标注类型

AutoCAD 2016 提供了多种尺寸标注类型，它们是：线性标注、对齐标注、基线标注、连续标注、角度标注、半径标注、直径标注、坐标标注、引线标注、圆心标记、快速标注和公差标注。

3.19.2 创建标注样式

在尺寸标注前，一般先要对标注样式进行设置，用于控制尺寸界线、尺寸线、箭头和标注文字的格式、全局标注比例、单位的格式和精度、公差的格式和精度等。

单击菜单"格式|标注样式"菜单项或者单击"标注|样式"菜单项都可以弹出如图 3-73 所示的"标注样式管理器"对话框。

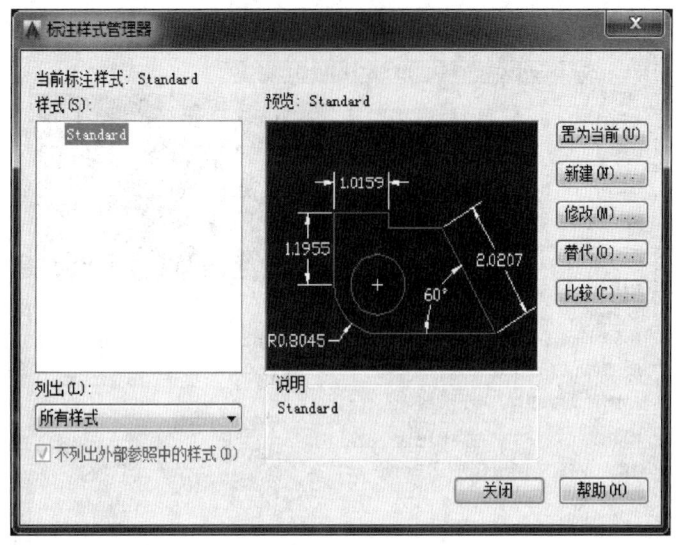

图 3-73 "标注样式管理器"对话框

新建标注样式的步骤为：

（1）单击菜单"格式|标注样式"菜单项打开"标注样式管理器"对话框。

（2）单击"新建"按钮，打开如图 3-74 所示的"创建新标注样式"对话框。在"创建新标注样式"对话框的"新样式名"栏中输入新标注样式名。

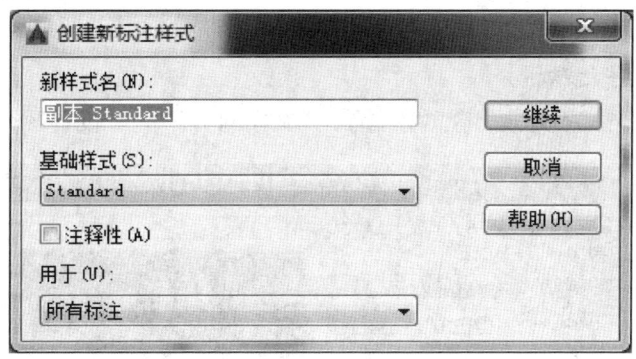

图 3-74 "创建新标注样式"对话框

（3）在"基础样式"下拉框中选择作为新样式的起点样式。在没有创建样式时，将以标准样式 ISO-25 为基础来创建新样式。

（4）在"用于"下拉框中指出使用新样式的标注类型，默认为"所有类型"。也可以选择特定的标注类型，此时将创建基础样式的子样式。

（5）在"创建新标注样式"对话框中单击"继续"按钮，打开如图 3-75 所示的"新建标注样式"对话框。

（6）在"新建标注样式"对话框中，有 7 个选项卡，即"线"选项卡、"符号和箭头"选项卡、"文字"选项卡、"调整"选项卡、"主单位"选项卡、"换算单位"选项卡、"公差"选项卡，可以在这些选项卡中进行具体设置。

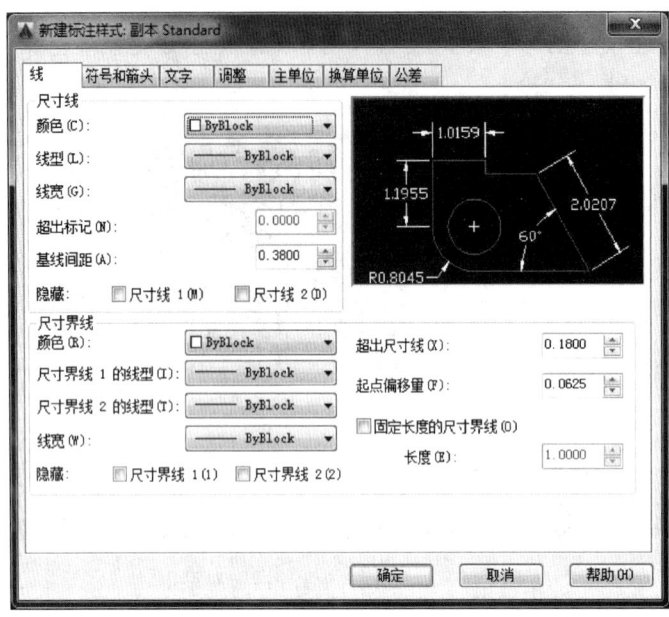

图 3-75　"新建标注样式"对话框

3.19.3　尺寸变量的设定

3.19.3.1　直线和箭头选项卡

该选项卡包含"尺寸线""尺寸界线""箭头""圆心标记"四个设置区。

3.19.3.2　文字选项卡

该选项卡包含"文字外观""文字位置""文字对齐"三个设置区。如图 3-76 所示。

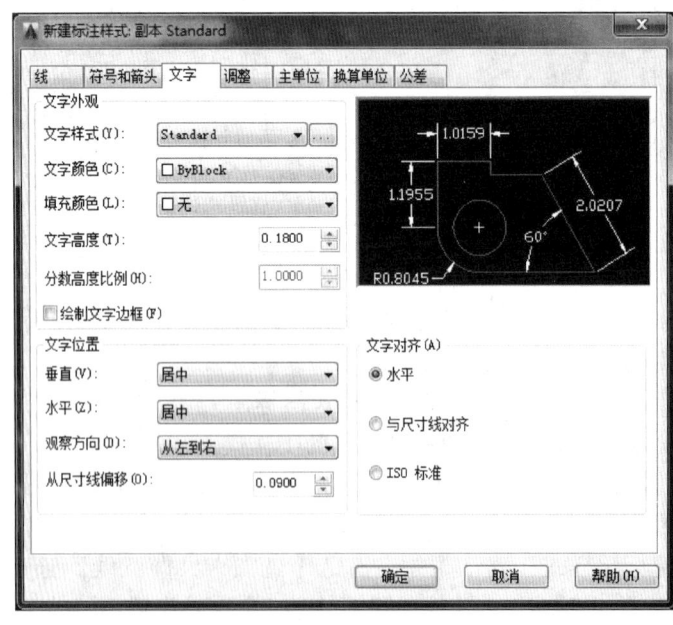

图 3-76　文字选项卡

（1）"文字外观"设置区。

1）"文字样式""文字颜色""文字高度"三个选项分别用于设置标注文字的字体、颜色和字高。

2）"分数高度比例"：用于设置标注分数字符的比例。

3）"绘制文字边框"复选框用于控制是否为标注文字加上边框。

（2）"文字位置"设置区。"文字位置"设置区用于控制文字的垂直、水平位置以及距尺寸线的偏移。

（3）"文字对齐"设置区。"文字对齐"设置区用于控制标注文字保持水平还是与尺寸线平行。

1）"水平"单选按钮用于设置标注文字沿水平方向放置。

2）"与尺寸线对齐"单选按钮用于设置标注文字沿与尺寸线平行的方向放置。

3）"ISO Standard（国际标准）"单选按钮。根据 ISO 标准设置标注文字的位置，当标注文字在尺寸界线中时，保持标注文字在与尺寸线平行的方向上放置；当标注文字在尺寸界线外时，保持标注文字沿水平方向放置。

3.19.3.3 调整选项卡

该选项卡包含"调整选项""文字位置""标注特征比例""调整"四个设置区。如图 3-77 所示。

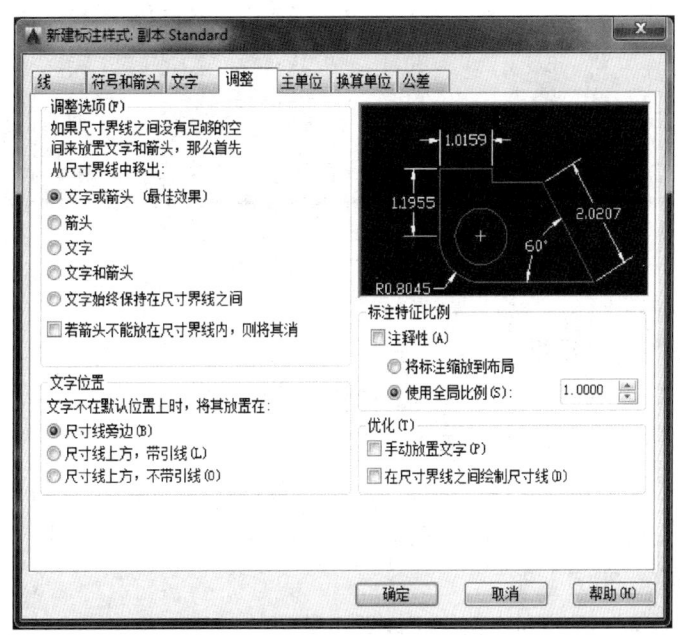

图 3-77 调整选项卡

（1）"调整选项"设置区。如果尺寸界线之间的距离太小，可以通过该选项卡的设置来确定文字或箭头的放置位置，以取得较好的效果。

（2）"文字位置"设置区。该设置区有三个单选按钮："尺寸线旁""尺寸线上方，加引线""尺寸线下方，加引线"，分别表示当标注文字不在默认位置时，将其放置在指定的位置。

（3）"标注特征比例"设置区。"使用全局比例"单选按钮：打印尺寸＝原尺寸×全局比例因子×打印比例因子。该选项即定义整体尺寸要素的比例因子。

（4）"调整"设置区。该选项组包含以下两个复选框："标注时，手动放置标注文字"和"始终在尺寸界线之间绘制尺寸线"。

3.19.3.4　主单位选项卡

该选项卡包含"线性标注""角度标注"两个选项组，见图3-78。

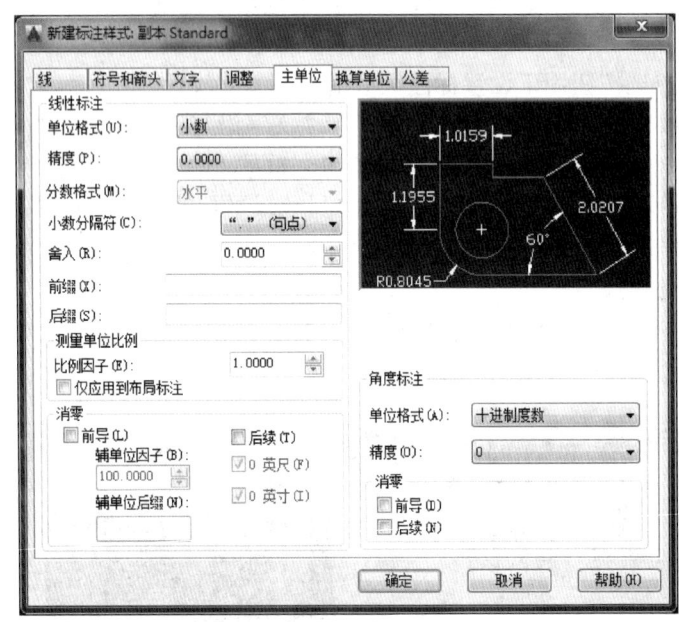

图 3-78　主单位选项卡

（1）"线性标注"选项组。

1）"单位格式"下拉列表框用于设置线性标注的单位格式。

2）"精度"下拉列表框用于设置尺寸的精度。

3）"分数格式"下拉列表框。此选项通常为灰色，只有当在"单位格式"下拉列表框中选定"分数"时，此选项才被启用。分数格式有四种形式：①"对角"；②"水平"；③"不堆叠"；④"工程"。

4）"小数分隔符"下拉列表框用于设置小数点的形状。

5）"舍入"微调按钮用于对小数取近似值的设置。

6）"前缀"文本框用于设置标注尺寸的前缀。

7）"后缀"文本框用于设置标注尺寸的后缀。

8）"比例因子"微调按钮用于设置标注尺寸的比例。

9）"消零"方式选项。包括"前导"消零和"后续消零"复选框，是对小数点前后"0"的消除方式的设置。

（2）"角度标注"选项组。该选项组的各选项类似于"线性标注"选项组中的各个选项。

3.19.3.5　换算单位选项卡

该选项卡包含"换算单位""消零"和"位置"三个选项组。

（1）"换算单位"和"消零"选项组。"单位格式""精度""前缀""后缀""消零"等选项类似于"主单位"选项卡中的功能设置，见图3-79。

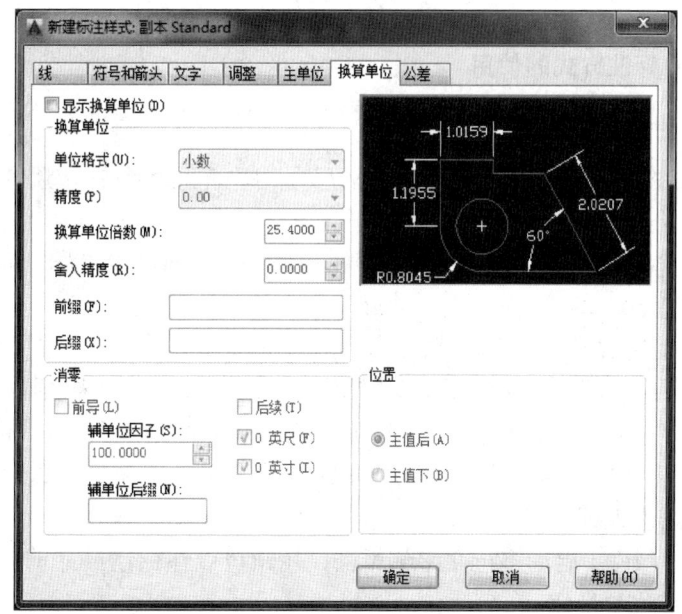

图 3-79　换算单位选项卡

（2）"位置"选项组。"主值后"和"主值下"复选框分别用于设置将换算单位放置于主单位后面和下方。

3.19.3.6　公差选项卡

该选项卡包含"公差格式"和"换算单位公差"两个选项组。

（1）"公差格式"选项组。

1）"方式"下拉列表框用于设置公差的形式。有以下几个子选项："无公差"（表示不添加公差）"对称""极限偏差""极限尺寸""基本尺寸"。

2）"精度"下拉列表框用于设置公差值的小数位数。

3）"上偏差"/"下偏差"微调按钮用于设置上、下偏差值。

4）"高度比例"微调按钮用于设置公差文字与基本尺寸文字的高度比例。

5）"垂直位置"下拉列表框用于设置基本尺寸文字与公差文字的相对位置，有"下""中""上"三种，依次如图3-80所示。

"消零"选项组中的前导和后续选项的功能类似于上一个选项卡中的同类选项。

（2）"换算单位公差"选项组。该选项组中的各选项功能类同于公差格式（Tolerance Format）选项组中同类选项。

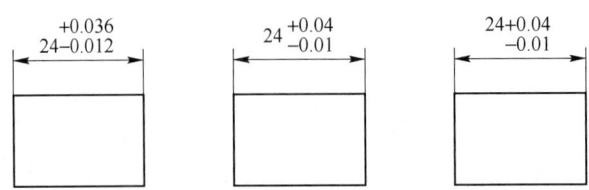

图 3-80   "垂直位置"示例

3.19.4   各种尺寸标注方式的使用

3.19.4.1   长度尺寸标注

（1）线性标注。线性标注用于标注水平尺寸、垂直尺寸和旋转尺寸。AutoCAD2016提供 Dimlinear 命令进行线性标注，步骤为：

1）单击"标注|线性"菜单项，或者单击工具按钮，或者输入 dimlinear 命令，则会出现如下命令行提示：

指定第一条尺寸界线原点或＜选择对象＞：

2）在此提示下，指定第一个和第二个标注点，或者按回车键来选择标注对象。

3）在放置标注以前，可以输入下列选项，编辑标注文字或者确定其位置。

① 指定尺寸线位置：这是默认项，要求用户指定尺寸线位置。这时可以拖动鼠标，在指定的位置单击左键即可。

② 多行文字（M）：启动多行文字编辑器，用户可以在标注尺寸前后添加其他文字，也可以输入新值替代测量值。

③ 文字（T）：输入替代测量值的标注文字。

④ 角度（A）：用于指定标注文字原倾斜角度。

⑤ 水平（H）：限定标注水平尺寸。

⑥ 垂直（V）：限定标注垂直尺寸。

⑦ 旋转（R）：用于设置尺寸线的旋转角度。

（2）对齐标注。对齐标注的尺寸线平行于由两条尺寸界线起点确定的直线。Auto-CAD2016 提供 Dimaligned 命令进行对齐标注，步骤为：

1）单击"标注|对齐"菜单项，或者单击工具按钮，或者输入 Dimaligned 命令。

2）在提示下，指定第一个和第二个标注点，或者按回车键来选择标注对象。

3）这时的选项较线性标注少了几项，为：

指定尺寸线位置或［多行文字（M）/文字（T）/角度（A）］：

一般只需要指定尺寸线位置即可。

（3）基线标注。基线标注，是指由一条公共的尺寸界线和一组相互平行尺寸线的线性标注或角度标注构成的标注族。在进行基线标注前，一定要确认标注对象中是否存在一个线性或角度标注，如果不存在，则无法进行基线标注。

（4）连续标注。连续标注与基线标注一样，不是基本的标注类型，它也是一个由线性标注或角度标注所组成的标注族。与基线标注不同的是，后标注尺寸的第一条尺寸界线为上一个标注尺寸的第二条尺寸界线。AutoCAD2016 提供 Dimcontinue 命令进行连续标注。

3.19.4.2 角度尺寸标注

角度尺寸标注用于标注两条直线之间的夹角、圆弧的弧度或三点之间的角度。Auto-CAD2016 提供 Dimangular 命令进行角度标注。

3.19.4.3 直径和半径尺寸标注

这两种标注形式分别用于标注圆或圆弧的半径和直径。创建这两种标注的方法与过程都是一样的，不同的是激活不同的命令，则标注出不同的样式结果。

（1）单击"标注|直径（或半径）"菜单项，或者单击工具按钮，或者输入 dimdiameter（或 dimradius）命令。

（2）在提示下，选择一个圆或者圆弧。

（3）指定尺寸线位置。

3.19.4.4 快速标注

该标注形式用于一次标注多个对象。单击"标注|快速标注"菜单项，或者单击工具按钮，或者输入 Qdim 命令时，在提示下选择标注对象后的提示为指定尺寸线位置或［连续(C)/并列(S)/基线（B）/坐标（O）/半径（R）/直径（D）/基准点（P）/编辑（E）］＜连续＞：

此时，如果按回车键，将对选择的对象进行标注，否则可以根据提示选择一个选项完成标注，这些选项的意义为：

（1）连续（C）：用于创建一系列连续标注。

（2）并列（S）：用于快速生成交错的尺寸标注。

（3）基线（B）：对所选择的多个对象快速生成基线标注。

（4）坐标（O）：对所选择的多个对象快速生成坐标标注。

（5）半径（R）：对所选择的多个对象快速生成半径标注。

（6）直径（D）：对所选择的多个对象快速生成直径标注。

（7）基准点（P）：为基线标注和连续标注确定一个新的基准点。

（8）编辑（E）：用于对快速标注的选择集进行修改，即从现有标注中添加或者删除标注点。

3.19.4.5 圆心标记

标注圆心标记有圆心标记和中心线两种。AutoCAD 2016 提供了 Dimcenter 命令用于对圆或圆弧进行圆心标记，步骤为：

（1）单击"标注|圆心标记"菜单项，或者单击工具按钮，或者输入 Dimcenter 命令。

（2）选择要创建圆心标记的圆或者圆弧。

3.19.4.6 引线标注

引线标注用于连接注释和图形对象的线，用户可以从图形的任意点或者对象上创建引线。引线可以由直线或者平滑的样条曲线构成。

用户可以在引线的末端输入任何注释，如文字，也可以为引线附着块参照和控制特征框。

3.19.4.7　公差标注

（1）尺寸公差标注。

（2）形位公差标注。

AutoCAD 2016 提供 Tolerance 命令供用户标注形位公差。步骤为：

单击"标注丨公差"菜单项，或者直接输入 Tolerance 命令，打开如图 3-81 所示的"形位公差"对话框进行标注。

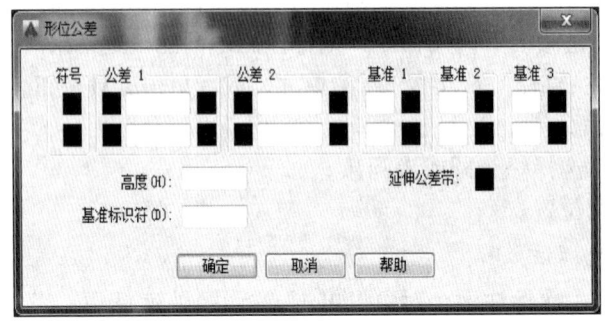

图 3-81　"形位公差"对话框

3.19.5　尺寸标注的编辑

3.19.5.1　尺寸编辑

AutoCAD 2016 提供了 Dimedit 命令供用户修改标注对象的文字，调整文字到默认位置，旋转文字，倾斜尺寸界线等。下面以图 3-82 为例说明尺寸编辑的步骤：

（1）单击"标注丨倾斜"菜单项，或者直接输入 Dimedit 命令，此时 AutoCAD 将提示：

命令：_dimedit

输入标注编辑类型［默认（H）/新建（N）/旋转（R）/倾斜（O）］＜默认＞：（输入标注编辑类型）

（2）根据需要选择相应的选项对尺寸进行编辑。

1）默认（H）。该选项用于将标注文字恢复到缺省的样式，但对未作修改的标注文字不起作用。

2）新建（N）。用户选择该选项后，将会弹出"多行文字编辑器"对话框。在该对话框编辑区中的 <> 表示原来的标注文字，用户可以在 <> 前后添加其他标注文字，也可以删除 <>，重新输入新的标注文字。

3）旋转（R）。选择该选项后，被选定的标注文字将旋转到用户指定的角度。

4）倾斜（O）。该选项用于控制尺寸界线的倾斜角度。

这里选择"倾斜"选项，输入"O"并回车。

（3）选择要编辑的尺寸标注，即选择图 3-82（a）图中的尺寸标注"63"，可以多次选择。

（4）选择完后单击右键或者按回车键结束选择。

（5）输入倾斜角度，如"15"，按回车键结束。结果参见图 3-82（b）。

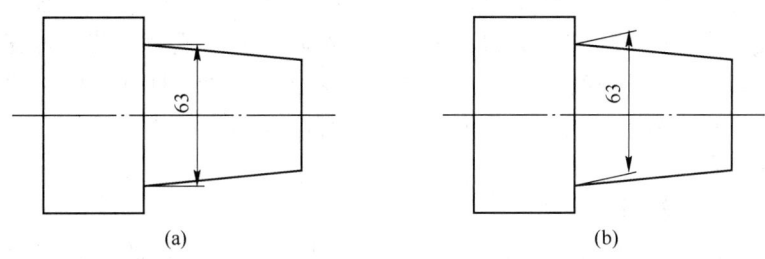

图 3-82　尺寸界线的倾斜编辑

3.19.5.2　调整标注位置

（1）使用"编辑标注文字"命令调整标注位置。"编辑标注文字"命令（Dimtedit）用于调整尺寸文本的放置位置，具有动态拖动文本的功能。使用步骤为：

1）单击 Dimension 工具栏中的 Dimtedit 按钮，或者直接输入 Dimtedit 命令；

2）根据命令行提示选择某一个尺寸标注；

3）根据如下命令行提示选择调整方式：

指定标注文字的新位置或［左（L）/右（R）/中心（C）/默认（H）/角度（A）］：

（2）利用快捷菜单调整标注位置。在选中某个尺寸标注后，可以单击右键，从快捷菜单中选择一个合适的文字位置选项。

（3）利用夹点编辑方法调整标注位置。利用夹点编辑方法可以方便地调整标注位置。首先选中尺寸标注，然后选中尺寸线上某个夹点，拖动到合适位置即可。

3.19.5.3　修改标注文本内容

有两种方法可以修改标注文本的内容。

（1）使用"特性"窗口。

1）选择某个尺寸标注。

2）从快捷菜单中打开"特性"窗口。

3）在"特性"窗口"文字"区的"文字替代"编辑框中输入或者修改标注文字。可以用尖括弧"<>"代表原尺寸，然后在尖括弧前后输入其他文字。

（2）使用"多行文字编辑器"。选定标注后，通过选择"修改|对象|文字|编辑"菜单项即可打开"多行文字编辑器"对话框，进行标注文字的修改操作。

3.19.5.4　标注的关联与更新

在 AutoCAD 2016 中，标注的尺寸与标注的对象是相关的，对图形进行编辑的同时，相关的尺寸标注将自动更新。另外，可以使用"标注更新"命令 dimstyle，用当前的标注样式更新选定标注的原有的标注样式。步骤为：单击"标注|标注更新"菜单项或者直接输入 dimstyle 命令，然后选择所有要更新的标注。在执行命令期间，还可以根据命令行提示选择尺寸标注样式。

3.19.5.5　管理标注样式

利用"标注样式管理器"，除了如前面介绍的那样，可以新建标注样式外，还可以修改现有的样式，替代现有的样式和比较两种标注样式。

（1）设置当前标注样式与修改现有的样式。在打开"标注样式管理器"后，在"样式"列表框中显示了标注样式，从中选定一种，然后单击"置为当前"按钮，将该样式设置为当前样式。如果要修改当前样式，单击"修改"按钮，打开类似于"新建标注样式"对话框的"修改标注样式"对话框，在其中对样式进行修改。

（2）替代现有的样式。步骤为：

1）打开"标注样式管理器"；

2）单击"替代"按钮打开类似于"新建标注样式"对话框的"替代标注样式"对话框；

3）对样式进行调整。

创建标注样式的替代后，在"标注样式管理器"的"样式"列表中当前样式下显示"样式替代"，以后的标注采用此样式进行。

注意：只能为当前标注样式创建样式替代。如果将其他标注样式设置为当前样式，则样式替代自动删除。

选中"样式"列表中的"样式替代"，右键弹出快捷菜单，从中选择"重命名"选项，可以将"样式替代"设置为一种新的标注样式。如果在快捷菜单中选择"保存为当前样式"，则实际上完成了对当前样式的修改，"样式替代"项就会删除掉。

（3）应用标注样式。如果要改变某个标注的现有样式，还可以这样进行：

1）选中标注；

2）在快捷菜单的"标注样式"菜单下选中某个样式。

这种方式只对选中的标注有效，不会影响后面的标注。

思考与习题

3-1　用直线 line 命令、多段线 pline 命令、矩形命令绘制的矩形有何异同？

3-2　如何改变点的显示形式？

3-3　预定义和自定义填充图案有何区别，填充图案的角度和比例有何特点？

3-4　用直线绘制如图所示的五角星。

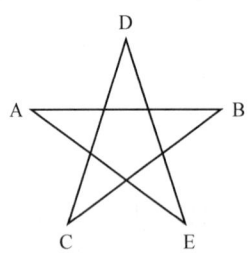

3-5　用多段线绘制如下图所示的箭头。

3-6　绘制如下图所示的图样。

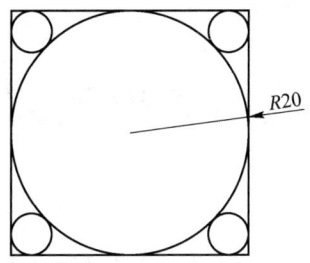

3-7 新建一个文字样式，命名为：机械制图，字体为"gbeitc. shx"，使用大字体"gbcbig. shx"。

3-8 用上步设置好的文字样式，标注一段多行文字，并添加两种注释比例 1：5 和 5：1。

3-9 用文字标注如下内容。

$35°$

$20\frac{H7}{f8}$

$\phi 100$

20 ± 0.002

国家制图标准

4 三维建模及编辑技术

4.1 三维坐标系的建立与使用

4.1.1 坐标变换

（1）打开图 4-1 所示的零件"法兰盘"的三维视图的俯视图。初始视图为世界坐标系下的俯视图。

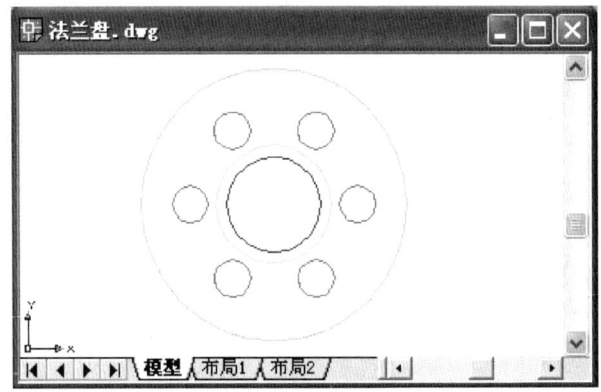

图 4-1 "法兰盘"的三维视图的俯视图

（2）单击"视图|三维视图|西南等轴测"菜单项，切换到三维视图。

（3）单击"视图|三维视图|视点"菜单项，移动光标调整视点。

4.1.2 命名 UCS

（1）单击"工具|命名 UCS"菜单项，或者 UCS Ⅱ 工具栏中的"显示 UCS 对话框"按钮 ，或者在命令行输入 UCSMAN，打开"UCS"对话框，如图 4-2 所示。

（2）如果要使用某个命名 UCS，可以在列表中选中后，单击"置为当前"按钮即可。

（3）如果要将当前使用的 UCS 保存下来，可以双击"未命名"项，然后输入新的 UCS 名称即可。

（4）单击"确定"按钮确认操作。

4.1.3 设置高度与厚度

在默认情况下，绘图总是在 Z 坐标值为 0 的 XY 平面中绘制的，可以通过设置高度值和厚度值，绘制简单的三维图形。如果绘图时，不提供 Z 坐标值，就按默认的 Z 坐标值

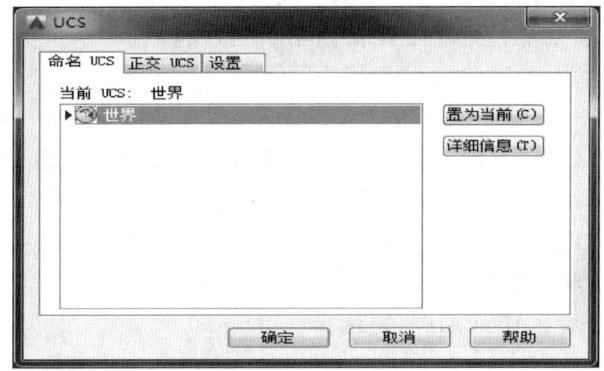

图 4-2　UCS 对话框

取点。还可以通过 ELEV 命令来重新指定当前高度和厚度。某些二维绘图命令，如绘制矩形，本身就包含设置高度和厚度的选项。

4.1.4　在三维空间拾取点

4.1.4.1　输入坐标值

用鼠标可以直接定位坐标点，但不是很精确；采用键盘输入坐标值的方式可以更精确地定位坐标点。

在 CAD 绘图中经常使用平面直角坐标系的绝对坐标、相对坐标，平面极坐标系的绝对极坐标和相对极坐标等方法来确定点的位置。

4.1.4.2　使用对象捕捉

任何在二维平面上起作用的对象捕捉模式，在通过拉伸操作得到的三维对象上同样起作用。捕捉三维对象上的点时，要尽可能地避免两个特征点重合。如果出现重合的情况，使用对象捕捉模式时，总是捕捉到高度值小的点。

4.1.4.3　使用点过滤器

点过滤器是从不同的点提取单独的 X、Y 和 Z 坐标值以创建新组合点的功能。在命令行提示需要指定点时，可以输入点过滤器以通过提取几个点的 X、Y 和 Z 值来指定单个坐标。

4.2　线框模型的创建

三维线框模型就是用多边形线框来表示三维对象，它仅由描述三维对象的点、直线和曲线构成，不含表面信息。在 AutoCAD 系统中可以通过输入点的三维坐标值，即 (X,Y,Z)，来绘制直线、多段线和样条线，构造线框模型。

4.2.1　三维直线

绘制三维直线的命令与绘制二维直线的命令完全一致，确定点时，必须给出 X 和 Y 坐标值，如果不给出 Z 坐标值，则自动取当前高度值。如果启用了正交模式，则可以通过定点设备在当前高度内的 XY 平面绘制水平或垂直方向的直线。通过给出不同的 Z 坐标值，或者使用对象捕捉功能，可以在三维空间绘制直线。

4.2.2 三维多段线

AutoCAD 提供了 3DPoly 命令用于绘制三维多段线。用户可以通过以下两种方式输入 3DPoly 命令：

（1）单击"绘图|三维多段线"菜单项。

（2）在命令行输入 3DPoly。

输入 3DPoly 命令后，AutoCAD 将提示：

命令：_3dpoly

指定多段线的起点：(指给定起始点位置)

指定直线的端点或[放弃(U)]：(指定多段线下一个端点的位置)

指定直线的端点或[放弃(U)]：(指定多段线下一个端点的位置)

指定直线的端点或[闭合(C)/放弃(U)]：(指定多段线下一个端点的位置或者输入 C 封闭多段线)

需要说明的是，3DPoly 命令只能以固定的宽度绘制三维多段线，且不能绘制圆弧，这与二维多段线命令 Pline 的差别较大。如果用户需要绘制三维多段曲线，则只能通过编辑命令 Pedit 来实现。

4.2.3 三维样条曲线

用户也可以使用 Spline 命令绘制三维样条曲线。拾取点的方式与绘制三维直线相同。

由于线框模型具有二义性且没有深度信息，加之不能表达清楚立体表面点的局部属性，因此不便于用作三维几何模型的通用表达形式。

4.3 表面模型的创建

三维表面模型是用一系列有连接顺序的棱边围成的封闭区域来定义立体的表面，再由表面的集合来定义实体。显然，它是在线框模型的基础上增加了面边信息和表面特征信息等内容，这样就能满足求交、消隐、明暗处理和数控加工的要求。在 AutoCAD 2016 中，用户可以通过建立三维平面、曲面以及标准三维基本形体的表面来构造表面模型。

4.3.1 三维面

AutoCAD 2016 提供了 3DFace 命令用来构造三维空间的任意平面，平面的顶点可以有不同的 X、Y、Z 坐标，但不超过 4 个顶点。用户可以通过以下 3 种方式输入 3DFace 命令：

（1）单击"绘图|曲面|三维面"。

（2）单击"曲面"工具栏中的"三维面"按钮 。

（3）在命令行输入 3DFace。

4.3.2 三维多边形网格

AutoCAD 2016 提供了 3DMesh 命令用来构造一个自由格式的三维多边形网格，这种多

边形网格一般是由若干平面网格构成的近似曲面。用户可以通过以下 3 种方式输入
3DMesh 命令：

（1） 单击"绘图|曲面|三维网格"。

（2） 单击"曲面"工具栏中的"三维网格"按钮。

（3） 在命令行输入 3DMesh。

输入 3DMesh 命令后，AutoCAD 将提示：

命令：_3dmesh

输入 M 方向上的网格数量：（输入 M 方向的网格面顶点数）

输入 N 方向上的网格数量：（输入 N 方向的网格面顶点数）

指定顶点(0,0)的位置：（输入第一行第一列的顶点坐标值）

指定顶点(0,1)的位置：（输入第一行第二列的顶点坐标值）

指定顶点(0,N－1)的位置：（输入第一行第 N 列的顶点坐标值）

指定顶点(1,0)的位置：（输入第二行第一列的顶点坐标值）

指定顶点(1,1)的位置：（输入第二行第二列的顶点坐标值）

指定顶点(M－1,N－1)的位置：（输入第 M 行第 N 列的顶点坐标值）

坐标输入完成之后，AutoCAD 按用户给定的 M×N 个顶点和网格中每个顶点的位置生
成三维空间的多边形网格面。

从以上操作过程可以看出，三维网格面的创建相当繁琐，而且难以得到理想的结果，
因此在实际建模过程中很少使用。

4.3.3　基本体表面

AutoCAD2016 为用户提供了三维基本体表面模型，它们为：长方体表面、圆锥表面、
圆盘表面、圆顶表面、网格面、棱锥体表
面、圆球表面、圆环表面和楔体表面 9 个
基本体表面。用户可以通过以下 2 种方式
直接选择需要的基本体表面：

单击"绘图|曲面|三维曲面"菜单
项，打开如图 4-3 所示的"三维对象"对
话框，从中选择基本体表面类型，然后再
拾取点。

在命令行输入 3D 并回车，AutoCAD
将提示：

命令：3D

输入选项[长方体表面(B)/圆锥面(C)/下

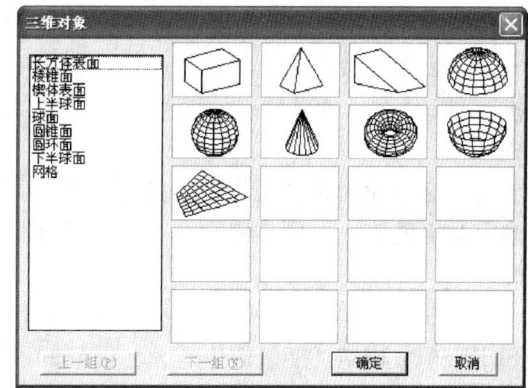

图 4-3　"三维对象"对话框图

半球面(DI)/上半球面(DO)/网格(M)/棱锥面(P)/球(S)/圆环面(T)/楔体表面(W)]：

根据提示选择需要创建的基本体表面类型，然后再拾取点。

下面是绘制一种网格的命令行提示：

（打开"三维对象"对话框）

命令：_ai_mesh（选择"网格"后单击"确定"按钮）

指定网格的第一角点：（指定第一点坐标值）

指定网格的第二角点:(指定第二点坐标值)

指定网格的第三角点:(指定第三点坐标值)

指定网格的第四角点:(指定第四点坐标值)

输入 M 方向上的网格数量:8(输入 M 方向上的网格数量,如 8)

输入 N 方向上的网格数量:6(输入 N 方向上的网格数量,如 6)

结果参见图 4-4（西南等轴测视图）。

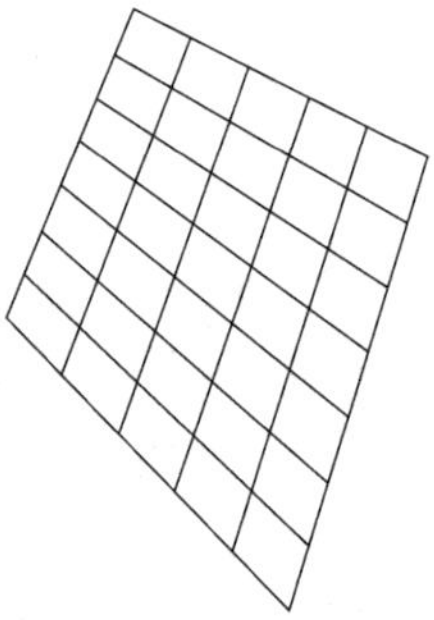

图 4-4   绘制三维
曲面（网格）

4.3.4   回转曲面

在 AutoCAD2016 中，回转曲面是指通过一条轨迹线绕一根指定的轴旋转生成的空间曲面。绘制旋转曲面的命令是 Revsurf，该命令可用来创建具有回转体表面的空间形体，如酒杯、茶壶、花瓶、灯罩等。图 4-5 所示的花瓶就是一个回转曲面。用户可以通过以下 3 种方式输入 Revsurf 命令：

（1）单击"绘图|曲面|旋转曲面"菜单项。

（2）单击"曲面"工具栏中的"旋转曲面"按钮 ⚙️ 。

（3）在命令行输入 Revsurf。

绘制图 4-5 旋转曲面的命令行提示为：

命令：_revsurf

当前线框密度:SURFTAB1 = 6   SURFTAB2 = 6(显示系统变量)

选择要旋转的对象:(选择图中的轨迹线)

选择定义旋转轴的对象:(选择图中的旋转轴)

指定起点角度 < 0 > :(回车取默认值)

指定包含角(+ = 逆时针, − = 顺时针) < 360 > :(回车取默认值)

有关创建回转曲面的几点说明如下：

（1）创建回转曲面之前，必须先绘制出旋转轨迹线和旋转轴线。旋转轨迹线可以是直线、圆、圆弧、样条曲线、二维或三维多段线；旋转轴线则可以是直线或非封闭的多段线。

（2）起始角为轨迹线开始旋转时的角度。旋转角度表示轨迹线旋转的角度，如果用户输入的角度为正，则按逆时针方向旋转构造回转曲面，否则按顺时针方向构造回转曲面。

（3）旋转方向的分段数由系统变量 SURFTAB1 确定，旋转轴方向的分段数由系统变量 SURFTAB2 确定。变量的值越大，得到的回转曲面就越光滑。图 4-5（b）为按默认的 SURFTAB1 和 SURFTAB2 值（皆为 6）操作的结果，图 4-5（c）为按 SURFTAB1 和 SUR-FTAB2 值都设置为 16。

4.3.5   平移曲面

平移曲面是指一条轨迹线或图形对象沿着一条指定方向矢量平移延伸而形成的三维曲面。绘制平移曲面的命令是 Tabsurf。用户可以通过以下 3 种方式输入 Tabsurf 命令：

（1）单击"绘图|曲面|平移曲面"菜单项。

（2）单击"曲面"工具栏中的"平移曲面"按钮 ▨ 。

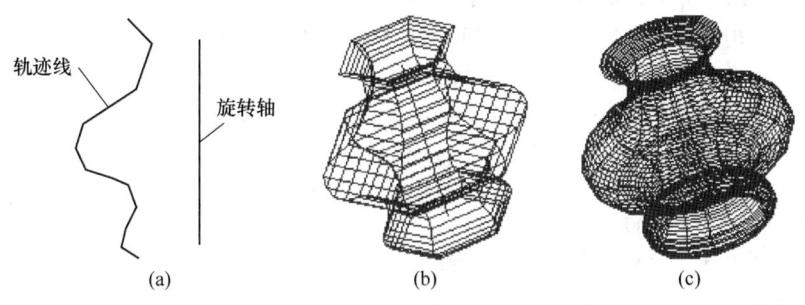

图 4-5　回转曲面

（a）绘制轨迹线和旋转轴；（b）SURFTAB1 = 6，SURFTAB2 = 6；（c）SURFTAB1 = 16，SURFTAB2 = 16

（3）在命令行输入 Tabsurf。

用户在创建平移曲面之前，必须先绘制出轨迹线和方向矢量。轨迹线可以是直线、圆（弧）、椭圆（弧）、样条曲线、二维或三维多段线；方向矢量用来指明拉伸的方向和长度，可以是直线或非封闭的多段线。平移曲面的分段数由系统变量 SURFTAB1 确定。现实生活中很多造型都可以采用平移曲面来构造。如图 4-6 所示的造型就是采用平移曲面的方法构造的。注意如果在一个坐标平面内同时绘制轨迹线和方向矢量，则平移的结果仍然在同一个平面内。因此，最好使方向矢量与轨迹线成一定角度。图 4-6 就是先在主视图内绘制轨迹线，然后在 UCS Ⅱ 工具栏中选择"后视"，在后视图中绘制方向矢量，然后再执行 Tabsurf 命令，依次选择轨迹线和方向矢量。结果参见图 4-6。

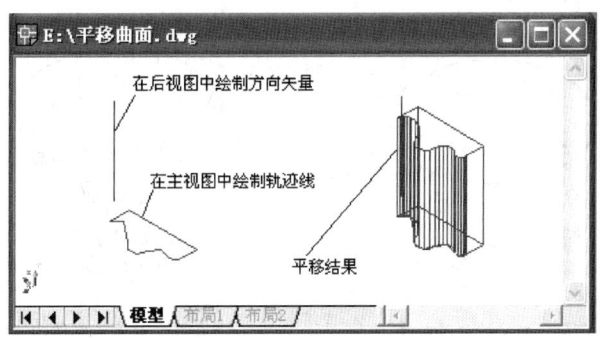

图 4-6　平移曲面

4.3.6　直纹曲面

直纹曲面是指由两条指定的直线或曲线为相对的两边而生成的一个三维曲面。绘制直纹曲面的命令是 Rulesurf。用户可以通过以下 3 种方式输入 Rulesurf 命令：

（1）单击"绘图|曲面|直纹曲面"菜单项。

（2）单击"曲面"工具栏中的"直纹曲面"按钮。

（3）在命令行输入 Rulesurf。

绘制图 4-7 所示的直纹曲面的命令行提示为：

命令：SURFTAB1（准备设置新的网格参数）

输入 SURFTAB1 的新值 < 6 > :16（设置新的网格参数为 16）

命令：_rectang（在当前高度绘制第一个曲线，这里为一个矩形）

指定第一个角点或［倒角（C）/标高（E）/圆角（F）/厚度（T）/宽度（W）］:（指定矩形第一个角点）

指定另一个角点或［尺寸（D）］:（指定矩形另一个角点）

命令：ELEV（准备设置新的高度）

指定新的默认标高 < 0. 0000 > :150（设置新高度为 150）

指定新的默认厚度 < 0. 0000 > :（回车默认厚度）

命令：_circle（在新高度绘制第二个曲线，这里为一个圆）

指定圆的圆心或［三点（3P）/两点（2P）/相切、相切、半径（T）］:（指定圆的圆心）

指定圆的半径或［直径（D）］< 140 > :（指定圆的半径）

命令：_rulesurf（单击"曲面"工具栏中的"直纹曲面"按钮）

当前线框密度:SURFTAB1 = 16（显示系统设置）

选择第一条定义曲线:（选择曲线 1）

选择第二条定义曲线:（选择曲线 2）

选择第二条定义曲线，有关创建直纹曲面的几点说明如下：

（1）创建直纹曲面之前，必须先绘制出用来创建直纹曲面的两条曲线或直线，它们可以是点、直线、圆（弧）、椭圆（弧）、样条曲线、二维或三维多段线。

（2）为生成直纹曲面而选取的两个对象必须同时闭合或同时打开。如果一个对象为点，那么另一个对象可以是闭合的，也可以是打开的。

（3）直纹曲面的分段数由系统变量 SURFTAB1 确定。

直纹曲面的绘图效果如图 4-7 所示。

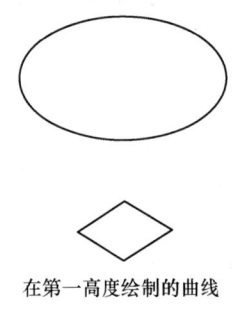
在第一高度绘制的曲线

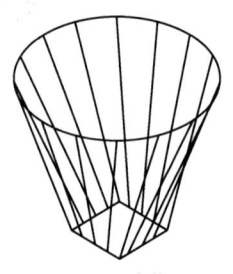
在第二高度绘制的曲线

图 4-7　直纹曲面

4. 3. 7　边界曲面

边界曲面是指以 4 条空间直线或曲线为边界创建得到的空间曲面。绘制边界曲面的命令是 Edgesurf。用户可以通过以下 3 种方式输入 Edgesurf 命令：

（1）单击"绘图|曲面|边界曲面"菜单项。

（2）单击"曲面"工具栏中的"直纹曲面"按钮 。

（3）在命令行输入 Edgesurf。

图 4-8 为一个由四条直线创建的边界曲面。四条直线分别由图 4-8 中圆上的三个象限点和矩形上的一个点连接而成。

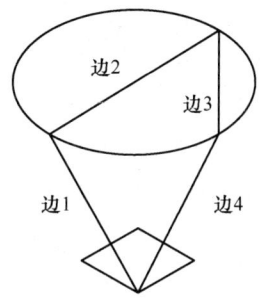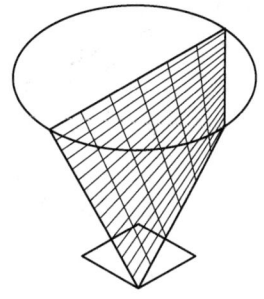

图 4-8　边界曲面

有关创建边界曲面的几点说明如下：

（1）创建边界曲面之前，必须先绘制出用于确定边界曲面的四条边，这四条边可以是直线、圆弧、样条曲线、二维或三维多段线等。

（2）用于生成曲面的四条边必须首尾相连形成一个封闭图形。

（3）每条边选择的顺序不同，生成的曲面形状也不一样。用户选择的第一条边确定曲面网格的 M 方向，第二条边确定网格的 N 方向。

4.4　实体模型的创建

三维实体模型具有线框模型和表面模型所没有的体的特征，其内部是实心的，所以用户可以对它进行各种编辑操作，如穿孔、切割、倒角和布尔运算，也可以分析其质量、体积、重心等物理特性。而且实体模型能为一些工程应用，如数控加工、有限元分析等提供数据。AutoCAD 系统中三维实体模型通常也以三维线框模型或三维表面模型的方式进行显示，除非用户对它进行消隐、着色或渲染处理。

创建三维实体模型的方法归纳起来主要有两种：一种是利用系统提供的基本三维实体创建对象来生成实体模型；另一种是由二维平面图形通过拉伸、旋转等方式生成三维实体模型。前者只能创建一些基本实体，如长方体、球体、圆柱体、圆锥体等，而后者则可以创建出许多形状复杂的三维实体模型，是三维实体建模中一个非常有效的手段。

4.4.1　基本三维实体

AutoCAD2016 提供了六种基本三维实体的创建功能，即 Box（长方体）、Sphere（球体）、Cylinder（圆柱体）、Cone（圆锥体）、Wedge（楔体）、Torus（圆环体）。

4.4.1.1　长方体和楔体

Box 命令用于绘制长方体。用户可以通过以下 3 种方式输入 Box 命令：

（1）单击"绘图|实体|长方体"。

（2）单击"实体"工具栏"长方体"按钮 。

（3）在命令行输入 Box。

生成长方体的方法有两种，一种是分别指定长方体底面的两个对角点，然后指定高度；另外一种是分别指定长方体的中心点，然后指定底面的一个对角点，最后指定高度。参见图 4-9。

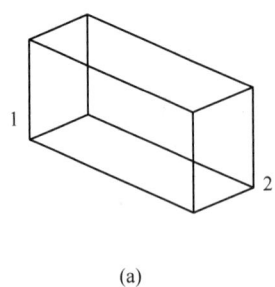 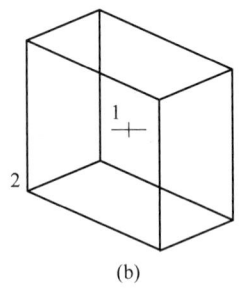

图 4-9   长方体绘制

（a）指定长方体底面的两个对角点及高度；（b）指定长方体的中心点、底面一个对角点及高度

两种创建长方体的方法 Wedge 命令用于绘制楔体。用户可以通过以下 3 种方式输入 Wedge 命令：

（1）单击"绘图|实体|楔体"。

（2）单击"实体"工具栏"楔体"按钮 ◢ 。

（3）在命令行输入 Wedge。

楔体是长方体沿对角线分成两半后的结果。生成楔体的方法有两种，一种是分别指定楔体底面的两个对角点，然后指定高度；另外一种是指定楔体的中心点，然后指定底面的一个对角点，最后指定高度。参见图 4-10。

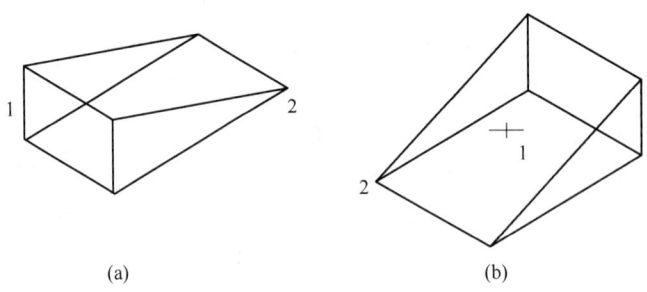

图 4-10   两种创建楔体的方法

（a）指定楔体底面的两个对角点及高度；（b）指定楔体的中心点、底面一个对角点及高度

4.4.1.2   球体和圆环体

球体和圆环体 Sphere 命令用于绘制球体。用户可以通过以下 3 种方式输入 Sphere 命令：

（1）单击"绘图|实体|球体"。

（2）单击"实体"工具栏"球体"按钮 ◎ 。

（3）在命令行输入 Sphere。

绘制球体时，需要输入球体球心和球体半径或直径值。

系统变量 ISOLINES 控制球体的线框密度，默认值为 4。可在命令行输入 ISOLINES，然后将默认值修改为更大的值。

图 4-11 是 ISOLINES 分别为 4 和 16 时所绘制的球体。

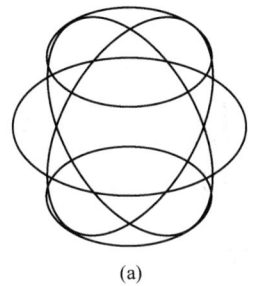 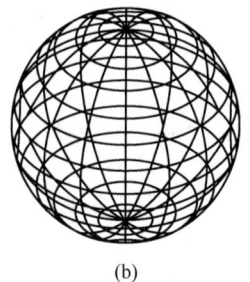

(a)   (b)

图 4-11　球体
(a) ISOLINES = 4；(b) ISOLINES = 16

Torus 命令用于绘制圆环。用户可以通过以下 3 种方式输入 Torus 命令：

（1）单击"绘图|实体|圆环体"。

（2）单击"实体"工具栏"圆环"按钮 ◎ 。

（3）在命令行输入 Torus。

绘制圆环，需要依次指定圆环中心、圆环半径或直径和圆管半径或直径。

圆环的半径或直径是指圆环中心圆的半径或直径。

图 4-12 是 ISOLINES 分别为 4 和 16 时所绘制的圆环。

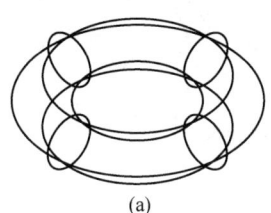 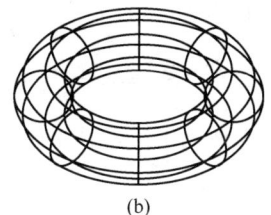

(a)   (b)

图 4-12　圆环
(a) ISOLINES = 4；(b) ISOLINES = 16

4.4.1.3　圆柱体和圆锥体

圆柱体和圆锥体 Cylinder 命令用于绘制圆柱体。用户可以通过以下 3 种方式输入 Cylinder 命令：

（1）单击"绘图|实体|圆柱体"。

（2）单击"实体"工具栏"圆柱体"按钮 🗗 。

（3）在命令行输入 Cylinder。

现在对上面的选项作一些说明：

绘制圆柱体时，首先需要确定圆柱体的底面是圆还是椭圆，默认为圆。如果要绘制椭圆柱体，则输入选项 E，然后绘制椭圆并指定椭圆柱体的高度。

图 4-13 是 ISOLINES 为默认值 4 时所绘制的圆柱体和椭圆柱体。

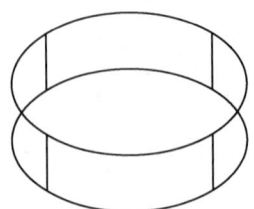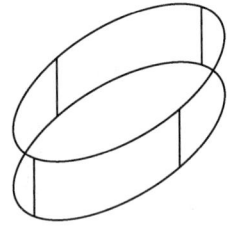

图 4-13   圆柱体和椭圆柱体

Cylinder 命令用于绘制圆柱体。用户可以通过以下 3 种方式输入 Cylinder 命令：

（1）单击"绘图|实体|圆锥体"。

（2）单击"实体"工具栏"圆锥体"按钮 ⚠ 。

（3）在命令行输入 Cone。

绘制圆锥体时，首先需要确定圆锥体的底面是圆还是椭圆，默认为圆。如果要绘制椭圆锥体，则输入选项 E，然后绘制椭圆并指定椭圆锥体的高度。

图 4-14 是 ISOLINES 为默认值 4 时所绘制的圆锥体和椭圆锥体。

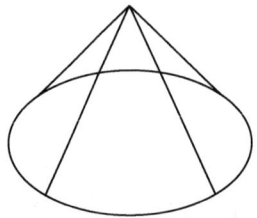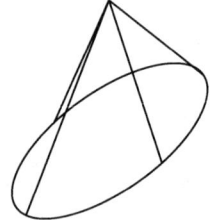

图 4-14   圆锥体和椭圆锥体

4.4.2   通过拉伸二维对象创建实体

在 AutoCAD 2016 中，可以将一些封闭的二维对象经过放样或拉伸直接生成三维实体模型。在进行拉伸的过程中，不仅允许指定拉伸的高度，而且还可以使实体的截面沿着拉伸方向发生变形。此外，也可以将某些二维图形沿着指定的路径进行放样，从而生成一些形状不规则的三维实体。用于拉伸放样的命令是 Extrude。用户可以通过以下 3 种方式输入 Extrude 命令：

（1）单击"绘图|实体|拉伸"菜单项。

（2）单击"实体"工具栏"拉伸"按钮 ⬜↑ 。

（3）在命令行输入 Extrude。

下面以图 4-15 为例，结合命令行提示说明拉伸操作的过程。

命令：_extrude(单击"绘图|实体|拉伸"菜单项)

当前线框密度：ISOLINES = 8(显示系统设置)

选择对象：找到个(选择对象)

选择对象:(单击右键结束对象选择)

指定拉伸高度或[路径(P)]:200(指定拉伸高度)

指定拉伸的倾斜角度<0>:(输入拉伸角度,如绘制图4-15(c),输入拉伸角度为20°)

注意:被拉伸的二维图形应是封闭的,它们可以是圆、椭圆、封闭的二维多段线、封闭的样条曲线或面域等;而拉伸放样路径则可以是封闭的,也可以是断开的,如直线、二维多段线、圆弧、椭圆弧、圆、椭圆或三维多段线等。通常先将二维图形变成面域后再进行拉伸。

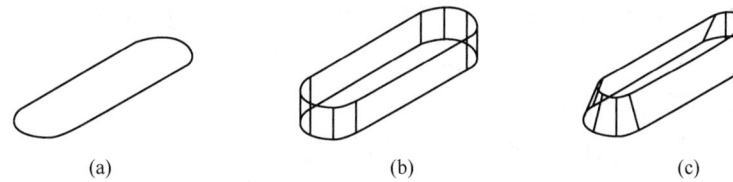

(a)　　　　　　　　(b)　　　　　　　　(c)

图4-15　通过拉伸二维图形创建实体

(a)二维封闭对象;(b)拉伸角度为0°;(c)拉伸角度为20°

(1)在默认的平面视图中绘制如图4-16(a)所示的封闭图形,最好将其转换为面域。

(2)旋转坐标系:单击"工具命名UCS"菜单项,打开"UCS"对话框的"正交UCS"选项卡,在"当前UCS"列表框中选择"后视",然后单击"置为当前"按钮,转到UCS"后视"图上(或者直接在UCSⅡ工具栏中选择"后视")。

(3)绘图4-16(b)所示的多段线。

(4)单击"绘图I实体I拉伸"菜单项。

(5)选择拉伸对象,即图4-16(a),单击右键结束对象选择。

(6)输入P,然后选择拉伸路径。即图4-16(b)。拉伸结果参见图4-16(c)。

注意:如果拉伸角度或者拉伸路径选择不适当,将无法进行拉伸。另外,拉伸操作和平移曲面操作有些类似,但两者之间有着本质的不同。前者创建的是实体,后者只是一个面,相当于一个空壳一样。拉伸操作会将拉伸对象并于实体中,而进行平移曲面操作时,原对象保持独立。

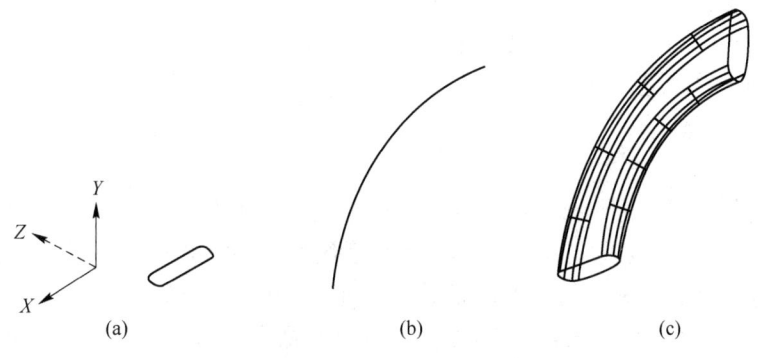

(a)　　　　　　　　(b)　　　　　　　　(c)

图4-16　通过指定拉伸路径拉伸二维对象

(a)绘制二维封闭对象;(b)绘制拉伸路径;(c)进行拉伸

4.4.3 通过旋转二维对象创建实体

在 AutoCAD2016 中，可以将一个封闭的二维图形通过绕一条指定的轴旋转而生成三维实体模型。能够用于旋转的二维图形应是封闭的，如圆（Circle）、椭圆（Ellipse）、封闭的二维多段线（Pline）、封闭的样条曲线（Spline）或面域（Region）等。包含在块中的对象、有交叉或者自干涉的多段线不能被旋转，当选择二维图形作为旋转轴时，二维图形只能是"直线"命令绘制的直线或用"多段线"命令绘制的线段（实际上是多段线起点和终点的连线）。AutoCAD2016 中用于旋转生成回转实体模型的命令是 Revolve。用户可以通过以下 3 种方式输入命令：

（1）单击"绘图|实体|旋转"菜单项。

（2）单击"实体"工具栏"旋转"按钮 。

（3）在命令行输入 Revolve。下面结合命令行提示说明图 4-17 的旋转实体的过程。

首先绘制需要旋转的二维对象，这里为图 4-17 中的封闭区域。然后绘制旋转轴线，这里为图 4-17 中的用"多段线"命令绘制的圆弧。然后执行实体旋转命令。

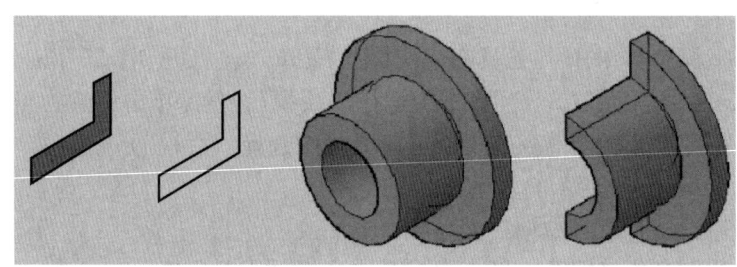

图 4-17　通过旋转二维对象创建实体

4.5　三维图形的显示

为创建和编辑三维图形中各部分的结构特征，需要不断调整模型的显示方式和视图位置。控制三维视图的显示可以实现视角和视觉样式的改变，不仅可以改变模型的真实投影效果，还有利于精确设计产品模型。

4.5.1 消隐

对图形进行消隐处理，可以隐藏被前景对象遮掩的背景对象，将使图形的显示更加便捷，设计更加清晰。但在创建和编辑图形时，系统处理的是对象或面的线框表示，消隐处理仅用来验证这些表面和当前位置，而不能对消隐的对象进行编辑或渲染。用于消隐的命令是 HIDE。用户可以通过以下 3 种方式输入 HIDE 命令：

（1）单击"视图|消隐"菜单项。

（2）单击"渲染"工具栏"隐藏"按钮 。

（3）在命令行输入 HIDE。

消隐效果如图 4-18 所示。

4.5.2　视觉样式

图形的不同视觉样式呈现不同的视觉效果，例如要形象地展示模型效果，可以切换为概念样式；如果要表达模型的内部结构，可以切换为线框样式。

（1）执行命令。用于视觉样式的命令是 VSCURRENT。用户可以通过以下 3 种方式输入 VSCURRENT 命令：

1）单击"视图|视图样式|二维线框"菜单项。

2）单击"视图样式"工具栏"二维线框"按钮 🗗。

3）在命令行输入 VSCURRENT。

（2）选项说明。

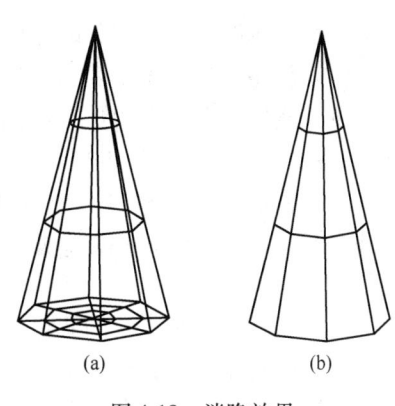

图 4-18　消隐效果

（a）消隐前；（b）消隐后

1）二维线框：用直线和曲线表示对象的边界。光栅和 OLE 对象、线型和线宽都可见的。即使将 COMPASS 系统变量的值设置为 1，它也不会出现在二维线框视图中。图 4-19（a）所示是二维线框。

2）三维线框：用直线和曲线表示边界的对象。显示着色三维 UCS 图标。可将 COM-

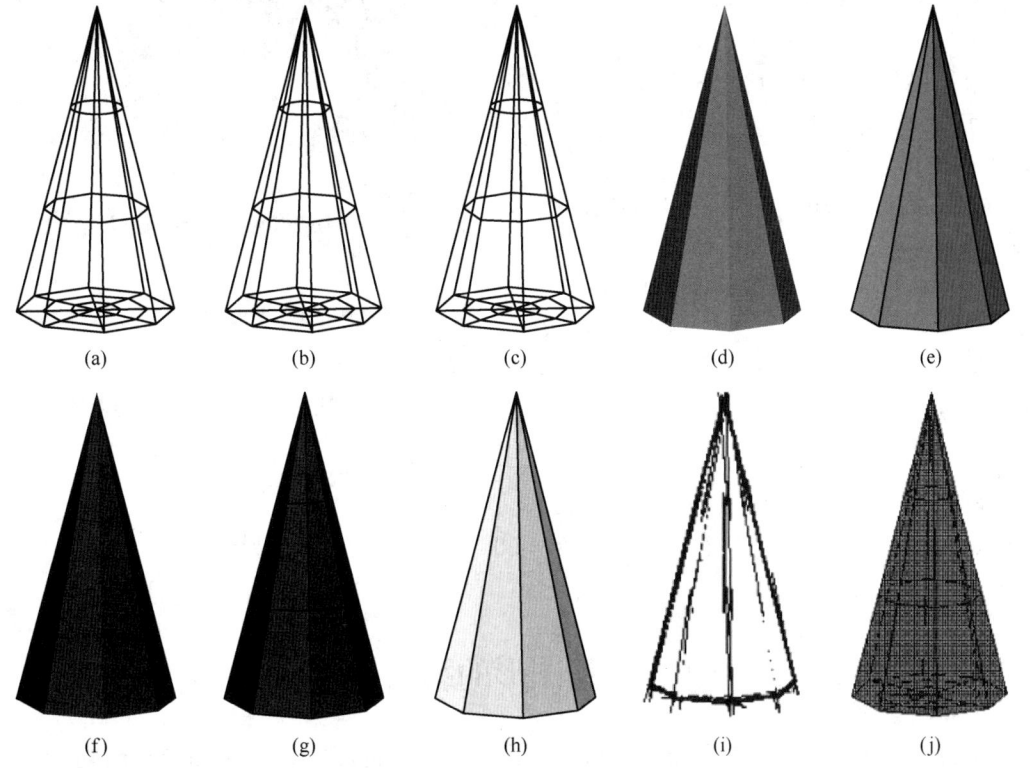

图 4-19　图形的视觉样式

（a）二维线框；（b）三维线框；（c）隐藏；（d）真实；（e）概念；（f）着色；（g）带边着色；（h）灰度；（i）勾画；（j）X 射线

PASS 系统变量设定为 1 来查看球坐标。图 4-19（b）所示是三维线框。

3）隐藏：用三维线表示对象并隐藏表示后方的实体面的直线，如图 4-19（c）所示。

4）真实：着色多边形平面间的对象，并使对象的边平滑化。如果已为对象附着材质，将显示已附着对象的材质，如图 4-19（d）所示。

5）概念：着色多边形平面间的对象，并使对象的边平滑化。着色使用冷色和暖色之间的过渡。效果缺乏真实感，但是可以更方便地查看模型的细节，如图 4-19（e）所示。

6）着色：产生平滑的着色模型，并显示已附着到对象的材质，如图 4-19（f）所示。

7）带边缘着色：产生平滑、带有可见边的着色模型，如图 4-19（g）所示。

8）灰度：使用单色面颜色模式可以产生灰色效果，如图 4-19（h）所示。

9）勾画：使用外衍生和抖动产生手绘效果，如图 4-19（i）所示。

10）X 射线：更改面的不透明度是整个场景变成部分透明，如图 4-19（j）所示。

11）其他：输入视觉样式名称［？］。输入当前图形中的视觉样式的名称或输入"？"以显示名称列表并重复该提示。

4.5.3　视觉样式管理器

在实际建模过程中，可以通过"视觉样式管理器"选项板来控制线型颜色、样式面、背景显示、材质和纹理记忆模型显示维度等特性。

用于视觉样式的命令是 VISUALSTYLES。用户可以通过以下 4 种方式输入 VISUAL-STYLES 命令：

（1）单击"视图|视图样式|视觉样式管理器"菜单项；

（2）单击"工具|选项板|视觉样式"菜单项；

（3）单击"视图样式"工具栏"视觉样式管理器"按钮 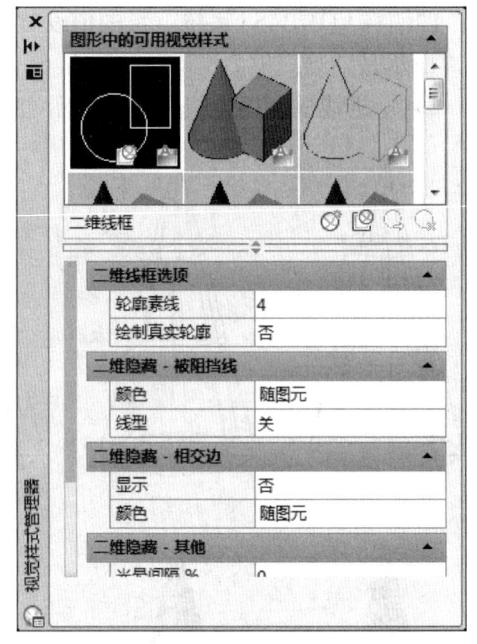 ；

（4）在命令行输入 VISUALSTYLES。

执行命令后，系统打开视觉样式管理器，可以对视觉样式的各参数进行设置，如图 4-20 所示。

图 4-20　视觉样式管理器

4.6　三维图形的编辑处理

AutoCAD 系统提供的三维图形编辑功能比较丰富，除了一些二维图形编辑功能，如 Move、Copy 等，也适用于三维图形之外，系统还提供了一些三维图形对象的专用编辑功能。

4.6.1 布尔运算与复杂实体造型

有些对象可以采用前面介绍的建模方法一次生成，但大多数情况下复杂的实体对象一般不能一次生成，所以只有借助布尔运算对多个相对简单的实体进行并（UNION）、交（INTERSECT）、差（SUBTRACT）运算后，才能构造出所需的实体模型。

4.6.1.1 并集运算

对所选择的实体进行并集运算，可将两个或两个以上的实体模型进行合并，使之成为一个整体。AutoCAD2016 中用于进行并集运算的命令是 Union。用户可以通过以下 3 种方式输入 Union 命令：

（1）单击"修改|实体编辑|并集"菜单项；

（2）单击"实体编辑"工具栏"并集"按钮 ⑩；

（3）在命令行输入 Union。

输入 Union 命令后，需要选择进行并集运算的实体。被选择进行并集运算的多个实体间可以不接触或不重叠，对这类实体进行并集运算的结果是将它们合并成一个整体对象。图 4-21 所示为一个长方体和一个圆柱体的并集。

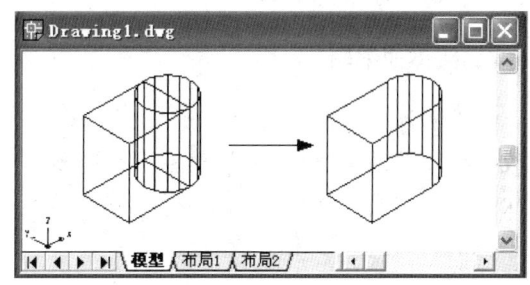

图 4-21 并集运算

4.6.1.2 差集运算

对所选择的实体进行差集运算，实际上就是从一个实体中减去另外一个实体，最终得到一个新的实体，如组合体形成过程中经常进行的穿孔和挖切操作。

AutoCAD2016 中用于进行差集运算的命令是 Subtract。用户可以通过以下 3 种方式输入 Subtract 命令：

（1）单击"修改|实体编辑|差集"菜单项；

（2）单击"实体编辑"工具栏"差集"按钮；

（3）在命令行输入 Subtract。

被选择进行差集运算的两个实体间必须有公共部分，否则得不到预期的结果。另外在选择对象时，应先选择作为被减的对象，再选择作为要减去的对象。差集运算如图 4-22 所示。

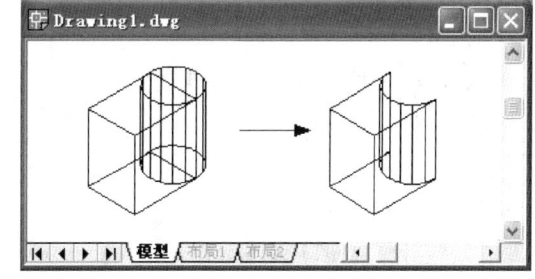

图 4-22 差集运算

4.6.1.3 交集运算

对所选择的实体进行交集运算，最终得到一个由它们的公共部分组成的新实体，而每个实体的非公共部分将被删除。AutoCAD2016 中用于进行交集运算的命令是 Intersect。用户可以通过以下 3 种方式输入 Intersect 命令：

（1）单击"修改|实体编辑|交集"菜单项；

（2）单击"实体编辑"工具栏"交集"按钮；

（3）在命令行输入 Intersect。

被选择进行交集运算的实体间必须有公共部分，否则命令无效。

图 4-23 所示为一个长方体和一个圆柱体进行交集运算的结果。

交集运算和干涉命令的差别在于，交集运算不保留非公共部分，而干涉命令执行的结果保留原来的实体。

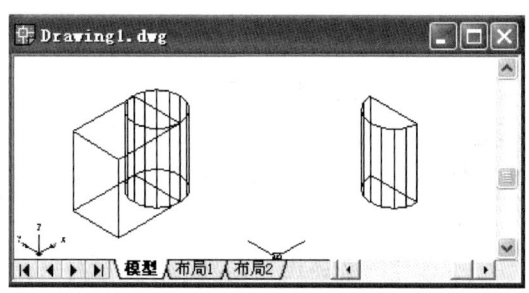

图 4-23   交集运算

4.6.2   实体面编辑

三维实体是由多个表面围成，可以通过改变实体表面的形状、位置和属性对实体进行修改。在"修改|实体编辑"菜单下，有 8 个实体面编辑菜单项用于编辑实体表面，它们依次是：拉伸面、移动面、偏移面、删除面、旋转面、倾斜面、着色面、复制面。对应"实体编辑"工具栏中的按钮依次为：

通过在命令行输入 SOLIDEDIT，将出现下面的提示：

命令：SOLIDEDIT

实体编辑自动检查：SOLIDCHECK = 1

输入实体编辑选项 [面（F）/边（E）/体（B）/放弃（U）/退出（X）]＜退出＞:F

输入 F 选择面编辑，则出现下面的提示：

输入面编辑选项

[拉伸（E）/移动（M）/旋转（R）/偏移（O）/倾斜（T）/删除（D）/复制（C）/着色（L）/放弃（U）/退出（X）]＜退出＞:

根据提示选择相应的面编辑方式。

4.6.2.1   拉伸面

如要将如图 4-24（a）所示的长方体的可见三个面按给定的拉伸高度和角度拉伸为图 4-24（c），操作步骤为：

（1）单击"修改|实体编辑|拉伸面"菜单项。

（2）选择棱边 1 和 2 即选择了可见的三个面。如果要从选中的面中删除掉错选的面，可以输入"R"，然后选择不需要的面，如果要重新添加拉伸面，可以输入选项"A"，然后继续选择拉伸面。

（3）按回车键结束拉伸面的选择。

（4）指定拉伸高度。

（5）指定拉伸角度，完成拉伸面的操作。

结果参见图 4-24（c）。拉伸高度为负值时是对面进行压缩。要拉伸的面不能是非平面。

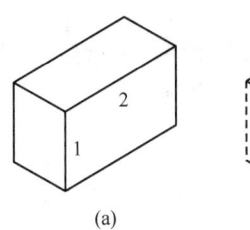 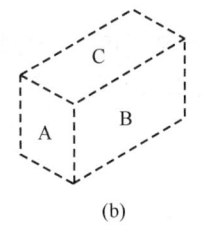 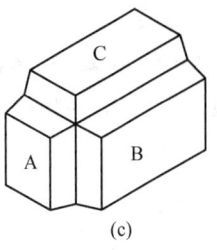

(a)　　　　　　　　(b)　　　　　　　　(c)

图 4-24　拉伸面

（a）拉伸前；（b）选择拉伸面；（c）拉伸后

4.6.2.2　移动面

单击"修改|实体编辑|移动面"菜单项启动移动面命令。移动面只能在面本身的法线方向平移面，而不能改变面的大小和方向。

例如，要将图 4-25 中长方体上的圆柱孔底面的 1 向下移动，可首先在 UCS Ⅱ 工具栏中将坐标系变换到主视图上，并选择"正交"方式，然后启动"移动面"命令，选择底面 1，指定移动的基点和位移的第二点即可。

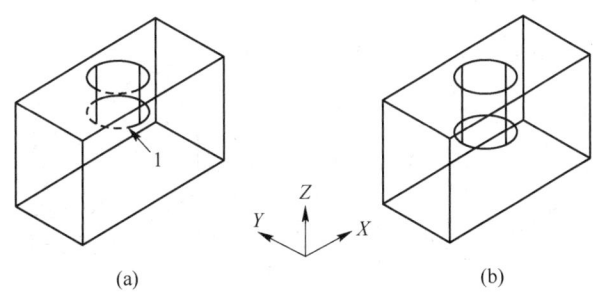

(a)　　　　　　　　　　(b)

图 4-25　移动面

（a）选择要移动的面；（b）移动结果

4.6.2.3　偏移面

单击"修改|实体编辑|偏移面"菜单项启动偏移面命令。偏移面将按指定的偏移量将选定的表面沿着法线方向均匀地移动一个偏移量。图 4-26 所示为偏移实体圆弧面的情况。

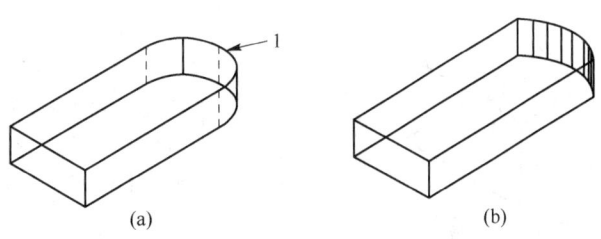

(a)　　　　　　　　　　(b)

图 4-26　偏移面

（a）选择要偏移的面；（b）偏移结果

4.6.2.4　旋转面

单击"修改|实体编辑|旋转面"菜单项可启动旋转面命令，然后选择要旋转的面，并指定旋转轴线。图 4-27 为将面 1 沿轴线 *AB* 旋转 30°的实例。

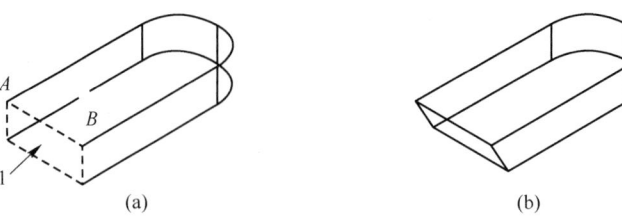

图 4-27　旋转面

（a）选择要旋转的面；（b）旋转结果

4.6.2.5　倾斜面

单击"修改|实体编辑|倾斜面"菜单项可启动倾斜面命令，然后选择要倾斜的面，指定倾斜轴线和倾斜角度。倾斜后的实体面和倾斜轴的夹角就是倾斜角度。图 4-28 为将面 1 沿轴线 *AB* 倾斜 30°的实例。

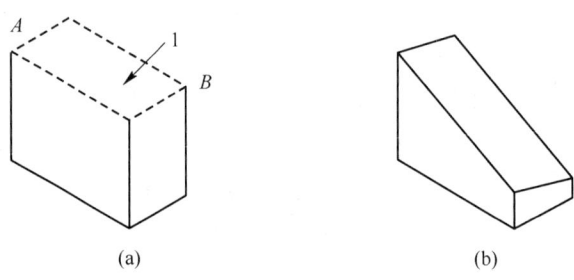

图 4-28　倾斜面

（a）选择要倾斜的面；（b）倾斜结果

4.6.2.6　删除面

单击"修改|实体编辑|删除面"菜单项启动删除面命令，然后选择要删除的面。图 4-29 为删除面的实例。注意选择删除面时，有时不能单独选择一个面，如图 4-29 中要删除圆柱孔，必须选择所有圆柱孔的面，而不能只选择圆柱孔底面。

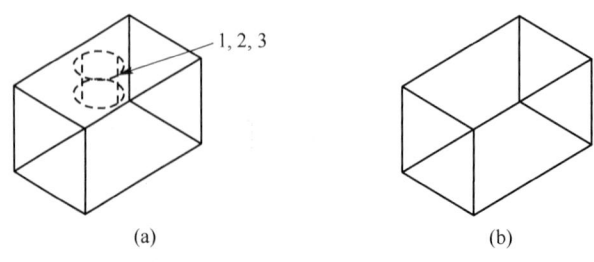

图 4-29　删除面

（a）选择要删除的面；（b）删除结果

4.6.2.7 复制面

单击"修改|实体编辑|复制面"菜单项启动复制，然后选择要复制的面。图4-30为复制面1和2的实例。

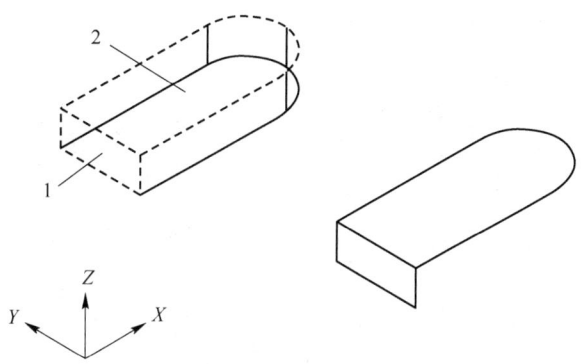

图4-30 复制面1和2

4.6.2.8 着色面

单击"修改|实体编辑|着色面"菜单项启动着色面命令，然后选择要着色的面。当结束着色面的选取时，将打开"选择颜色"对话框供用户选择颜色。

4.6.3 实体边编辑

实体边编辑方法有复制边和着色边。通过复制边，可以将实体的棱边提取出来组成一个三维线框模型。单击"修改|实体编辑|复制边"菜单项启动复制边命令，然后选择要复制的边。图4-31(b)为将4-31(a)的所有棱边复制后组成的三维线框，当单击"视图|着色|平面着色"菜单项时，可以看到，图4-31(a)可以进行着色，图4-31(b)则不能进行着色。图4-31(b)不具有三维实体模型的特征，即不能对其进行三维实体编辑。

着色边的操作与着色面的操作基本相同，不再赘述。

(a)   (b)

图4-31 复制边

(a)三维实体；(b)通过复制边提取的三维线框

4.6.4 其他实体编辑操作

4.6.4.1 压印

压印操作就如同盖章一样，将某个几何图形印到三维实体的表面上，与三维实体形成一个整体。压印前应该首先绘制出要压印的几何图形，且该几何图形应该与三维实体的至少一个面相交。

图 4-32 为将向上的标志压印到长方体上表面的情况。压印前如果只是选择长方体，可以看到向上标志并没有被选中，参见图 4-32（a）。压印后如果只是选择长方体，向上标志同时被选中，参见图 4-32（b），说明两者已经成为一个整体。

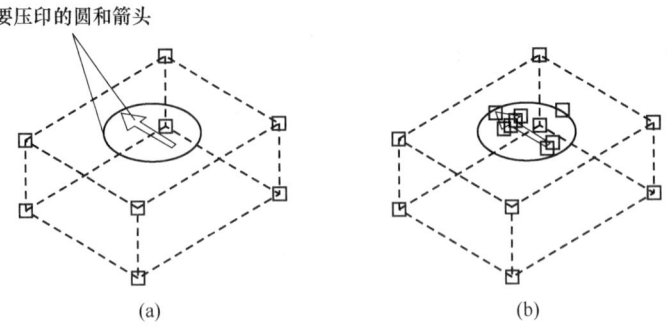

要压印的圆和箭头

(a)   (b)

图 4-32   压印
（a）压印前选择长方体的情况；（b）压印后选择长方体的情况

4.6.4.2   清除

清除操作将删除选定三维实体的共享多余边，以及在边或顶点具有相同表面或曲线定义的顶点。如上述的压印对象，单击"修改|实体编辑|清除"菜单项可以启动清除命令。执行某些三维实体编辑操作，如并集，将会自动执行清除操作。

4.6.4.3   抽壳

抽壳是用指定的厚度创建一个空的薄层，为所有面指定一个固定的薄层厚度。在抽壳时，可以删除三维实体的某些面，如图 4-33 所示。

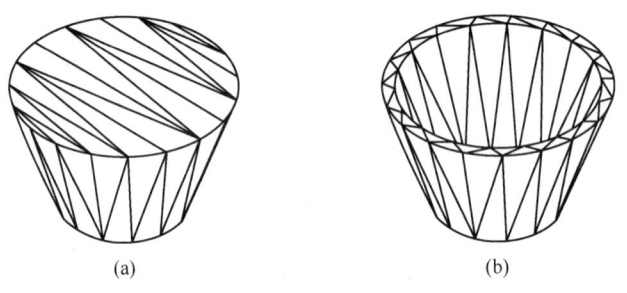

(a)   (b)

图 4-33   抽壳（消隐效果）
（a）抽壳前；（b）抽壳后

4.7   三维图形的着色、消隐及渲染

在上面章节中创建的各种曲面模型和实体模型一般都是用线框模型表达，这样消耗的系统资源就少，响应的速度也快。但是当模型较复杂时，线条特别多就不容易看清楚其结构，这样就要对模型进行消隐、着色或者是渲染才能更真实表达它的形状或者外观。

4.7.1   三维图形的消隐

通过消隐处理的三维图形显示时把模型中被前面图形遮挡的线条隐藏，这样看起来更接近实际的观察效果。使用消隐功能的方法有下面三种：

（1）单击"渲染"工具栏中的"消隐"图标；

（2）在命令行里输入"hide"并回车；

（3）依次选择菜单命令"视图""消隐"。

使用上面任何一种方法，AutoCAD自动对文件中的三维模型进行消隐处理，重新生成消隐后的图形，执行消隐所需的时间取决于图形中模型的复杂程度和数量。如果需要将消隐处理的图形恢复到线框模型，执行重生成操作即可。

如果要打印模型空间的消隐图像，在"打印"对话框中的"打印设置"选项中选择"隐藏对象"复选框，然后就可以打印输出。如果在模型选项卡中打印消隐图形，首先要选中消除模型隐藏线的浮动视口，单击鼠标右键弹出快捷菜单，从中选择"消隐出图"选项，然后才可以打印输出。可以使用"打印预览"功能观察消隐的效果。

4.7.2　三维图形的着色

对三维图形进行着色时，不仅要把隐藏线消除而且还要对三维模型的可见表面进行着色处理。在AutoCAD中着色处理是用一个来自左上方的环境光源产生光照效果，这个光源是固定光源，用户不能改变它的设置。使用创建着色图形的方法有下面三种：

（1）在命令行里输入"shademode"并回车；

（2）依次选择菜单栏中"视图""着色"，然后从下级菜单中选择一个选项；

（3）从着色工具栏中选择一个需要的命令按钮。

在命令行里输入"shademode"并回车，在命令行里会有提示"［二维线框(2D)/三维线框(3D)/消隐(H)/平面着色(F)/体着色(G)/带边框平面着色(L)/带边框体着色(O)］"，这些选项中的单个选项分别对应工具栏中从左到右顺序的图标按钮，它们的作用相同。

创建好着色的图形后，可以在该状态下对着色对象进行编辑操作，当选中线框的实体后，该实体上会出现线框和夹点以方便用户的编辑。

4.7.3　三维图形的渲染

通过上面的消隐和着色处理的三维图形，虽然比三维的线框模型更直观了一些，但是想真实反映三维实体的色泽、材质等外观，就要使用实体的渲染。AutoCAD运用几何图形、光源和材质将模型渲染为具有真实感的图像。

创建渲染图像是个复杂的过程，除了进行三维模型的创建工作之外，通常还需要进行以下各种操作：

（1）为三维模型载入或定义各种材质，并将材质附着到相应的模型对象上。材质可以表现模型的颜色、材料、纹理、质地等物理特性，并可以模拟粗糙度、凹凸度、透明度等特殊显示效果。

（2）在三维场景中添加光源。

（3）根据需要在图形中构建场景、添加配景，并可以设置背景、雾效等特殊渲染效果，使用户可以观察实体在不同外界环境下的搭配效果。

（4）最后进行渲染设置，然后调用渲染程序创建渲染图像。

以上步骤根据实际的需要进行选择，我们可以通过以下三种方式启用渲染命令：

（1）单机渲染工具栏中"渲染"图标；

（2）在命令行里输入"render"并回车；

（3）在菜单栏中依次选择命令"视图""渲染"。

使用上面任何一种方法，都会弹出"渲染"对话框，在这个对话框中可进行参数和功能设置。

思考与习题

4-1　创建三维实体的方法有哪些？

4-2　布尔运算包括哪三种方式？

4-3　三维镜像、三维阵列与二维镜像、二维阵列有何异同？

4-4　在 AutoCAD 2016 中，三维坐标的表示方法有哪些？

4-5　在 AutoCAD 2016 中，设置动态观察视图的方法有哪些？

4-6　绘制如下图所示的弹簧。

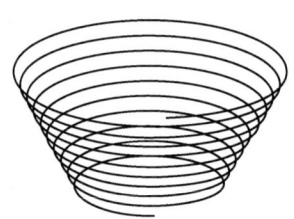

4-7　绘制如下图所示的酒杯。

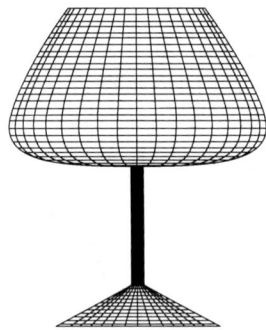

4-8　绘制如下图所示的弯管接头。

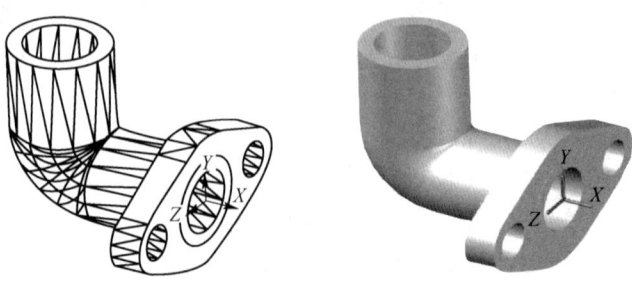

4-9 创建如下图所示的活塞实体模型。

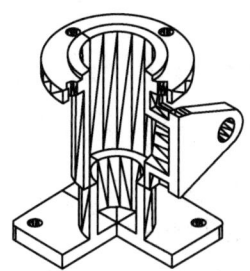 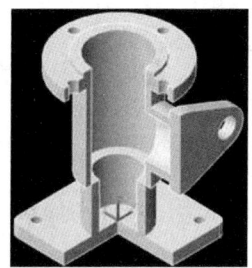

4-10 绘制如下图所示的木桌。

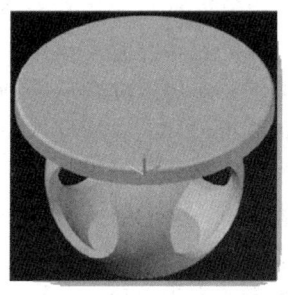

5 图形输出与打印

5.1 模型空间与图纸空间

AutoCAD 窗口提供了两个并行的工作环境，即模型选项卡和布局选项卡。模型空间是创建工程模型的空间，是针对图形实体的空间。图纸空间是一种工具，用于图纸的布局。

布局模拟图纸页面，并提供直观的打印设置。在布局中可以创建并放置视口对象，还可以添加标题栏或其他对象和几何图形。可以在图形中创建多个布局以显示不同视图，每个布局可以包含不同的打印比例和图纸尺寸。在模型选项卡上工作时，可以绘制主题的模型。在布局选项卡上，可以排列模型的多个"快照"。每一个布局表示一个可用各种比例显示一个或多个模型视图的图形表。

模型选项卡可获取无限的图形区域。在模型空间中，可以按 1：1 的比例绘制，并可决定采用英寸为单位，还是采用毫米或米为单位。

通过布局选项卡可访问虚拟图形表。设置布局时，可以设置所用图形表的尺寸。此布局环境称为图纸空间。

5.2 模型空间的视图与视口

通常是在模型空间中设计图形，在图纸空间中进行打印准备。用于布局和准备图形打印的环境在视觉上接近于最终的打印结果。图形窗口底部有一个模型选项卡和一个或多个布局选项卡。

可以通过在当前布局选项卡上创建视口或在命令行上输入 model 在模型选项卡上获取模型空间。模型选项卡激活时，一直在模型空间中工作，创建和编辑图形的大部分工作都是在模型选项卡中完成。如果图形不需要打印多个视口，可从模型选项卡中打印图形。

如果要准备图形的打印设置，可以使用布局选项卡。每一个布局选项卡都提供图纸空间，在这种绘图环境中，可以创建视口并指定诸如图纸尺寸、图形方向以及位置之类的页面设置，并与布局一起保存。当为布局指定页面设置时，可以保存并命名页面设置。保存的页面设置可以应用到其他布局中。也可以根据现有的布局样板（DWT 或 DWG）文件创建新的布局。

5.3 图 形 布 局

在布局中可以创建并放置视口，还可以添加标注、标题栏或其他几何图形。视口显示图形的模型空间对象，即在模型选项卡上创建的对象。每一个视口都能以指定比例显示模型空间对象。

可以在图形中创建多个布局，每一个布局都可以包含不同的打印设置和图纸尺寸。

默认情况下，新图形起始有两个布局选项卡，布局 1 和布局 2。如果使用样板图形，图形中的默认布局配置可能会有所不同。布局选项卡窗口如图 5-1 所示。

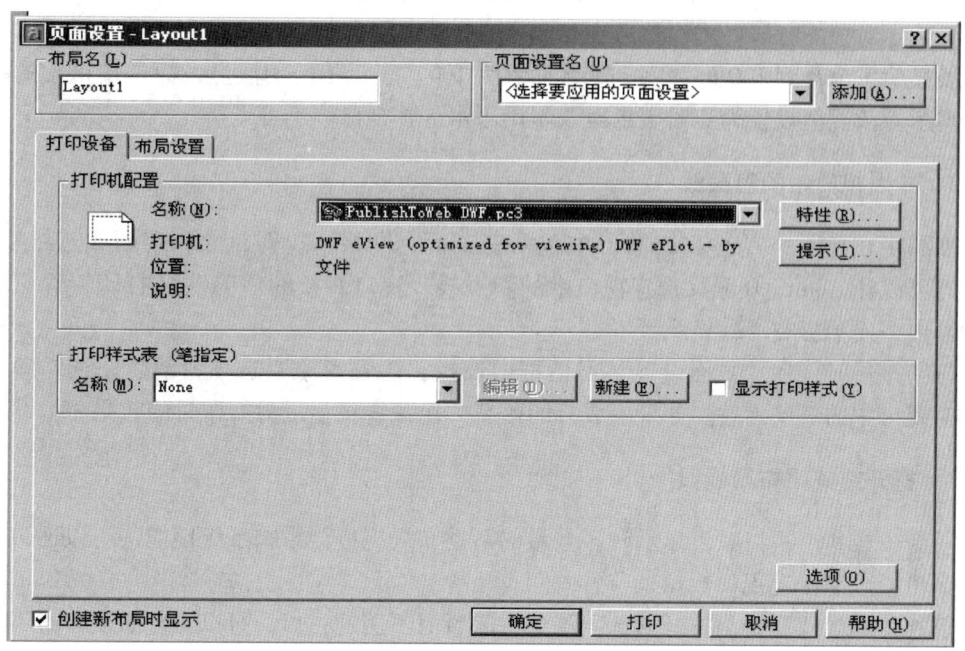

图 5-1　布局选项卡窗口

可以从头开始创建新布局使用"创建布局"向导，或者从样板图形输入布局。重新创建布局过程中，首次选择布局时，系统会提示输入页面设置信息。

在布局选项卡上单击右键，显示带有以下选项的快捷菜单：

（1）创建新布局；

（2）从样板图形输入布局；

（3）删除布局；

（4）重命名布局；

（5）改变布局选项卡的次序；

（6）创建基于现有布局的新布局；

（7）选择所有布局；

（8）创建当前布局的页面设置；

（9）打印布局。

5.4　图纸空间的浮动视口

可以使用多种方法控制布局视口中对象的可见性，这些方法有助于限制屏幕重生成，以及突出显示或隐藏图形中的不同元素。

5.4.1 布局视口中的屏幕对象

淡显是指在打印对象时用较少的墨水。在打印图纸和屏幕上，淡显的对象显得比较暗淡。淡显有助于区分图形中的对象，而不必修改对象的颜色特性。要指定对象的淡显值，必须先指定对象的打印样式，然后在打印样式中定义淡显值。

淡显值可为 0 到 100 的数字。默认设置为 100，表示不使用淡显，而是按正常的墨水浓度显示。淡显值设置为 0 时表示对象不用墨水，在视口中不可见。

5.4.2 布局视口中的隐藏线

如果正在打印的 AutoCAD 图形中包括三维面、网格、拉伸对象、表面或三维实体，打印时可以让 AutoCAD 删除选定视口中的隐藏线。视口对象的"隐藏"打印特性只影响打印输出，而不影响屏幕显示。

打印布局时，在"页面设置"对话框中选择"隐藏对象"选项只消隐图纸空间的对象，对视口中的对象无效。如果生成打印预览，隐藏线将显示为打印时的效果。

5.4.3 打开或关闭布局视口

重新生成每个视口时，显示较多数量的活动布局视口会影响系统性能。可以通过关闭一些视口或限制活动视口数量来节省时间。

新视口的默认设置为打开状态。如果关闭暂时不用的视口，可以在复制视口时不用等待重新生成每个视口。

如果不希望打印视口，可以将其关闭。

如果在工作或打印时要消隐视口边框，需要先为视口创建一个特定图层，然后关闭或冻结该图层。

5.5 绘 图 输 出

5.5.1 打印机管理器

"打印机管理器"是一个窗口，其中列出了用户安装的所有非系统打印机的配置（PC3）文件。如果用户要使 AutoCAD 使用的默认打印特性不同于 Windows 使用的打印特性，可以通过创建用于 Windows 系统打印机的打印机配置文件。打印机配置设置指定端口信息、光栅图形和矢量图形的质量、图纸尺寸以及取决于打印机类型的自定义特性。

"打印机管理器"包括"添加打印机"向导，此向导是创建打印机配置的基本工具。"添加打印机"向导提示用户输入关于要安装的打印机的信息。

布局代表打印的页面。用户可以根据需要创建任意多个布局。每个布局都保存在自己的布局选项卡中，可以与不同图纸尺寸和不同打印机相关联。

只在打印页面上出现的元素（例如标题栏和注释）将在布局的图纸空间绘制。图形中的对象在"模型"选项卡上的模型空间创建。要在布局中查看这些对象，请创建布局视口。

创建布局时，可在"页面设置"对话框指定打印机和相关设置（例如图纸尺寸和打印方向）。使用"页面设置"对话框，可以控制布局和"模型"选项卡中的设置。可以命名并保存页面设置，以便在其他布局中使用。

如果在创建布局时没有指定"页面设置"对话框中的设置，也可以在打印之前设置页面。或者，在打印时替换页面设置。可以对当前打印临时使用新的页面设置，也可以保存新的页面设置。

5.5.2　打印样式

打印样式通过确定打印特性（例如线宽、颜色和填充样式）来控制对象或布局的打印方式。"打印样式管理器"是一个窗口，其中显示了 AutoCAD 中可用的所有打印样式表，打印样式表中收集了多组打印样式。

打印样式类型有两种：颜色相关打印样式表和命名打印样式表。一个图形只能使用一种打印样式表。用户可以在两种打印样式表之间转换，也可以在设置图形的打印样式表类型之后，修改所设置的类型。

对于颜色相关打印样式表，对象的颜色决定了打印的颜色。这些打印样式表文件的扩展名为 .ctb。不能把颜色相关打印样式直接指定给对象；相反，要控制对象的打印颜色，必须修改对象的颜色。例如，图形中所有被指定为红色的对象以相同打印方式打印。

命名打印样式表使用直接指定给对象和图层的打印样式。这些打印样式表文件的扩展名为 .stb。使用这些打印样式表可以使图形中的每个对象以不同颜色打印，与对象本身的颜色无关。

5.5.3　打印图形的步骤

（1）从"文件"菜单中选择"打印"。

（2）在"打印"对话框"打印设备"选项卡"打印机配置"下的"名称"框中选择打印机。

（3）（可选）在"打印样式表"下，从"名称"框中选择打印样式表。

（4）（可选）在"打印戳记"下选择"开"，打开打印戳记。选择"设置"，指定打印戳记设置。打印戳记只在打印时出现，不与图形一起保存。

（5）选择"打印设置"选项卡。

1）在"图纸尺寸和图纸单位"下，从"图纸尺寸"框选择图纸尺寸。

2）在"图形方向"下，选择一种方向。

3）在"打印区域"下，指定要打印的部分图形。

4）在"打印比例"下，从"比例"框中选择缩放比例。

5）选择"确定"。

5.6　绘图机的参数设置与输出

常用功能键和外设配置如图 5-2 所示。

驱动程序和外围设备手册提供关于打印机和打印机配置、定点设备、后台打印和外部

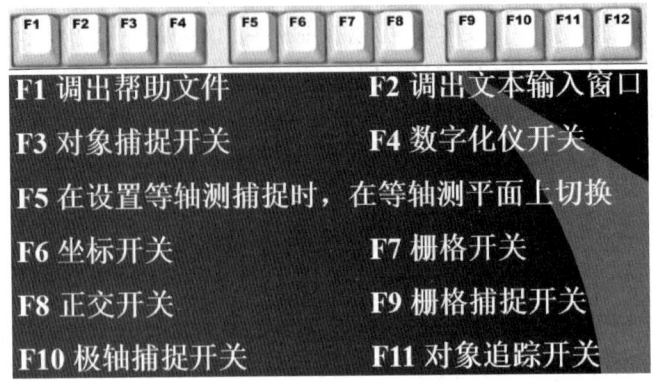

图 5-2　常用功能键的含义

数据库配置的信息。驱动程序和外围设备手册中包含下列主题：
　　（1）设置数字化仪；
　　（2）使用绘图仪和打印机；
　　（3）设置设备特有的配置；
　　（4）配置文件输出；
　　（5）配置 OLE/HDI 打印；
　　（6）配置外部数据库；
　　（7）Autodesk 提供的打印机驱动程序；
　　（8）第三方打印机驱动程序。

5.7　打印机的选配与输出

　　AutoCAD 支持许多绘图仪和打印机生成图形的硬拷贝输出，用户可以使用各种格式将输出发送到文件。还可以配置绘图仪和打印机、将打印发送到文件以及编辑配置的绘图仪（PC3）文件。
　　（1）支持的打印机。
　　apg_024. html-196137HDI（Heidi 设备接口）驱动程序用于与硬拷贝设备通信。这些驱动程序分成三类：文件格式驱动程序、HDI 非系统驱动程序和 HDI 系统打印机驱动程序。
　　（2）设置绘图仪和打印机。
　　apg_027. html-196594 每个打印机配置中包含如下信息：设备驱动程序和型号、设备所连接的输出端口和设备特有的各种设置等。
　　（3）使用打印机配置编辑器。
　　apg_0214. html-196955 使用"添加打印机"向导创建打印机配置（PC3）文件后，可以使用打印机配置编辑器编辑此文件。
　　（4）修改基本的 PC3 文件信息。
　　apg_0219. html-197110 打印机配置编辑器的"基本"选项卡中包含关于 PC3 文件的基

本信息。可以在"说明"区域中添加或修改信息。

（5）控制 PC3 文件设备和文档设置。

apg_0222. html-197205 在打印机配置编辑器中的"设备和文档设置"选项卡上，用户可以修改打印配置（PC3）文件中的许多设置。

（6）解决与 Windows 打印管理器的冲突。

apg_0254. html-198646 需要使用合适的驱动程序用于本地连接的打印机。

（7）端口设置。

apg_0257. html-198719 打印机配置编辑器中的"端口"选项卡包含了有关打印机端口配置的信息。可以在 Autodesk 打印机管理器中设置设备特有的配置。

（8）配置 HP DesignJets。

apg_035. html-625250 Windows 系统打印机驱动程序（由 Hewlett-Packard 开发，包含在 AutoCAD CD 中）支持 HP DesignJet 打印机。

（9）配置 HP HP-GL 打印机。

apg_0310. html-625395 HP HP-GL 打印机通过连接 RS-232C 串行输入/输出端口而被支持。

（10）配置 HP HP-GL/2 设备。

apg_0316. html-625626 HP-GL/2 非系统驱动程序支持各种 HP-GL/2 笔式绘图仪和喷墨打印机。

（11）配置 Océ（奥西）打印机。

apg_0321. html-625783 虽然 Océ 打印机的首选配置是使用并行端口，但是 Océ 打印机也通过连接 RS-232C 串行输入/输出端口而被支持。

（12）配置 XESystems 设备。

apg_0324. html-625882 最好使用用于 AutoCAD2016 或更新版本的新的经优化的 XESystems HPGL/2 Windows 系统驱动程序。在提高性能的同时，该新驱动程序还提供了与现有 Windows 系统相同的设置以及从双向打印的打印机中获取信息（例如，卷筒状态和打印机安装的光栅戳记）的能力。

（13）配置 CalComp 打印机。

apg_0327. html-625973 如果使用 CalComp 打印机，则可以使用 Windows 系统打印机。

（14）配置 Houston Instruments 打印机。

apg_0330. html-626042 如果使用新型的 Houston Instruments 打印机，可使用普通的 HP-GL 或 HP-GL/2 HDI 驱动程序并配置打印机的 HP-GL 或 HP-GL/2 HDI 仿真模式。

（15）使用 Autodesk HDI 系统打印机驱动程序。

apg_0333. html-626101 通过 HDI 系统打印机驱动程序，可以使用为 Windows 配置的绘图仪或打印机。

其他各方面配置参考相应教材内容和帮助文件。

5.8　数字化仪的使用

数字化仪是绝对定点设备，即数字化仪上的每个点均与图形中的指定位置具有一对一的对应关系。数字化仪可以配置或校准。

（1）配置 Wintab 驱动程序。

apg_014. html-355907Wintab 为独立开发人员使用的 Windows 规格，以便数字化仪可以用作系统指针和定点设备。

（2）将数字化仪配置为数字化仪覆盖。

apg_017. html-356010 配置将数字化仪表面的部分建成指定的菜单和屏幕定点区。

（3）校准数字化仪以进行跟踪。

apg_0110. html-356256 校准在数字化仪表面和绘制对象的实际尺寸之间建立一个比例关系。

（4）测试数字化仪校准。

apg_0117. html-356535 如果校准数字化仪后不能正确绘图，则需要仔细检查数字化仪的精度。

（5）重新初始化数字化仪。

apg_0120. html-356650 必须正确初始化数字化仪。

思考与习题

5-1 为什么要引入模型空间和图纸空间？

5-2 "布局"是什么，如何创建布局，如何布置布局？

5-3 设置好图形输出设备，然后输出第 4 章的 9、10 题。

6 采矿 CAD 基本图元

矿业软件经过了近半个世纪的发展，涌现出很多优秀的产品。CAD 技术是所有矿业软件中不可缺少的核心技术，目前国内无论矿业设计单位还是生产单位，都将 AutoCAD 作为主要应用平台。对 AutoCAD 平台的认识，以及根据采矿 CAD 的特点，基于 AutoCAD 平台编制采矿 CAD 所需模块，是当今采矿专业技术人员必备的专业技能。

6.1 采矿 CAD 发展

在矿业软件方面，西方发达国家早在 20 世纪 70 年代初就将 CAD 技术应用于地质和矿业领域。80 年代初期，相继推出了各种采矿软件，比较有影响的有：加拿大 Lynx Geosystems 公司的 LYNX、GemCom 公司的 GemCom、英国 MICL 公司的 DataMine、美国 MinTec 公司的 Minesight3D、澳大利亚 Surpac 国际软件公司（SSI）的 Surpac、MicroMine 公司的 MicroMine、Maptek 公司的 Vulcan 等。这些软件涉及三维建模及可视化、开采评估及设计、生产管理等领域，成为当今三维矿业软件的代表。下面简单介绍在国内市场运作比较好的 Surpac 软件及比较有影响的 DataMine 软件。

Surpae 系列软件由澳大利亚 SSI 公司开发，目前已被 GemCom 公司收购。它是目前在国内市场运作比较成功的数字化矿山工程软件，能够将矿山勘探、三维地质模型建立、工程数据库构建、露天和地下矿山开采设计、生产计划和开采进度计划、尾矿和复垦设计完全图形化。其矿山模型建立技术主要体现在块体模型与实体模型，块体模型为规则立方体，可分解出 1/4 或 1/16 的子块，实体模型则实为体表模型。

英国 MICL 公司的 DataMine 软件具有三维地质建模、品位估值和储量计算、地下及露天开采设计、生产控制等模块，同时还增加了虚拟现实仿真、进度计划编制、结构分析、场址选择，以及环保领域等延伸应用。DataMine 系统是最先采用最优块分割技术，在建立块模型时沿着任何模型的边界或结构面把块分割为小的子块，以最佳状态逼近边界。这样可以保证块模型有更精确的形状和边界，也可保证储量计算有更高的精度。同样，其线框模型也实为体表模型。

国内矿业软件研发起步相对要晚些，1985 年北京华远公司引进了大型数字化仪和绘图仪，这是我国最早的微机 CAD 外部设备。与之配套的软件是 AutoCAD2.17 版本，也是最早引进到国内的微机 CAD 软件，它标志我国微机 CAD 技术的开始。鞍山冶金设计研究院于 1985 年购入 1 台数字化仪和 1 台绘图仪，用 AT 机建立一个微机工作站，当年就录入一个矿山的地质地形图，并绘制了计算机编制矿山采剥计划的年末图，这是我国矿业最早的微机 CAD 工作站。

鞍山冶金设计研究院早期采用 BASIC 语言开发程序模块，借助 AutoCAD 的 DXF 文件格式，进行图形、数据的相互转换，实现图形显示和绘制。20 世纪 90 年代初已经研发出一整套适合设计院使用的露天矿设计软件包，包括地质、采矿、总图和排土四个模块。使 CAD 技术在矿床开采中的实际应用上朝实用化方面前进了一大步。20 世纪 90 年代后期，抛弃原有程序模块，采用 VC、VB 语言在 AutoCAD 平台下重新研发了矿业设计软件。软件采用表面建模、实体建模和块体建模系统，目前依然在使用和完善。

北京科技大学采用体视化技术对三维地质建模做了深入研究，并成功应用到武钢程潮铁矿的地质建模中。

西安山璞矿业开发有限公司研发出 MiningCAD 矿业系统软件，其最大特点是完全在 AutoCAD 平台下完成复杂建模与应用，可以个性化开发，更贴近生产实际，并在多家大型矿山得到应用。

2000 年后，辽阳聚进科技公司研发的矿业软件在弓长岭矿业公司得到应用，其最大特点是采用"雕刻法"进行实体建模。

2006 年以后，东奥达公司与迪迈公司采用与 Surpac 相同技术，在 Hoops 平台下分别推出 3DMine 和 DigitalMine 两个产品。

此外，长沙有色冶金设计研究院、中南大学、西安煤炭设计院、西安建筑科技大学、中国矿业大学、中国地质大学、东北大学等也设计开发了各自的矿山 CAD 系统。

6.2 采矿 CAD 的特点及主要功能

6.2.1 采矿 CAD 的特点

采矿 CAD 不仅限于简单的参数化绘图，还包括辅助设计、计算和建模。

（1）专业图形绘制。巷道断面、交叉点、钻孔及钻孔柱状图等，都有较规范的绘图程序和原则。

（2）专业辅助优化设计。斜坡道设计、中深孔设计、露天矿二次境界设计等，除了需要较高的辅助设计功能外，有时还要有优化思想与算法。

（3）专业图形化计算。采准设计、高程计算、品位计算、计划编制、储量估算等，普遍存在图形化计算方法要求。

（4）专业矿山模型构建。三维块状矿床模型、半离散矿床模型、品位模型、三维矿体模型、地下采矿工程模型、露天采场模型等，不仅是三维可视化的要求，同时也是优化辅助设计的基础。比如，矿床模型就是境界优化的基础数据。

6.2.2 采矿 CAD 的主要功能

依据采矿 CAD 的特点，并与其相适应，采矿 CAD 的主要功能包括：

1）参数化绘图。巷道断面绘制、交叉点绘图、绘制钻孔、柱状图等。

2）辅助优化设计。斜坡道设计、中深孔设计、露天矿二次境界设计等。

3）图形化计算。采准设计、高程计算、品位计算、计划编制、储量估算等。

4）矿山模型建立。三维块状矿床模型、半离散矿床模型、品位模型、三维矿体模型、地下采矿工程模型、露天采场模型等。

采矿 CAD 技术的基础是图形的绘制。在 AutoCAD 中绘制各种图元方式一般有以下三

种：一是输入绘图命令（全称或简写）；二是选取下拉菜单中绘图命令；三是选取工具
条中绘图命令。重复上个命令可以采用回车，重复近期使用的命令可以在快捷菜单中
选取。

6.3 采矿 CAD 中绘图比例

绘图比例对于工程技术人员来说并不陌生，1：1000 代表图纸中的 1 个单位相当于实
际尺寸的 1000 个单位，实际物体是按 1/1000 比例缩小绘制在图纸中；2：1 代表图纸中
的 2 个单位相当于实际尺寸的 1 个单位，实际物体是按 2 倍比例放大绘制在图纸中。采矿
工程图纸中常以毫米为绘图单位，宜按表 6-1 选取绘图比例。

表 6-1　采矿制图常用比例

图　纸　类　别	常　用　比　例
露天开采终了平面图、地下开拓系统图、阶段平面图	1：2000、1：1000、1：500
竖井全貌图、采矿方法图、井底车场图	1：200、1：100
硐室图、巷道断面图	1：50、1：30、1：20
部件及大样图	1：20、1：10、1：5、1：2、1：1、2：1

在手工图板绘图时期，选取合适的绘图比例后，技术人员借助于比例尺完成各种图形
绘制，而在 AutoCAD 中没有比例尺可供使用，因此给绘图带来了诸多不便，也因此为技
术人员带来了一些困扰。

一种观念是按 1：1 实际尺寸进行绘制，当出图时再按比例缩放，可以获得任意比例
图纸。其实不然，此方法确实方便了图形绘制，但图中的文字、图表、标注、多义线宽度
等，都要按事先设定的比例绘制，才能获得满意的图纸，因此并非按任意比例缩放的图纸
都能令用户满意。

另一种观念是与手工作图一致，按事先设定比例进行绘制，然后按 1：1 的比例出图
即可。由于此方法缺少比例尺工具，绘图时要考虑按比例换算绘图尺寸，但图中的文字、
图表、标注、多义线宽度等无需比例转换，按出图尺寸设定即可。

实际绘图中，技术人员常常采用后一种方式，因此会常看到设计者手中拿着计算器进
行比例换算。有时也会采用前一种方式仅完成图形绘制，然后按绘图比例缩放，最后再添
加文字、表格、标注等。

以上两种观念仅适合于常规的工程制图，比如井建专业的断面图、井筒装备图等。大
多数采矿图纸是与其不同的，即此类图纸带有大地坐标网格，如地质分层图、采准设计
图、露天境界图等。此类图纸最常用的比例是 1：1000，有时也会有 1：2000 或 1：500 比
例。

在手工图板绘图时期，两类图没有什么区别，技术人员借助于比例尺完成各种图形绘
制。AutoCAD 中没有比例尺工具给绘制前一类图形造成不便，但 AutoCAD 是三维矢量图
形软件平台，本身就具有世界坐标系统，给后类图形绘制及各种设计应用带来方便。手工
作图时期，图纸中任意位置的坐标是通过距坐标网线距离量取换算获得的。采用 AutoCAD

绘图时，坐标可从屏幕上直接获取。为了使图纸中坐标网格与 AutoCAD 本身的世界坐标系统相一致，限定了图纸的绘图比例只能是 1∶1000，即图中 1mm 相当于实际 1m，图中任意位置的坐标才可与实际一致。无论采用其他任何比例，图中仅一个位置的坐标与实际一致，其他都是有误的。

因此，此类作图严格按图纸中坐标网格与 AutoCAD 本身的世界坐标系统相一致，此时比例为 1∶1000。在出 1∶2000（或 1∶500）比例图纸时，图中的文字、图表、多义线宽度等都要按事先设定的比例绘制，比如图戳要按实际尺寸放大 1 倍（或缩小 1 倍）后插入图框中。

6.4　采矿 CAD 中点图元

在采矿 CAD 中使用点图元并不多，点图元多用于全站仪测量展点。在露天矿测量验收中经常用到全站仪测量展点，以此修改采场现状图。在地下矿巷道及采空区测量中也经常用到全站仪测量展点。采矿 CAD 中点图元信息描述见表 6-2。

表 6-2　点图元信息

图元名称	图元数据	绘图命令	相关命令	系统变量
点	(x, y, z) 坐标 厚度	Point Divide Measure	Ddptype	PDMODE PDSIZE

在 AutoCAD 中有三种生成点图元方法：一是使用 Point 点命令；二是使用 Divide 定数等分命令；三是使用 Measure 定距等分命令。在 AutoCAD 中点图元可以有 20 种表现样式，使用 Ddptype 点样式命令可以改变图中点图元的样式。在一张图中所有点图元只能有一种样式。

系统变量 PDMODE 用于设置点样式，系统变量 PDSIZE 用于设置点显示的大小。

6.5　采矿 CAD 中折线图元

在采矿 CAD 中使用最多的是折线图元。严格意义的折线只有三维多段线，即由无数拐点连接而成，不含弯曲弧线。在这里我们把多段线纳入折线，主要是因为它介于折线与曲线之间，相对曲线它有更广泛的应用。多个首尾相连的直线与三维多段线的表现最为接近，单个直线是几何中定义的线段，构造线才是几何中定义的直线，射线与几何中定义的射线一致。

图元数据反映了各种图元的不同本质，根据需要选择不同的图元进行图形绘制。多段线使用最为广泛，在不考虑三维作图情况下，多段线完全胜任所有折线图形绘制。如果为三维建模服务，通常使用三维多段线和直线，如露天采场实测地形线，只有三维多段线和直线才能完整表达地形信息。在实际作图中，技术人员也往往使用直线来代替构造线及射线。常用折线图元类型及其信息见表 6-3。

表6-3　折线图元信息

图元名称	图元数据	绘图命令	相关命令	系统变量
多段线	(x, y) 坐标组 凸度、标高 厚度、宽度	PLine Boundary Polygon Rectang Donut	Join Pedit Explode Convert	PLINETYPE PLINEWID FILLMODE
三维多段线	(x, y, z) 坐标组	3DPoly	Pedit	
直线	(x, y, z) 起点 (x, y, z) 终点 厚度	Line XEDGES Explode Break	Pedit	
构造线	(x, y, z) 基点1 (x, y, z) 基点2	Xline	Break	
射线	(x, y, z) 基点1 (x, y, z) 基点2	Ray Break		

其中，多段线图元有四种生成方法：一是使用 PLine 多段线命令；二是使用 Boundary 边界命令；三是使用 Polygon 正多边形命令；四是使用 Rectang 矩形命令。

在 AutoCAD 中可以使用 Jion 合并命令完成多条首尾相连的多段线合并。同样也可以使用 Pedit 线编辑命令完成多条首尾相连的多段线合并。可以使用 Explode 分解命令将多段线分解成直线。在早期的 AutoCAD R14 版本以前，图形中并没有多段线图元，而是与三维多段线相对应的二维多段线图元，由于多段线有更多的优点，高版本 AutoCAD 中的二维多段线图元由多段线图元所取代。但仍有一些图中会含有二维多段线图元，Convert 转换命令即可将二维多段线图元转换成多段线。

系统变量 PLINETYPE 用于设置是否使用多段线取代二维多段线；系统变量 PLINE-WID 用于设置多段线默认宽度；系统变量 FILLMOD 用于设置具有宽度的多段线是否充填显示。

6.6　采矿 CAD 中曲线图元

在采矿 CAD 中曲线图元应用较少。严格意义的曲线只有样条曲线，即所有拟合点之间都由光滑弯曲弧线连接。它取代了手工图板绘图时期的曲线板，在露天矿境界设计台阶线、地质图矿岩线、地形图等高线等等中都会有一些应用。要说明的是，样条曲线根据拟合点高程不同，会形成空间三维样条曲线，而在采矿 CAD 应用中常常希望获得的是平面样条曲线，这一点在作图时要加以注意。另外，在具体应用中常常会将所有样条曲线转换为折线，这也是采矿 CAD 的一个特点。

圆作为特殊的曲线在采矿 CAD 中应用广泛，所有的圆形竖井断面都会使用到圆图元。圆弧曲线在采矿 CAD 中应用也较多，例如非程序化绘制的巷道断面、巷道的弯道等等。由于多段线可以含有圆弧，因此圆弧应用可以被多段线取代，尤其在程序化作图中，比如程序化绘制的巷道断面就不再包含圆弧。椭圆在采矿 CAD 中应用较少，但在椭球体放矿、地质统计学估值等等研究中会使用到椭圆图元。椭圆弧其本质还是椭圆，修订云线其本质是多段线，这两个曲线并不是独立的图元，在采矿 CAD 中应用较少。常用曲线图元类型及其信息见表6-4。

表6-4　曲线图元信息

图元名称	图元数据	绘图命令	相关命令	系统变量
样条曲线	(x, y, z) 拟合点 (x, y, z) 控制点	SPLine Offset	Join SplinEdit	SPLFRAME
圆	(x, y, z) 圆心 半径、厚度	Circle Offset	Break	WHIPARC CIRCLERAD
圆弧	(x, y, z) 圆心 半径、厚度 起点角度 终点角度	Arc Offset Explode Break	Pedit	WHIPARC
椭圆	(x, y, z) 圆心 长轴半径 短轴半径 起点角度 终点角度	Ellipse Offset	Break	PELLIPSE

样条曲线仅有一种方法绘制，即使用 SPline 样条曲线命令。虽然多段线（或三维多段线）可以使用 Pedit 命令获得光滑曲线，但这些光滑曲线本质还是多段线（或三维多段线）。

在 AutoCAD 中可以使用 Jion 合并命令完成多条首尾相连的样条曲线合并。使用 SplinEdit 样条曲线编辑命令完成样条曲线形态的改变。样条曲线形态主要受控于控制点及拟合点位置，可以借助对象特性工具栏改变控制点及拟合点位置，从而改变样条曲线的形态。样条曲线转换为折线是采矿 CAD 应用的一个特点，低版本 AutoCAD 并没有提供此项功能，需要借助程序编写来完成。

系统变量 SPLFRAME 用于设置是否显示样条曲线和样条拟合多段线的控制多边形。

有六种生成圆图元方法：（1）圆心＋半径；（2）圆心＋直径；（3）两点；（4）三点；（5）相切＋相切＋半径；（6）相切＋相切＋相切。后面两种绘制圆图元的方法，充分体现了 AutoCAD 的辅助设计功能。

在 AutoCAD 中可以使用 Pedit 线编辑命令将圆弧转换为多段线。

系统变量 WHIPARC 用于设置控制圆和圆弧是否平滑显示；系统变量 CIRCLERAD 用于保存最近所绘制圆的半径。

在 AutoCAD 中，椭圆可以使用 Offset 偏移命令获得已知椭圆的同心椭圆。此外还有二种生成椭圆图元方法：（1）中心点；（2）轴＋端点。

在 AutoCAD 中可以使用 Break 打断命令打断椭圆，所获得的椭圆弧本质还是椭圆图元。

系统变量 PELLIPSE 用于控制由 ELLIPSE 命令创建的椭圆类型。当其值为 1 时所获得的椭圆是二维多段线图元。

6.7　采矿 CAD 中面图元

在采矿 CAD 中面图元种类较多，不同种类的面图元应用也有所不同。其中最重要的两个面图元是面域（Region）和三维面（3DFace）。

面域（Region）来自 ACIS 建模，可表达任何共面的复杂多边形。它能够渲染，更重要的是能够进行布尔运算。因此，面域（Region）图元成为矿体截面表达的最佳选择，而不是图案充填图元。使用图案充填图元表达矿体截面主要是为满足出图要求，使用面域（Region）图元表达矿体截面才是为了设计应用。可以说，面域（Region）图元对采矿 CAD 贡献更大，它使得描述矿体的复杂多边形的构建变得更加直观，各种基于截面的矿岩量计算变得更加简便。

三维面（3DFace）图元可在三维空间中的任意位置创建三角面或四角面。它包含四个顶点，如果起点与终点重合则构建出三角面。三维面（3DFace）图元主要特点是数据结构简单，构建灵活，且可渲染。矩形的四角面可以直观表达分层矿体的离散效果，而三角面又是复杂三维曲面构建的最基本单元，任何复杂的物体都可以使用无数小三角面来逼近。可以说，三维面（3DFace）图元是构建复杂矿体表面模型的主要手段。

二维实体（Solid）图元与三维面（3DFace）图元数据结构相似，同样可以渲染。不同的是二维实体（Solid）图元四个顶点坐标只有标高没有 Z 值，因此二维实体（Solid）图元在水平方向共面。它们的关系就好比多段线与三维多段线的关系。因此，二维实体（Solid）图元实际应用较少，常被三维面（3DFace）图元所代替。

曲面（Surface）图元的构建与三维实体（3DSolid）图元构建命令相一致，通过拉伸、放样、旋转、扫掠等命令对非闭合对象构建曲面。两者在使用 Explode 分解命令后，都会得到面域（Region）图元。使用曲面（Surface）图元可以分割三维实体（3DSolid）图元，可以使用此方法构建由断层分割的矿体模型。

网格（Mesh）图元大致分为两类：多面网格（PolyfaceMesh）和多边形网格（PolygonMesh）。多面网格中每个面可以包含多个顶点。要创建多面网格，首先要指定其顶点坐标，然后通过输入每个面的所有顶点的顶点号来定义每个面。创建多面网格时，可以将特定的边设置为不可见，指定边所属的图层或颜色。多边形网格中的每个面都为矩形，由网格密度控制镶嵌面的数目，它由包含 M 乘 N 个顶点的矩阵定义，类似于由行和列组成的栅格。M 和 N 分别指定给定顶点的列和行的位置。

如果需要使用消隐、着色和渲染功能，但又不需要实体模型提供的物理特性（质量、体积、重心、惯性矩等），则可以使用网格。可以使用网格创建不规则的几何体，如山脉的三维地形模型。网格（Mesh）图元在使用 Explode 分解命令后，都会得到三维面（3DFace）图元。常见面图元类型及其信息见表 6-5。

面域（Region）图元有三种生成方法：一是使用 Region 面域命令；二是使用 Boundary 边界命令；三是使用 Explode 分解命令将三维实体、曲面等分解成面域。

在 AutoCAD 中可以使用 Union 并命令、Subtract 差命令、Intersect 交命令来进行面域的布尔运算，从而建立新的面域。使用 Massprop 面域/质量特性查询命令列出面域的几何和物理信息。

表 6-5 面图元信息

图元名称	图元数据	绘图命令	相关命令	系统变量
面域 (Region)	面积、周长 边界框 ACIS 加密数据	Region Boundary Explode	Union Subtract Intersect Massprop	
三维面 (3DFace)	(x, y, z) 顶点	3DFace Explode		
二维实体 (Solid)	(x, y) 顶点 标高	Solid	hatch	FILLMODE
曲面 (Surface)	平面曲面 拉伸曲面 旋转曲面 扫掠曲面 放样曲面	Planesurf Extrude Revolve Sweep Loft Convtosurface	Slice Thicken Xedges Explode	
网格 (Mesh)	直纹网格 平移网格 旋转网格 边界网格 预定义常见的三维网格 基本网格	Rulesurf Tabsurf Revsurf Edgesurf 3D 3DMesh PFace	Explode Pedit	SURFTAB1 SURFTAB2 SURFTYPE SURFU SURFV

三维面（3DFace）图元有两种生成方法：一是使用 3DFace 三维面命令；二是使用 Explode 分解命令将网格等分解成三维面。

二维实体（Solid）图元使用 Solid 实体命令直接建立。在使用 Hatch 图案充填命令时可以选择 Solid 充填，FILLMODE 系统变量指定是否填充图案填充和填充、二维实体以及宽多段线。

曲面的建立可以使用 Planesurf 平面曲面命令、Extrude 拉伸曲面命令、Revolve 旋转曲面命令、Sweep 扫掠曲面命令、Loft 放样曲面命令直接获得相应的曲面。使用 convtosurface 转换为曲面命令可以将二维实体、面域、开放的具有厚度的零宽度多段线、具有厚度的直线、具有厚度的圆弧、三维平面转换为曲面。

在 AutoCAD 中可以使用 Slice 切剖命令，以曲面为切剖边界切剖三维实体（3DSolid）图元。使用 Thicken 加厚命令将曲面转换为三维实体（3DSolid）图元。使用 Xedges 提取边命令提取曲面边界。使用 Explode 分解命令曲面分解成面域。

可以使用 Rulesurf 直纹网格命令、Tabsurf 平移网格命令、Revsurf 旋转网格命令、Edgesurf 边界网格命令直接获得相应的网格。使用 3D 命令沿常见几何体（包括长方体、圆锥体、球体、圆环体、楔体和棱锥体）的外表面创建三维多边形网格。使用 3DMesh 和 PFace 命令创建基本网格。

在 AutoCAD 中可以使用 Pedit 多段线编辑命令，编辑多边形网格（PolygonMesh）图元的顶点、平滑类型等等。使用 Explode 分解命令将网格分解成三维面（3DFace）图元。

系统变量 SURFTAB1 和 SURFTAB2 设置在 M、N 方向的网格密度。系统变量 SURF-

TYPE 用于设置多边形网格平滑类型；系统变量 SURFU 用于设置在 M 方向的曲面密度以及曲面对象上的 U 素线密度。系统变量 SURFV 用于设置在 N 方向的曲面密度以及曲面对象上的 V 素线密度。

6.8　采矿 CAD 中体图元

在采矿 CAD 中体图元有三种：三维线框、三维网体和三维实体（3DSolid）。其中，三维线框并不是一种图元，它常使用直线和曲线对真实三维对象的边缘或骨架表示。三维网体可以是一种图元，如多边形网格或多面网格所描述的封闭体，也可以是由无数三维面（3DFace）所围成的封闭体。三维线框不能实现消隐、着色和渲染功能，三维网体不能提供布尔运算功能。三维实体（3DSolid）是一种图元，既能实现消隐、着色和渲染功能、也可以提供布尔运算。

三维线框的创建可能比创建其二维视图更困难、更耗时，可以通过将任意二维平面对象放置到三维空间的任何位置的方法来简化三维线框的创建。在采矿 CAD 中，矿体是通过众多剖面和平面线框描述的，通过坐标转换将各个剖面矿体线框放置在三维空间正确位置，从而获得矿体的三维线框模型。在采矿 CAD 中，三维线框模型也是三维网体模型和三维实体（3DSolid）模型的建立基础。

三维网体在某些矿业软件中也被称为三维实体。在 CAD 中要严格加以区分，两者是有本质的区别。最直观的理解是如果三维网体好比是气球，三维实体就好比是铅球。本质上三维网体是由无数三维面（3DFace）所围成，因为网格（Mesh）也可以分解成三维面（3DFace）。构筑三维网体的数据结构简单明了，根据专业特点，可以自行开发构筑三维网体的方法。因此，无论在矿业还是其他行业，使用三维网体描述真实三维对象的方法被广泛使用。在 CAD 中三维网体不能实现布尔运算，无法实现所见即所得。三维网体的布尔运算需要自行开发，而此功能开发又非常复杂，有非常大的难度，能够达到三维实体（3DSolid）布尔运算的水平实属难事。

三维实体（3DSolid）与面域（Region）、曲面（Surface）相同，都来自 ACIS 建模系统。它们都可以参与布尔运算、切剖等等实体操作，但它们的数据结构是经过加密隐藏的，可以通过输出 sat 文件来获得。如果说面域（Region）图元完美解决了二维矿体的描述和计算，那么三维实体（3DSolid）图元无疑是三维矿体建模和计算的最佳选择。三维实体能够渲染、布尔运算、曲面切剖，所见即所得，所有这些特征都非常适合矿体建模要求。唯一缺点是 CAD 中三维实体建模手段非常有限，无法满足采矿中所有非常复杂的实体建模要求。常用体图元类型及其信息见表 6-6。

表 6-6　体图元信息

图元名称	图元数据	绘图命令	相关命令	系统变量
三维线框	直线和曲线	画点线命令 XEDGES	UCS	
三维网体	多边形网体 多面网体 三维面	画网格命令 3DFace	与网格相同	与网格相同

图元名称	图元数据	绘图命令	相关命令	系统变量
三维实体 （3Dsolid）	拉伸实体 旋转实体 扫掠实体 放样实体 常见几何体 复合实体	Extrude Revolve Sweep Loft Polysolid Box Wedge Cone Sphere Cylinder Torus Pyramid Union Subtract Intersect Convtosolid Thicken	INTERFERE Slice Xedges Imprint Solidedit Explode Massprop	

三维线框模型仅由描述对象边界的点、直线和曲线组成。由于构成线框模型的每个对象都必须单独绘制和定位，因此，这种建模方式可能最为耗时。可以使用 XEDGES 提取边命令直接提取面域、曲面及三维实体的边框。

在 AutoCAD 中通常使用 UCS 用户坐标命令建立用户坐标系统，以便三维线框的绘制。

三维网体在 AutoCAD 中三维网体的绘制命令与网格相同，网格可以是开放的，网体必须是封闭的。网体不限于单一图元，它可以是单独的封闭网格，也可以是多个网格组成的封闭体。在 AutoCAD 中可以使用三维面形成三维网体，此类网体基本都是由自行开发的程序来完成。

在 AutoCAD 中网格的相关命令及系统变量，同样适用于三维网体。

三维实体建立有以下八种方式：

（1）使用 Extrude 拉伸命令建立三维实体。

（2）使用 Revolve 旋转命令建立三维实体。

（3）使用 Sweep 扫掠命令建立三维实体。

（4）使用 Loft 放样命令建立三维实体。

（5）常见几何三维实体命令包括：1）Polysolid 命令建立墙体；2）Box 命令建立长方体；3）Wedge 命令建立楔体；4）Cone 命令建立圆锥体；5）Sphere 命令建立球体；6）Cylinder 命令建立圆柱体；7）Torus 命令建立圆环体；8）Pyramid 命令建立棱锥体。

（6）通过布尔运算建立复合三维实体的命令包括：1）Union 并命令；2）Subtract 差命令；3）Intersect 交命令。

（7）使用 CONVTOSOLID 转换为实体命令，可以将以下对象转换为拉伸三维实体：1）具有厚度的统一宽度多段线；2）闭合的、具有厚度的零宽度多段线；3）具有厚度的圆。

（8）使用 Thicken 加厚命令，可以从任何曲面类型创建三维实体。

在 AutoCAD 中可以使用 INTERFERE 干涉命令，通过从两个或多个实体的公共体积创建临时组合三维实体，来亮显重叠的三维实体。使用 Slice 切剖命令将三维实体按某平面或曲面一分为二。使用 Xedges 提取边命令建立三维线框。使用 Imprint 压印命令将对象压印到选定的三维实体上。使用 Solidedit 三维实体编辑命令，可以完成对组成三维实体的边、面进行各种编辑修改，也可以对三维实体进行清扫、检查、分割、抽壳等操作。使用 Explode 分解命令可以将三维实体分解成曲面、面域图元。使用 Massprop 面域/质量特性查询命令列出三维实体的体积等几何和物理信息。

6.9 采矿 CAD 中标注图元

在地质、测量、采矿专业工程图纸中，标注图元应用极少。原因就是前面绘图比例章节所提到的，此类图纸与大地坐标相关，主要描述地理位置，坐标网成为了一种特殊的坐标控制标注。

在采矿 CAD 中使用标注图元较多的工程图纸是矿建、矿机等专业。此类图纸主要描述建筑工程、机械装置，标注图元必不可少，且占较大绘图工作量。

在 AutoCAD 中通过 Dimstyle 标注样式命令，可以设定本行业的标注样式。AutoCAD 中各种类型标注命令非常齐全，完全可以满足工程绘图中标注要求。需要注意的是前面绘图比例章节所提到的，采用哪种绘图方式绘制，如果采用按事先设定比例进行绘制，标注前要修改标注样式的比例因子。

在采矿 CAD 中要重点掌握 Dimlinear 线性标注命令、Dimaligned 对齐标注命令和 Dimangular 角度标注命令。Dimlinear 命令可以快速完成水平或竖直两个方向线性标注。Dimaligned 命令可以快速完成与被标注对象对齐，任意方向的线性标注。在采矿工程图纸中，角度标注是必不可少的，由 Dimangular 命令完成角度标注。常用标注图元类型及其信息见表 6-7。

表 6-7　标注图元信息

图元名称	图元数据	绘图命令	相关命令	系统变量
线性标注	文字基点 文字高度、角度 标注全局比例 标注线性比例 箭头样式、大小	Qdim Dimlinear Dimaligned Dimbaseline Dimcontinue	Ddedit Dimedit Dimtedit Dimstyle Dimreassociate Dimregen Explode Dimoverride Dimcenter	DIMASSOC DIMASZ DIMBLK DIMAUNIT DIMDEC DIMLFAC DIMTXT
弧长标注	同上	Dimarc	同上	同上
坐标标注	同上	Dimordinate	同上	同上
半径标注	同上	Dimradius	同上	同上
直径标注	同上	Dimdiameter	同上	同上
角度标注	同上（无标注线性比例）	Dimangular	同上	同上
引线标注	3 个拐点坐标 标注全局比例 箭头样式、大小	Qleader	同上	同上

在 AutoCAD 中有以下几种方式建立标注图元：

创建线性标注图元命令包括：（1）使用 QDIM 命令快速创建或编辑一系列标注，创建系列基线或连续标注，或者为一系列圆或圆弧创建标注；（2）使用 Dimlinear 命令创建线性标注；（3）使用 Dimaligned 命令创建对齐线性标注；（4）使用 Dimbaseline 命令创建从上一个标注或选定标注的基线处创建线性标注、角度标注或坐标标注；（5）使用 Dimcontinue 命令创建从上一个标注或选定标注的第二条尺寸界线处创建线性标注、角度标注或坐标标注。

（1）使用 Dimarc 命令创建圆弧长度标注。

（2）使用 Dimordinate 命令创建坐标点标注。

（3）使用 Dimradius 命令创建圆和圆弧的半径标注。

（4）使用 Dimdiameter 命令创建圆和圆弧的直径标注。

（5）使用 Dimangular 命令创建角度标注。

（6）使用 Qleader 命令设置引线和创建引线注释标注。

在 AutoCAD 中可以使用 Ddedit 命令编辑标注文字；使用 Dimedit 命令编辑标注对象上的标注文字和尺寸界线；使用 Dimtedit 移动和旋转标注文字；使用 Dimstyle 命令创建和修改标注样式；使用 Dimreassociate 命令将选定标注与几何对象相关联；使用 Dimregen 命令更新所有关联标注的位置；使用 Explode 命令将标注图元关联解除；使用 Dimoverride 命令替代尺寸标注系统变量；使用 Dimcenter 命令创建圆和圆弧的圆心标记或中心线。

在 AutoCAD 中有关标注的系统变量非常多，几乎所有系统变量都可以在 Dimstyle 命令创建和修改标注样式中找到。这里仅介绍几个相对主要的系统变量。系统变量 DIMASSOC 控制创建标注对象时其关联性是否分解；系统变量 DIMASZ 控制尺寸线、引线箭头的大小；系统变量 DIMBLK 设置尺寸线或引线末端显示的箭头类型；系统变量 DIMAUNIT 设置角度标注的单位格式；系统变量 DIMDEC 设置标注主单位中显示的小数位数；系统变量 DIMLFAC 设置线性标注测量值的比例因子；系统变量 DIMTXT 指定标注文字的高度。

6.10　采矿 CAD 中文字图元

在采矿 CAD 中文字有两种图元：单行文字（Text）和多行文字（MText）。在采矿设计图纸中除了图形元素外，图纸说明也是常见的。可以使用单行文字创建一行或多行文字，其中，每行文字都是独立的对象，可对其进行重定位、调整格式或进行其他修改。多行文字对象包含一个或多个文字段落，可作为单一对象处理。

单行文字（Text）图元数据简单灵活，常用于坐标网格中坐标标注、图戳中文字填写等地方。如果仅需简短文字输入，没有其他特殊要求，首选单行文字（Text）图元。

多行文字（MText）有较多的特性：创建多行文字时，可以替代文字样式并将不同的格式应用于单个词语和字符；可以在多行文字中创建项目符号列表、字母或数字列表或者简单轮廓；可以控制段落在多行文字对象中缩进的方式；多行文字的行距是一行文字的基线（底部）与下一行文字基线之间的距离。行距比例适用于整个多行文字对象而不是选定的行；表示分数度量或公差的字符可按照多种标准设置格式。因此，对带有内部格式的较长的输入项使用多行文字，如设计说明等。另外，多行文字有个"背景遮罩"属性，如果设置了"背景遮罩"则文字下的图元将被遮挡,此功能非常适合等高线中的标高文字标注,无需将完整的等高线切断。

在打开他人绘制的图纸时,常常由于他人使用了特殊字库,你所在的计算机不具备图形中使用的字库,往往使看不到文字或文字都变成问号,无法正常显示。此时或者找寻补充图纸中的字库,或者使用 Style 命令修改字体样式,使用其他字库来代替缺失的字库。常用文字图元类型及其信息见表 6-8。

表 6-8   文字图元信息

图元名称	图元数据	绘图命令	相关命令	系统变量
单行文字 (Text)	文字样式 对齐方式 宽度比例 高度、旋转 倾斜、基点坐标	Text Dtext	Qtext Style Ddedit Find	DTEXTED MIRRTEXT QTEXTMODE TEXTSIZE TEXTSTYLE
多单行文字 (MText)	文字样式 对齐方式 宽度、高度 旋转、背景 行间距、比例 样式、基点坐标	Mtext	Qtext Style Ddedit Find Explode	DTEXTED MIRRTEXT QTEXTMODE TEXTSIZE TEXTSTYLE

在 AutoCAD 中可以使用 Text 或 DText 单行文字命令输入单行文字,使用 MText 多行文字命令输入多行文字。使用 Explode 分解命令可将多行文字分解成单行文字。

在 AutoCAD 中可以使用 QText 快速文字命令,控制文字的显示方式。如果在包含使用了复杂字体的大量文字的图形中打开"快速文字"模式,将仅显示或打印定义文字的矩形框,从而加快图形显示速度。使用 Style 文字样式命令创建、修改或设置命名文字样式。如果改变现有文字样式的方向或字体文件,当图形重生成时所有具有该样式的文字对象都将使用新值。使用 Ddedit 命令编辑单行文字、多行文字。使用 Find 命令在整个图中查找给定的文字。

系统变量 DTEXTED 用于指定为编辑单行文字而显示的用户界面;系统变量 MIRRTEXT 用于控制 MIRROR 命令反映文字的方式是否镜像;系统变量 QTEXTMODE 与 QText 快速文字命令功能相同,控制文字的显示方式;系统变量 TEXTSIZE 用于设置使用当前文字样式绘制的新文字对象的默认高度;系统变量 TEXTSTYLE 用于设置当前文字样式的名称。

6.11   采矿 CAD 中表图元

在采矿设计图纸中除了图形、标注以及文字外,表格也是经常出现在图纸中的。在 AutoCAD2007 版以前并没有表格图元,图中的表格都是由线绘制出来的,再在表格中填写文字,非常不方便。目前表格(Table)作为独立的图元出现在 AutoCAD 中,与 EXCEL 很相似,且可以输出 EXCEL 可识别的 CSV 文件。

130

在采矿 CAD 中使用的表格内容很多，比如坐标计算表格、矿岩量计算表格、地质采样分析表格等等。但表格（Table）图元也不能解决所有采矿表格问题，比如钻孔柱状图还得使用画线制表方法。表格（Table）图元的出现还是为采矿 CAD 解决很多问题，表格作为单独的图元使得图面更加简化，表格自带格式方便填写编辑，也可以使用公式进行表格计算等等。更为主要的是，使得有关表格的自行程序开发更加方便快捷。常用表格图元类型及其信息见表 6-9。

表 6-9　表格图元信息

图元名称	图元数据	绘图命令	相关命令	系统变量
表格 （Table）	表格基点坐标 表格样式 表格宽度、高度	Table	Tablestyle Tabledit Tableexport	CTABLESTYLE

在 AutoCAD 中使用 Table 表格命令在图形中创建空白表格对象。

在 AutoCAD 中可以使用 Tablestyle 表格样式命令定义新的表格样式；使用 Tabledit 表格编辑命令编辑表格单元中的文字；使用 Tableexport 表格输出命令将表格输出为 CSV 文本文件。

系统变量 CTABLESTYLE 用于设置当前表格样式的名称，默认为 STANDARD。

6.12　采矿 CAD 中块图元

在手工绘图时期，设计图纸的图戳往往不是画出来的，而是采用事先刻好的印章直接盖上的，这大概就是块图元概念的原始意义。在 AutoCAD 中的块是由一个或多个图元组成在一起所形成的一个图元。对于采矿设计图纸中经常应用的标准图块很多，比如各种井筒符号、各种设备图形符号等等。

可以使用以下方法创建块：

（1）合并对象在当前图形中创建块定义；

（2）使用块编辑器向当前图形中的块定义中添加动态行为；

（3）创建一个图形文件，随后将它作为块插入其他图形中；

（4）使用若干种相关块定义创建一个图形文件以用作块库。

以块的保存形式不同可分为：内部块和外部块。内部块与当前图形保存在一起，外部块是将建立的块保存在磁盘中，创建一个图形文件，也叫写块。以块是否含有动态行为可分为：静态块和动态块。静态块仅含有块属性而没有动态行为，动态块有动态行为，它应是 BIM 系统中族的概念雏形。

对于有特定意义的符号（如电梯井符号），只需绘制好后形成块即可。对于有文字属性变化的图块（如设计图戳），要事先设定文字块属性，将文字属性一同保存在块图元中，在插入块时会提示文字属性的输入。对于有拉伸、旋转等等动态行为要求的图块（如采矿图框），需要事先创建块图元，再进行块图元编辑，设定块的动态行为属性，即建立动态块。

块的主要作用是：

（1）简化绘图。在设计中常常有重复出现的图形，采用块图元把此类图形定义为标准图块，绘图仅需将标准块插入图中，避免了大量重复工作。

（2）节省存储空间。使用块还可以使图纸文件所占磁盘空间减少，也提高了绘图速度。块定义越复杂，插入块越多，此优越性越明显。

（3）便于修改和重新定义。对于插入的块，仅需重新对块进行定义，图中所有参照这个块的地方都会被自动更新。

（4）属性管理。块可以带文字信息，也称块的属性。属性可以在插入时重新输入，也可以控制其是否可见及提取，方便传送给外部数据管理，也可以自动统计生成表格图元。

在手工绘图时期，之所以使用透明介质作图，一个较为重要的原因是两张图可以叠加，底图作为参照应用。基于同样的原因，在 AutoCAD 中也提供了外部参照功能，参照底图也是以类似于块的形式放置到当前图中。参照底图可以是 DWG 格式的图纸，也可以是 DWF 格式的图纸，还可以是一张光栅图片。

外部参照与外部块的区别在于：

（1）外部块插入当前图后，成为图纸中一部分。外部参照插入当前图后，当前图只保留引用路径和名称。

（2）外部块在当前图中可以使用 Explode 命令分解，分解后可以正常编辑。外部参照不能分解，仅能提供对象捕捉。

（3）外部块在当前图中不会因为原图的改变而改变，外部参照插入当前图后，可以自动更新反映最新变化。

（4）外部块插入当前图后，块所含图层也会融入当前图中，外部参照插入当前图后，图层与当前图图层完全不相干，会自动增加外部参照中所有图层名，图层名称格式为"参照图形名|图层名"。

（5）外部参照插入当前图后，可以通过绑定把外部参照绑定到图形上，转换为块图元成为图形中的固有部分，不再是外部参照文件。

常用块图元类型及其信息见表6-10。

表6-10　块图元信息

图元名称	图元数据	绘图命令	相关命令	系统变量
静态块 （Block）	块参照基点 X 比例 Y 比例 Z 比例 旋转角度	Block Wblock	Base Attdef Attedit Eattedit Attdisp Ddedit Battman Attext Eattext Adcenter Adcnavigate Insert Attsync	AFLAGS ATTDIA ATTMODE ATTREQ

图元名称	图元数据	绘图命令	相关命令	系统变量
动态块 （Block）	块参照基点 X 比例 Y 比例 Z 比例 旋转角度 动态参数	Bedit	Baction Bactionset Bactiontool Bassociate Bauthorpalette Bauthorpaletteclose Bclose Bcycleorder Bgripset Baction Bparameter Bsave Bsaveas Bvhide Bvshow Bvstate Battorder	BACTIONCOLOR Bdependencyhighlight BGRIPOBJCOLOR BGRIPOBJSIZE BLOCKEDITLOCK BLOCKEDITOR BPARAMETERCOLOR BPARAMETERFONT BPARAMETERSIZE BTMARKDISPLAY BVMODE
参照 （Block）	块参照基点 X 比例 Y 比例 Z 比例 旋转角度	Xattach Dwfattach Imageattach	Externalreferences Xref Image Dwfadjust Dwfclip Imageadjust Imageclip Imagequality Transparency	DWFFRAME DWFOSNAP IMAGEHLT

6.12.1　静态块

在 AutoCAD 中使用 Block 命令创建内部块图元，在此命令中可以定义块参照基点，选择组成块的图元集合，输入内部块的名称，完成内部块的创建。使用 WBlock 命令创建外部块图元，在此命令中可以定义块参照基点，即选择组成块的图元集合，也可以选择内部块名称，输入外部块的文件名称，生成外部块文件。

在 AutoCAD 中可以使用 Base 命令去创建基点；使用 Attdef 命令去创建属性定义；使用 Attedit 命令去改变属性信息；使用 Eattedit 命令增强属性编辑；使用 Attdisp 命令全局控制图形中块属性的可见性；使用 Ddedit 命令编辑单行文字、标注文字、属性定义和特征控制框；使用 Battman 命令可以编辑已经附着到块和插入图形的全部属性的值及其他特性；使用 Attext 命令将与块关联的属性数据、文字信息提取到文件中；使用 Eattext 命令将块属性信息输出到表或外部文件；使用 Adcenter 命令管理和插入块、外部参照和填充图案等内容；使用 Adcnavigate 命令加载指定的设计中心图形文件、文件夹或网络路径；使用 Insert 命令将图形或命名块放到当前图形中；使用 Attsync 命令用块的当前属性定义更新指定块的全部实例。

系统变量 AFLAGS 用于设置属性选项，默认为 16 时锁定块中的位置。系统变量 ATTDIA 用于设置控制 INSERT 命令是否使用对话框用于属性值的输入，默认为 0 给出命令行提示。系统变量 ATTMODE 用于控制属性的显示，默认为 1 保持每个属性的当前可见性；显示可见属性，不显示不可见属性。系统变量 ATTREQ 用于设置在插入块过程中控制 INSERT 是否使用默认属性设置，默认为 1 按照 ATTDIA 系统变量选择的设置，打开命令提示或使用对话框获取属性值。

6.12.2　动态块

如果向块定义中添加了动态行为，也就为块几何图形增添了灵活性和智能性，用户在操作时可以轻松地更改图形中的动态块参照。可以使用块编辑器创建动态块。块编辑器是一个专门的编写区域，用于添加能够使块成为动态块的元素。用户可以从头创建块，也可以向现有的块定义中添加动态行为，也可以像在绘图区域中一样创建几何图形。

创建动态块的过程：

步骤 1，在创建动态块之前规划动态块的内容。

确定当操作动态块参照时，块中的哪些对象会更改及如何更改。

步骤 2，绘制几何图形。

可以在绘图区域或块编辑器中绘制动态块中的几何图形，也可以使用图形中的现有几何图形或现有的块定义。

步骤 3，了解块元素如何共同作用。

在向块定义中添加参数和动作之前，应了解它们相互之间以及它们与块中的几何图形的相关性。在向块定义添加动作时，需要将动作与参数以及几何图形的选择集相关联。此操作将创建相关性。向动态块参照添加多个参数和动作时，需要设置正确的相关性，以便块参照在图形中正常工作。

步骤 4，添加参数。

用户可以在块编辑器中向动态块定义中添加参数。在块编辑器中，参数的外观与标注类似。参数可定义块的自定义特性。参数也可指定几何图形在块参照中的位置、距离和角度。向动态块定义添加参数后，参数将为块定义一个或多个自定义特性。动态块参数与相关动作见表 6-11。

表 6-11　动态块参数与相关动作列表

参数类型	夹点类型	可与参数关联的动作
点	标准	移动、拉伸
线性	线性	移动、缩放、拉伸、阵列
极轴	标准	移动、缩放、拉伸、极轴拉伸、阵列
XY	标准	移动、缩放、拉伸、阵列
旋转	旋转	旋转
翻转	翻转	翻转
对齐	对齐	无（此动作隐含在参数中）
可见性	查寻	无（此动作是隐含的，并且受可见性状态的控制）
查寻	查寻	查寻
基点	标准	无

动态块定义中必须至少包含一个参数。向动态块定义添加参数后，将自动添加与该参数的关键点相关联的夹点。然后用户必须向块定义添加动作并将该动作与参数相关联。

步骤 5，添加动作。

通常情况下，向动态块定义中添加动作后，必须将该动作与参数、参数上的关键点以及几何图形相关联。关键点是参数上的点，编辑参数时该点将会驱动与参数相关联的动作。与动作相关联的几何图形称为选择集。动态块通常至少包含一个动作。动态块动作与相关参数见表 6-12。

表 6-12　动态块动作与相关参数列表

动作类型	参　数	动作类型	参　数
移动	点、线性、极轴、XY	旋转	旋转
缩放	线性、极轴、XY	翻转	翻转
拉伸	点、线性、极轴、XY	阵列	线性、极轴、XY
极轴拉伸	极轴	查寻	查寻

步骤 6，定义动态块参照的操作方式。

用户可以指定在图形中操作动态块参照的方式。可以通过自定义夹点和自定义特性来操作动态块参照。在创建动态块定义时，用户将定义显示哪些夹点以及如何通过这些夹点来编辑动态块参照。另外还指定了是否在"特性"选项板中显示出块的自定义特性，以及是否可以通过该选项板或自定义夹点来更改这些特性。

步骤 7，保存块然后在图形中进行测试。

保存动态块定义并退出块编辑器。然后将动态块参照插入到一个图形中，并测试该块的功能。

6. 12. 3　外部参照

可以将整个图形作为参照图形（外部参照）附着到当前图形中。通过外部参照，参照图形中所作的修改将反映在当前图形中。附着的外部参照链接至另一图形，并不真正插入。因此，使用外部参照可以生成图形而不会显著增加图形文件的大小。

使用参照图形的用处：

（1）通过在图形中参照其他用户的图形协调用户之间的工作，从而与其他设计师所做的修改保持同步。用户也可以使用组成图形装配一个主图形，主图形将随工程的开发而被修改。

（2）确保显示参照图形的最新版本。打开图形时，将自动重载每个参照图形，从而反映参照图形文件的最新状态。

（3）当工程完成并准备归档时，必须将附着的参照图形和当前图形永久合并（绑定）到一起。

使用时注意：（1）与块参照相同，外部参照在当前图形中以单个对象的形式存在。必须首先绑定外部参照才能将其分解。（2）请勿在图形中使用参照图形中已存在的图层名、标注样式、文字样式和其他命名元素。

在 AutoCAD 中可以使用 Xattach 命令将外部参照（DWG 文件）附着到当前图形；使

用 Dwfattach 命令将 DWF 参考底图附着到当前图形；使用 Imageattach 命令将图像文件附着到当前图形。

在 AutoCAD 中可以使用 Xref 命令（Image 或 EXTERNALREFERENCES 命令）激活外部参照选项板，从而完成从附着、覆盖、卸载及拆离各种操作；使用 Dwfadjust 命令允许从命令行调整 DWF 参考底图（由 plot 打印命令形成），包括"褪色度""对比度"和"单色"的调整；使用 Dwfclip 命令使用剪裁边界来定义 DWF 参考底图的局部区域；使用 Imageadjust 命令可以控制图像的亮度、对比度和褪色度；使用 Imageclip 命令使用剪裁边界定义图像对象的局部区域；使用 Imagequality 命令控制图像的显示质量；使用 Transparency 命令管理和插入块、外部参照和填充图案等内容。

系统变量 DWFFRAME 用于确定 DWF 参考底图边框是否可见，默认为 2 显示但不打印 DWF 参考底图边框。系统变量 DWFOSNAP 用于确定是否为附着在图形中的 DWF 参考底图中的几何图形启用对象捕捉，默认为 1 启用附着在图形中的所有 DWF 参考底图中的几何图形的对象捕捉。系统变量 IMAGEHLT 用于控制是亮显整个光栅图像还是仅亮显光栅图像边框，默认为 0 仅亮显光栅图像边框。

6.13　采矿 CAD 中图案充填图元

在采矿设计图纸中经常会应用图案充填，尤其在地质图件中更是必不可少。在 AutoCAD 中给出了两种充填方式，即图案充填与渐变色充填。虽然软件中列数十种充填图案，但远无法满足矿业地质图件需求，需要第三方软件来完成自定义图案充填。如前面面域图元所述，图案充填图元无法进行布尔运算，而实际工作中获得的矿体往往是图案充填数据，且图案充填图元已经解除关联，没有了矿体边界。这时需要第三方软件来找到图案充填图元的边界，由此完成矿体面域的建立。常用图案充填图元类型及其信息见表 6-13。

表 6-13　图案充填图元信息

图元名称	图元数据	绘图命令	相关命令	系统变量
图案充填（HATCH）	类型、图案名 角度、比例 原点、间距 标高、关联 孤岛检测样式	Hatch Bhatch Gradient	Hatchedit matchprop（painter）	FILLMODE HPANG HPASSOC HPBOUND HPDOUBLE HPDRAWORDER HPGAPTOL HPINHERIT HPNAME HPOBJWARNING HPORIGIN HPORIGINMODE HPSCALE HPSEPARATE HPSPACE PICKSTYLE
渐变色充填（HATCH）	渐变色名称 渐变色角度 颜色1、颜色2 原点、置中 标高、关联 孤岛检测样式	同上	同上	

在图案充填中充填比例非常重要，它的大小决定了充填图案密度，直接影响充填效果。

在 AutoCAD 中使用 Hatch 命令（Bhatch 或 Gradient 命令）创建图案充填图元。如果是图案充填，首先选择充填类型和图案，再设定角度和比例，最后选取对象和选取点完成充填。如果是渐变色充填，首先选择颜色和方式，再设定方向，最后选取对象和选取点完成充填。

在 AutoCAD 中使用 Hatchedit 命令完成对图案充填图元的编辑。使用 matchprop 命令（painter 命令）可以快速完成图案充填图元的改变。

系统变量 FILLMODE 用于指定是否填充图案或不填充，默认为 1 时填充对象，为 0 时不填充。系统变量 HPANG 用于指定填充图案的角度，默认为 0。系统变量 HPASSOC 用于控制填充图案和渐变填充是否关联，默认为 1 填充图案和渐变填充与它们的边界关联，并且随边界的更改而更新。系统变量 HPBOUND 用于控制 BHATCH 和 BOUNDARY 命令创建的对象类型，默认为 1 创建多段线。系统变量 HPDOUBLE 用于指定用户定义图案的双向填充图案，默认为 0 关闭双向填充图案。系统变量 HPDRAWORDER 用于控制图案填充和填充的绘图次序，默认为 3 置于边界之后。系统变量 HPGAPTOL 用于将几乎封闭一个区域的一组对象视为闭合的图案填充边界，默认为 0（0~500）。系统变量 HPINHERIT 用于控制当在 HATCH 和 HATCHEDIT 命令中使用"继承特性"时，结果图案填充的图案填充原点，默认为 0 图案填充原点取自 HPORIGIN。系统变量 HPNAME 用于设置默认填充图案，默认为 ANSI31。系统变量 HPOBJWARNING 用于设置可以选择的图案填充边界对象数量，默认为 10000（上限 1 亿）。系统变量 HPORIGIN 用于相对于当前用户坐标系为新的图案填充对象设置图案填充原点，默认为 0。系统变量 HPORIGINMODE 用于控制 HATCH 确定默认图案填充原点的方式，默认为 0 使用 HPORIGIN 设置图案填充原点。系统变量 HPSCALE 用于指定填充图案的比例因子，其值不能为 0，默认为 1。系统变量 HPSEPARATE 用于控制在几个闭合边界上进行操作时，HATCH 是创建单个图案填充对象，还是分别创建各个图案填充对象，默认为 0 创建单个图案填充对象。系统变量 HPSPACE 用于指定用户定义的简单图案的填充图案线间距，其值不能为 0，默认为 1。系统变量 PICKSTYLE 用于控制编组选择和关联填充选择的使用，默认为 1 使用编组选择。

6.14 采矿 CAD 中图元编辑

图元编辑是绘图软件中非常重要的内容。在前一章采矿 CAD 图元绘制中都列有图元信息表，表中绘图命令是介绍建立该图元的方法，而相关命令则主要介绍针对该图元的图元编辑。

6.14.1 选择图元

若想完成对图元的编辑，首先要学会怎样选择图元。选择图元方式有如下三种：（1）逐个地选择图元；（2）选择多个图元；（3）过滤选择集。常用选择图元类型及其信息见表 6-14。

表 6-14 选择图元信息

编辑内容	编辑命令	相关命令	系统变量
逐个地选择图元	Select	Filter properties	CROSSINGAREACOLOR WINDOWAREACOLOR HIGHLIGHT LEGACYCTRLPICK PICKADD PICKAUTO PICKBOX PICKDRAG PICKFIRST SELECTIONPREVIEW
选择多个图元	同上	同上	
过滤选择集	Qselect		

在 AutoCAD 中使用 Select 命令创建选择集，使用 Qselect 命令创建过滤选择集。Select 命令创建的选择集可以单选、多选、全选、也可以带几何约束的选择，Qselect 命令创建的选择集是以多重属性约束为条件的选择集，对象类型、对象特性、对象所处应用范围都可以成为约束条件。在实际应用中可以组合使用，先使用 Select 命令创建选择集，再在此选择集基础上增加属性约束条件获得想要的选择集。

在 AutoCAD 中使用 Filter 命令按过滤条件创建当前选择集。使用 Properties 命令激活对象特性面板，面板中包含 Select 和 Qselect 命令。

系统变量 CROSSINGAREACOLO 用于控制交叉选择时选择区域的颜色，默认为 3 表示绿色。系统变量 WINDOWAREACOLOR 用于控制窗口选择时透明选择区域的颜色，默认为 5 表示蓝色。系统变量 HIGHLIGHT 用于控制对象的亮显，默认为 1 表示打开选定对象亮显。系统变量 LEGACYCTRLPICK 用于指定用于循环选择的键和 CTRL + 单击的操作，默认为 0 表示 CTRL + 单击的操作用于选择三维实体上的子对象（面、边和顶点）。系统变量 PICKADD 用于控制后续选择是替换当前选择集还是添加到其中，默认为 1 表示每个选定的对象和子对象（单独选择或通过窗口选择）都将添加到当前选择集。要从选择集中删除对象或子对象，请在选择对象时按住 Shift 键。系统变量 PICKAUTO 用于控制提示"选择对象"时是否自动显示选择窗口，默认为 1 表示在"选择对象"提示下自动绘制选择窗口（用于窗口选择或交叉选择）。系统变量 PICKBOX 用于以像素为单位设置对象选择目标的高度，默认为 3。系统变量 PICKDRAG 用于控制绘制选择窗口的方法，默认为 0 表示用单击两点法绘制选择窗口。系统变量 PICKFIRST 用于控制在发出命令之前（先选择后执行）还是之后选择对象，默认为 1 表示可以在发出命令之前选择对象。系统变量 SELECTIONPREVIEW 用于控制选择预览的显示。当拾取框光标滚动过对象时，对象将被亮显。这种选择预览方式表示通过单击可选定对象，默认为 3 表示开。

6.14.2 移动、旋转、对齐图元

可以将对象移到其他位置，也可以通过按角度或相对于其他对象进行旋转来修改对象的方向。其图元信息见表 6-15。

在 AutoCAD 中使用 Move 命令可以从原对象以指定的角度和方向移动对象，使用坐标、栅格捕捉、对象捕捉和其他工具可以精确移动对象。使用 3DMove 命令在三维视图中显示移动夹点工具，移动夹点工具使用户可以自由移动对象和子对象的选择集或将移动约

表 6-15 移动、旋转、对齐图元信息

编辑内容	编辑命令	相关命令	系统变量
移动	Move 3DMove	Chspace	GTAUTO
旋转	Rotate 3DRotate Rotate3d		
对齐	Align 3DAlign		

束到轴或面上。使用 Rotate 命令可以绕指定基点旋转图形中的对象，要确定旋转的角度，请输入角度值，使用光标进行拖动，或者指定参照角度，以便与绝对角度对齐。使用 3DRotate 命令在三维视图中显示旋转夹点工具，旋转夹点工具使用户可以自由旋转对象和子对象或将旋转约束到轴。使用 Rotate3D 命令可以根据两点、对象、X 轴、Y 轴或 Z 轴，或者当前视图的 Z 方向来指定旋转轴。使用 Align 命令可以通过移动、旋转或倾斜对象来使该对象与另一个对象对齐。使用 3DAlign 命令在三维视图中可以指定至多三个点以定义源平面，然后指定至多三个点以定义目标平面。

在 AutoCAD 中使用 Chspace 命令可以将对象从图纸空间移至模型空间。

系统变量 GTAUTO 用于控制在设置为三维视觉样式的视口中启动命令之前选择对象时，夹点工具是否自动显示。默认为 1 表示在启动命令之前创建选择集后，夹点工具将自动显示。

6.14.3 复制、偏移或镜像图元

可以在图形中创建对象的副本，副本可以与选定对象相同或相似。复制、偏移、镜像图元及其信息见表 6-16。

表 6-16 复制、偏移、镜像图元信息

编辑内容	编辑命令	相关命令	系统变量
复制	Copy	Array 3DArray	
偏移	Offset		OFFSETDIST OFFSETGAPTYPE
镜像	Mirror Mirror3D		MIRRTEXT

在 AutoCAD 中使用 Copy 命令可以从原对象以指定的角度和方向创建对象副本，使用坐标、栅格捕捉、对象捕捉和其他工具可以精确复制对象。使用 Offset 命令用于创建造型与选定对象造型平行的新对象。偏移圆或圆弧可以创建更大或更小的圆或圆弧，取决于向哪一侧偏移。二维多段线和样条曲线在偏移距离大于可调整的距离时将自动进行修剪。使

用 Mirror 命令可以绕指定轴翻转对象创建对称的镜像图像，可以选择是删除原对象还是保留原对象。使用 Mirror3D 命令可以通过指定镜像平面来镜像对象。

在 AutoCAD 中使用 Array 阵列命令可以在矩形或环形（圆形）阵列中创建对象的副本。使用 3DArray 阵列命令可以在三维空间中创建对象的矩形阵列或环形阵列。除了指定列数（X 方向）和行数（Y 方向）以外，还要指定层数（Z 方向）。

系统变量 OFFSETDIST 用于设置默认的偏移距离。默认为 −1 表示通过指定点偏移对象。系统变量 OFFSETGAPTYPE 用于控制偏移闭合多段线时处理线段之间的潜在间隙的方式。默认为 0 表示通过延伸多段线线段填充间隙；1 表示用圆角弧线段填充间隙（每个弧线段半径等于偏移距离）；2 表示用倒角直线段填充间隙（到每个倒角的垂直距离等于偏移距离）。系统变量 MIRRTEXT 用于控制 MIRROR 命令反映文字的方式。默认为 0 表示保持文字方向。

6.14.4 修改图元的形状和大小

可以使用几种方法调整现有对象相对于其他对象的长度变化，对象自身按比例缩放，以及对象的局部拉伸。延伸、修剪、拉长、拉伸、缩放图元及其信息见表 6-17。

表 6-17 延伸、修剪、拉长、拉伸、缩放图元信息

编辑内容	编辑命令	相关命令	系统变量
延伸 修剪	Extend Trim		EDGEMODE PROJMODE
拉长 拉伸	Lengthent Stretch		
缩放	Scale		

在 AutoCAD 中使用 Extend 命令可以延伸对象，使它们精确地延伸至由其他对象定义的边界边。无需退出 Extend 命令就可以修剪对象。按住 Shift 键并选择要修剪的对象。使用 Trim 命令可以修剪对象，使它们精确地终止于由其他对象定义的边界。对象既可以作为剪切边，也可以是被修剪的对象。延伸对象时可以不退出 Trim 命令。按住 Shift 键并选择要延伸的对象。使用 Lengthent 命令可以修改圆弧、椭圆弧的包含角，以及直线、开放的多段线、开放的样条曲线的长度。使用 Stretch 命令可以重定位穿过或在交叉选择窗口内的对象的端点。使用 Scale 命令可以将对象按统一比例放大或缩小，还可以利用参照进行缩放。要缩放对象，请指定基点和比例因子。

系统变量 EDGEMODE 用于控制 TRIM 和 EXTEND 命令确定边界的边和剪切边的方式。默认为 0 表示使用不带延伸线的选定边。系统变量 PROJMODE 用于设置修剪或延伸的当前投影模式。默认为 1 表示投影到当前 UCS 的 XY 平面上。

6.14.5 圆角、倒角、打断或合并图元

可以修改对象使其以圆角或平角相接。也可以在对象中创建闭合或间隔。圆角、倒角、打断、合并图元及其信息见表 6-18。

表 6-18 圆角、倒角、打断、合并图元信息

编辑内容	编辑命令	相关命令	系统变量
圆角 倒角	Fillet Chamfer		FILLETRAD CHAMMODE CHAMFERA CHAMFERB CHAMFERC CHAMFERD TRIMMODE
打断 合并	Break Join		

在 AutoCAD 中使用 Fillet 命令给对象加圆角，选择定义二维圆角所需的两个对象，或选择三维实体的边以便给其加圆角。使用 Chamfer 命令给对象加倒角，选择定义二维倒角所需的两条边或要倒角的三维实体的边。使用 Break 命令可以将一个对象打断为两个对象，对象之间可以具有间隙，也可以没有间隙。使用 Join 命令可以将多个对象合并为一个对象。

系统变量 FILLETRAD 用于存储当前的圆角半径，默认为 0。系统变量 CHAMMODE 用于设置 CHAMFER 的输入方法。默认为 0 表示需要两个倒角距离；1 表示需要一个倒角长度和一个角度。系统变量 CHAMFERA 用于当 CHAMMODE 设置为 0 时设置第一个倒角距离，默认为 0。系统变量 CHAMFERB 用于当 CHAMMODE 设置为 0 时设置第二个倒角距离，默认为 0。系统变量 CHAMFERC 用于当 CHAMMODE 设置为 1 时设置倒角长度，默认为 0。系统变量 CHAMFERD 用于当 CHAMMODE 设置为 1 时设置倒角角度，默认为 0。系统变量 TRIMMODE 用于控制是否修剪倒角和圆角选定边，默认为 1 表示将选定边修剪到倒角直线和圆角弧的端点。

6.14.6 使用夹点编辑图元

夹点是一些小方框，使用定点设备指定对象时，对象关键点上将出现夹点。可以拖动夹点直接而快速地拉伸、移动、旋转、缩放或镜像对象。例如使用夹点为多个旋转副本创建旋转捕捉的步骤：

（1）选择要旋转的对象。

（2）在对象上通过单击选择基夹点。

（3）按 Enter 键遍历夹点模式，直到显示夹点模式"旋转"。

（4）输入 c（复制）。

（5）移动定点设备并单击。

（6）按住 Ctrl 键并通过指定其他位置来放置其他副本。

（7）按 Enter 键、空格键或 Esc 键关闭夹点。

思考与习题

6-1 使用 AutoCAD 绘制带有大地坐标网格的图纸时，一般应采用什么绘图比例，为什么？

6-2 采矿 CAD 中有哪些常用基本图元？

6-3 简述移动、旋转、复制、偏移和镜像图元的编辑命令。

7 视图管理与精准绘图工具

在空间直角坐标系中有左手坐标系与右手坐标系之分，AutoCAD 采用的是右手坐标系。AutoCAD 坐标系又分为世界坐标系（WCS）和用户坐标系（UCS）。

我们把三维模型空间中观察模型的位置称之为视点，模型从空间中特定位置（视点）观察的图形表示称为视图。视口是显示用户模型的不同视图的区域，通常情况下在模型空间仅有一个视口。控制视口中边和着色的显示的一组设置称为视觉样式。

7.1 用户坐标系统

世界坐标系（WCS）是一种固定坐标系，用作定义所有对象和其他坐标系的基础。用户坐标系（UCS）是一种可移动坐标系，用于定义三维空间中 X、Y 和 Z 轴的方向。默认情况下，这两个坐标系在新图形中是重合的。在采矿 CAD 中为了保证所有图纸坐标的统一，采用世界坐标系确立坐标网，在此基础上进行图形绘制，所有坐标计算也都以世界坐标系为准。

要精确地输入坐标，可以使用几种坐标系输入方法。也可以重新定位和旋转用户坐标系，以便于使用坐标输入、栅格显示、栅格捕捉、正交模式和其他图形工具。实际上，所有坐标输入以及其他许多工具和操作，均参照当前的 UCS。

坐标可分为直角坐标和极坐标两种。直角坐标由 X、Y 和 Z 轴数据来定位点，极坐标使用距离和角度来定位点。使用直角坐标和极坐标，均可以基于原点（0，0，0）输入绝对坐标，或基于上一指定点输入相对坐标。输入相对坐标的另一种方法是：通过移动光标指定方向，然后直接输入距离。此方法称为直接距离输入。

（1）输入二维坐标。创建对象时，可以使用绝对或相对直角（矩形）坐标定位点。可以使用#前缀指定绝对坐标，如#5，5。使用@ 前缀指定相对坐标，如@5，5。创建对象时，也可以使用绝对极坐标或相对极坐标（距离和角度）定位点。极坐标以" < "符号分隔距离和角度。可以使用#前缀指定绝对坐标，如#5 < 90；使用@ 前缀指定相对坐标，如@5 < 90。

（2）输入三维坐标。创建对象时，可以使用绝对或相对直角（长方体）坐标定位点。可以使用#前缀指定绝对坐标，如#5，5，5；使用@ 前缀指定相对坐标，如@5，5，5。创建对象时，也可以使用绝对柱坐标或相对柱坐标（二维极坐标再加标高）定位点。柱坐标以"，"符号分隔二维极坐标与标高。可以使用#前缀指定绝对坐标，如#5 < 90，10；使用@ 前缀指定相对坐标，如@5 < 90，10。创建对象时，也可以使用绝对球坐标或相对球坐标（二维极坐标再加与 XY 平面夹角）定位点。球坐标以" < "符号分隔二维极坐标与平面夹角。可以使用#前缀指定绝对坐标，如#5 < 90 < 10；使用@ 前缀指定相对坐标，如@5 < 90 < 10。

（3）使用用户坐标系 UCS。可以使用以下方法重新定位用户坐标系（见表7-1）：1）通过定义新原点移动 UCS；2）将 UCS 与现有对象对齐；3）通过指定新原点和新 X 轴上的一点旋转 UCS；4）将当前 UCS 绕 Z 轴旋转指定的角度；5）恢复到上一个 UCS；6）以垂直于观察方向（平行于屏幕）的平面为 XY 平面，建立新的坐标系；7）恢复 UCS 以与 WCS 重合。每种方法均在 UCS 命令中有相对应的选项。一旦定义了 UCS，则可以为其命名并在需要再次使用时恢复。

也可以使用动态用户坐标系统（即激活状态栏中 DUCS 按钮，或按 F6 快捷键），在绘图时自动与三维实体上的面对齐，建立起临时动态坐标系。

表 7-1　用户坐标系管理信息

管理内容	命令	相关命令	系统变量
用户坐标系	Ucs	Ucsicon Ucsman	UCSFOLLOW UCSNAME UCSORG UCSDETECT

在 AutoCAD 中使用 Ucs 命令建立用户坐标系。

在 AutoCAD 中使用 Ucsicon 命令控制 UCS 图标的可见性和位置。使用 Ucsman 命令管理已定义的用户坐标系，包括显示和修改已定义但未命名的用户坐标系，恢复命名且正交的 UCS，指定视口中 UCS 图标和 UCS 设置。

系统变量 UCSFOLLOW 用于设置从一个 UCS 转换到另一个 UCS 时生成平面视图，默认为 0 表示 UCS 命令不影响视图变化。系统变量 UCSNAME 用于存储当前空间当前视口的当前坐标系名称，默认为空字符串。系统变量 UCSORG 用于存储当前空间当前视口的当前坐标系原点。该值总是以世界坐标形式保存。系统变量 UCSDETECT 用于控制是否已激活动态 UCS 获取，默认为 1 表示已经激活。

7.2　视口管理

在模型空间可以将绘图区域拆分成一个或多个相邻的矩形视图，称为模型空间视口。在大型或复杂的图形中，显示不同的视图可以缩短在单一视图中缩放或平移的时间。而且，在一个视图中出现的错误可能会在其他视图中表现出来。把显示视图的区域称为视口，见表7-2。

表 7-2　视口管理信息

管理内容	命令	相关命令	系统变量
视口	Vports _Vports	Pspace Mspace	

使用模型空间视口，可以完成以下操作：

（1）可以为视口不同排列命名；

（2）可以恢复命名视口；

（3）可以删除命名视口；

（4）可以拆分与合并模型空间视口；

（5）可以为每个视口设置单独的视图、视觉样式及 UCS 坐标系；

（6）执行命令时，可以从一个视口绘制到另一个视口。

在 AutoCAD 中使用 Vports 命令显示标准视口配置列表，并创建和配置模型空间视口。使用_Vports 命令可在命令行提示下，完成模型空间中模型空间视口的创建。

在 AutoCAD 中使用 Pspace 命令从模型空间切换到图纸空间视口。使用 Mspace 命令从图纸空间切换到模型空间视口。

7.3 视觉样式管理

在视口中通过隐藏线可增强图形功能并澄清设计，通过添加着色可生成更真实的模型图像。视觉样式就是反应控制视口中边和着色的显示的一组设置。一旦应用了视觉样式或更改了其设置，见表 7-3，就可以在视口中查看效果。通过更改视觉样式的特性，可以完成自定义视觉样式。三维图形显示和内存分配会降低系统的性能，可以通过自适应降级、性能调节和内存分配来实现系统性能的控制。

表 7-3　视觉样式管理信息

管理内容	命令	相关命令	系统变量
视觉样式	Visualstyles _Visualstyles	3dconfig Hide	VSFACEOPACITY VSFACESTYLE VSSILHEDGES VSSILHWIDTH VSINTERSECTIONEDGES VSINTERSECTIONCOLOR

ACAD 提供以下五种默认视觉样式：

（1）二维线框：显示用折线和曲线表示边界的对象。

（2）三维线框：显示用折线和曲线表示边界的对象。

（3）三维隐藏：显示用三维线框表示的消隐对象。

（4）真实：着色多边形平面间的对象，并使对象的边平滑化，着色真实。

（5）概念：着色多边形平面间的对象，并使对象的边平滑化。着色使用古氏面样式，一种冷色和暖色之间的过渡而不是从深色到浅色的过渡。效果缺乏真实感，但是可以更方便地查看模型的细节。

在 AutoCAD 中使用 Visualstyles 命令创建和修改视觉样式。使用_Visualstyles 命令可在命令行提示下，完成视口视觉样式的设置。

在 AutoCAD 中使用 3dconfig 命令完成自适应降级和性能调节设置。使用 Hide 命令重生成不显示隐藏线的三维线框模型。

系统变量 VSFACEOPACITY 用于控制当前视口中面的透明度，默认为 −60。取值范围为 −100 到 100。值为 100 时，面完全不透明。值为 0 时，面完全透明。负值用于设置透明度级别但会关闭图形中的效果。系统变量 VSFACESTYLE 用于控制如何在当前视口中显示面，默认为 1 表示真实，非常接近于面在现实中的表现方式。系统变量 VSSILHEDGES 用于控制应用于当前视口的视觉样式中的实体对象轮廓边的显示，默认为 0 表示真实。该值总是以世界坐标形式保存。系统变量 VSSILHWIDTH 用于以像素为单位指定当前视口中轮廓边的宽度。取值范围为 1～25，默认为 5。系统变量 VSINTERSECTIONEDGES 用于控制应用于当前视口的视觉样式中相交边的显示，默认为 0 表示关闭。系统变量 VSINTER-SECTIONCOLOR 用于指定应用于当前视口的视觉样式中相交多段线的颜色，默认为 7。

7.4 视图应用

从视点位置观察模型在空间中的图形被称为视图。对视图的操作管理（见表 7-4）包括：更改视图、三维观察工具使用、在模型空间中显示多个视图。

表 7-4 视图应用信息

应用内容	命令	相关命令	系统变量
平移与缩放	Pan 3dPan Zoom 3dZoom	Dsviewer Viewers Vtoptions	MBUTTONPAN ZOOMFACTOR VTENABLE VTDURATION WHIPARC
视点 命名视图 三维动态视图 三维观察 漫游与飞行 渲染图像 动画	Vpoint View（_View） Dview 3dorbit 3dwalk 3dfly Render Anipath	Ddvpoint 3ddistance 3dswivel 3dclip 3dorbitctr Camera Redraw Regen	PERSPECTIVE CAMERADISPLAY CAMERAHEIGHT LENSLENGTH BACKZ FRONTZ ZOOMFACTOR MBUTTONPAN

更改视图：可以放大图形中的细节以便仔细查看，或者将视图移动到图形的其他部分。如果按名称保存视图，可以在以后恢复它们。

三维观察工具使用：在三维中绘图时，用户可以使用三维观察工具显示不同的视图以便能够在图形中看见和验证三维效果。

在模型空间中显示多个视图：通过建立模型空间视口，可以同时查看多个视图。并可以将模型空间视口的排列保存起来以便随时重复使用。

在 AutoCAD 中使用 Pan 命令在当前视口中移动视图。使用 3dPan 命令在图形位于"透视"视图时，启用交互式三维视图并允许用户水平和垂直拖动视图。使用 Zoom 命令放大或缩小显示当前视口中对象的外观尺寸。使用 3dZoom 命令在透视视图中放大和缩小。使用 Vpoint 命令设置图形的三维直观观察方向。使用 View 命令保存和恢复命名视图、相机视图、布局视图和预设视图。使用_View 命令可在命令行提示下，完成视图保存、删除、恢复及设置。使用 Dview 命令使用相机和目标来定义平行投影或透视视图。使用 3dorbit 命令控制在三维空间中交互式查看对象。当 3dorbit 命令（或任意三维导航命令或模式）处于活动状态时，可以通过点击鼠标右键启动三维动态观察快捷菜单。可任选受约束的动态观察、自由动态观察、连续动态观察三种观察中一种。使用 3dwalk 命令交互式更改三维图形的视图，使用户就像在模型中漫游一样。使用 3dfly 命令交互式更改三维图形的视图，使用户就像在模型中飞行一样。使用 Render 命令创建三维线框或实体模型的照片级真实感着色图像。使用 Anipath 命令指定运动路径动画的设置并创建动画文件。

在 AutoCAD 中 Dsviewer 鸟瞰视图命令可以使用"鸟瞰视图"窗口快速修改当前视口中的视图。使用 Viewers 命令设置当前视口中对象的分辨率，Viewers 使用短矢量控制圆、圆弧、椭圆和样条曲线的外观。使用 Ddvpoint 视点预置命令设置三维观察方向。使用 3ddistance 调整视距命令启用交互式三维视图并使对象看起来更近或更远。使用 3dswivel 回旋命令沿拖动的方向更改视图的目标。使用 3dclip 命令启动交互式三维视图并打开"调整剪裁平面"窗口。使用 3dorbitctr 命令在三维动态观察视图中设置旋转的中心，将替代 3dorbit 命令的"自动目标"选项。使用 Camera 相机命令设置相机位置和目标位置，以创建并保存对象的三维透视视图。使用 Redraw 重画命令刷新当前视口中的显示。使用 Redraw 重生成命令从当前视口重生成整个图形。

系统变量 PERSPECTIVE 用于指定当前视口是否显示当前透视视图。值为 0 时，关闭透视视图，值为 1 时，打开透视视图。系统变量 CAMERADISPLAY 用于打开或关闭相机对象的显示，默认为 0 表示不显示，使用 CAMERA 命令时，值将更改为 1（以显示相机）。系统变量 CAMERAHEIGHT 用于为新相机对象指定默认高度，高度以当前图形单位表示。系统变量 LENSLENGTH 用于存储透视视图中使用的焦距（以毫米为单位），默认为 50。系统变量 BACKZ 用于以绘图单位存储当前视口后向剪裁平面到目标平面的偏移值。系统变量 FRONTZ 用于按图形单位存储当前视口中的前向剪裁平面距离目标平面的偏移量。系统变量 ZOOMFACTOR 用于控制向前或后滑动鼠标滚轮时，比例的变化程度。有效值为 3~100 之间的整数。数值越高，变化越大，默认为 60。系统变量 MBUTTON-PAN 用于控制定点设备上的第三按钮或滑轮的操作，默认为 1 表示当按住并拖动按钮或滑轮时，支持平移操作。

7.5 图 形 特 性

AutoCAD 中图形特性主要包含两种，一种是基本特性，适用于多数图元。例如图层、颜色、线型、线宽和打印样式。另一种是专用于某个对象的特性。例如，圆的特性包括半径和面积，直线的特性包括长度和角度。此类特性在第 6 章图元绘制中作为图元数据内容已经加以介绍，本章所讲图形特性主要是针对第一种特性，见表 7-5。此外，所有图元还都具有超级链接特性。

表 7-5 图形特性信息

特性内容	命令	相关命令	系统变量
特性修改	Chprop	Matchprop（Painter）Change Properties	

特性内容	命令	相关命令	系统变量
图层	Layer _Layer	特性修改 Purge Rename Copytolayer Laycur Laydel Layfrz Laythw Layiso Layuniso Laymch Laymrg Layoff Layon Laywalk	SHOWLAYERUSAGE CLAYER MAXSORT
颜色	Color _Color	特性修改 Layer	CECOLOR
线型	Linetype _Linetype	特性修改 Layer Purge Rename	CELTYPE CELTSCALE LTSCALE PLINEGEN
线宽	Lweight _Lweight	特性修改 Layer	LWDISPLAY LWUNITS LWDEFAULT
超级链接	Hyperlink _Hyperlink	Attachurl Detachurl Gotourl Hyperlinkoptions	HYPERLINKBASE

AutoCAD 中可以使用几种工具限制或锁定光标移动。对象捕捉可以指定捕捉到相对于现有对象的点（例如，直线的端点或圆的圆心），而不是坐标输入。此类工具功能在实现了高精度绘图同时也极大提高了绘图效率。

通过查询命令可以量取或选取图形中对象的相关信息。也可以获取图形特性及有用信息。

图元的颜色、线型、线宽和打印样式等图形特性多数是通过图层指定给对象的，也可以直接指定给对象。如果特性值设置为"随层"，则将为图元与其所在的图层指定相同的值。如果将特性设置为一个特定值，则该值将替代图层中设置的值。例如，如果将图层 0 上的直线指定为"蓝色"并将图层 0 指定为"红色"，则直线的颜色为蓝色。

此外，图元还都具有超级链接特性，超链接可以指向存储在本地、网络驱动器或 Internet 上的文件，也可以指向图形中的命名位置（例如视图）。

7.5.1 图形特性修改

针对第一种图形基本特性 AutoCAD 给出了多种修改方式，除了在图层管理中修改外，AutoCAD 给出了如下修改命令。

在 AutoCAD 中使用 Chprop 修改特性命令更改对象的特性。使用 Matchprop 或 Painter 特性匹配命令将选定对象的特性应用到其他对象。使用 Change 修改命令修改现有对象的特性。使用 Properties 特性命令激活特性面板，通过对象选择查看和修改现有对象的特性。

7.5.2 图层

在 AutoCAD 中引入图层特性后，对工程制图有了巨大贡献。基于二维绘图来说，首先 AutoCAD 提供了一张足够大的图纸，其次这张图纸又是由一张或无数张重叠透明（或非透明）图纸组成，每张图纸即是一个图层，0 图层是默认的唯一一张不可更改和删除的图纸。每张图纸（即图层）都有各自的功能，并执行线型、颜色及其他标准。图层特性的出现解决了手工图板绘图时期，一张图纸包含多个相关专业共同制图的繁琐，也解决了图纸中可以按功能或专业要求归类，保证图纸数据表达清晰，便于显示、编辑管理和输出打印。

绘图之前先确认所在图层（即当前层），如果图元的其他特性与当前图层不一致时，可以在不影响当前图层特性情况下，单独修改该图元的特性设置。

在 AutoCAD 中使用 Layer 命令显示图形中的图层的列表及其特性。可以添加、删除和重命名图层，修改其特性或添加说明。使用_Layer 命令在命令行提示下完成图层的添加、删除和重命名，以及修改其特性或添加说明。

在 AutoCAD 中除了使用特性修改中包含的命令完成图层修改外，还可以使用 Purge 清理命令删除未使用的命名对象，包括块定义、标注样式、图层、线型和文字样式。使用 Rename 重新命令更改命名对象的名称，包括图层、线型等图形特性。

此外，AutoCAD 中还提供了众多针对图层的操作，非常方便用户对图层的管理和使用。使用 Copytolayer 命令将一个或多个对象复制到其他图层。使用 Laycur 命令将选定对象所在的图层更改为当前图层。使用 Laydel 命令删除选定对象所在的图层和图层上的所有对象，然后从图形中清理图层。使用 Layfrz 命令冻结选定对象所在的图层。使用 Laythw 命令解冻所有图层。使用 Layiso 命令隔离选定对象所在的图层以关闭其他所有图层。使用 Layuniso 命令打开使用上一个 Layiso 命令关闭的图层。使用 Laymch 命令更改选定对象所在的图层，以使其匹配目标图层。使用 Laymrg 命令将选定的图层合并到目标图层，原图层自动删除。使用 Layoff 命令关闭选定对象所在的图层。使用 Layon 命令将打开所有图层。使用 Laywalk 命令显示图形中的图层列表，并动态显示列表中选择的图层上的对象。

系统变量 SHOWLAYERUSAGE 用于显示图层特性管理器中的图层状态图标是否处于使用状态，默认为 0 表示关闭，这将提高图层特性管理器的性能。系统变量 CLAYER 用于设置当前图层，默认为 0 层。系统变量 MAXSORT 用于设置由列表命令进行排序的符号名或块名的最大数目。如果项目总数超过了本系统变量的值，将不进行排序，默认为 1000。

7.5.3 颜色

在 AutoCAD 中引入颜色特性，再借助于彩色绘图机的使用，使得工程制图有了更强的视觉表现效果。基于二维彩色绘图来说，工程图不局限使用线型、线宽等特性来区分线条性质，还可以使用颜色加以区分。

为对象指定颜色时，有 AutoCAD 颜色索引（ACI）和 True Color 真色彩两种调色板常被使用。ACI 颜色是 AutoCAD 中使用的标准颜色。每一种颜色用一个 ACI 编号（1 到 255 之间的整数）标识。标准颜色名称仅适用于 1 到 7 号颜色。颜色指定如下：1 红、2 黄、3 绿、4 青、5 蓝、6 洋红、7 白/黑。也可以输入 Bylayer 或 Byblock 来确定对象颜色。真彩色使用 24 位颜色定义来显示 1600 万种颜色。指定真彩色时，可以使用 RGB 或 HSL 颜色模式。如果使用 RGB 颜色模式，则可以指定颜色的红、绿、蓝组合；如果使用 HSL 颜色模式，则可以指定颜色的色调、饱和度和亮度要素。此外，程序还包括几个标准 Pantone 配色系统。

在 AutoCAD 中使用 Color 命令设置绘制新对象的颜色。使用-Color 命令在命令行提示下完成绘制新对象的颜色设定。

在 AutoCAD 中除了通过图层 layer 命令指定对象的颜色，还可以使用特性修改中包含的命令完成对象颜色的修改。

系统变量 CECOLOR 用于设置新对象的颜色。有效值包括随层、随块以及从 1 到 255 的整数。真彩色的有效值是一个前面带有 RGB 的整数字符串，每个整数（1 到 255）之间用逗号分隔。真彩色设置的输入方式如下：RGB：000，000，000。默认为 BYLAYER（随层）。

7.5.4 线型

在 AutoCAD 中引入线型特性，它是工程制图中必不可少的特性。基于二维绘图来说，工程图是使用不同线型来区分线条工程性质的。如采用虚线绘制巷道则代表此段巷道不可见。

为对象指定线型时，有两种包括线型定义文件 acad. lin 和 acadiso. lin 可被使用。如果使用英制单位，请使用 acad. lin 文件。如果使用公制系统，请使用 acadiso. lin 文件。此外，用户还可以根据专业需要自定义线型文件供加载使用。在特性工具栏上的线型控件中包含所有线型，当没有加载任何线型定义文件时，线型控件中也会包含随层、随块和 CONTINUOUS 三种线型，线型控件中显示的是当前线型，新对象都是使用当前线型创建，可在线型控件中修改当前线型。

在 AutoCAD 中使用 Linetype 命令加载、设置和修改线型。使用_Linetype 命令在命令行提示下完成线型的创建、加载与设置。

在 AutoCAD 中除了通过图层 layer 命令指定对象的线型，还可以使用特性修改中包含的命令完成对象线型的修改。此外，还可以使用 Purge 清理命令删除未使用的命名对象，包括块定义、标注样式、图层、线型和文字样式。使用 Rename 重新命令更改命名对象的名称，包括图层、线型等图形特性。

系统变量 CELTYPE 用于设置新对象的线型，默认为 BYLAYER（随层）。系统变量

CELTSCALE 用于设置当前对象的线型比例因子，默认为 1。系统变量 LTSCALE 用于更改图形中所有对象的线型比例因子，修改线型的比例因子将导致重生成图形，默认为 1。系统变量 PLINEGEN 用于设置围绕二维多段线的顶点生成线型图案的方式，即线型图案在整条多段线中是位于每条线段的中央，还是连续跨越顶点。默认为 0 表示线型图案在整条多段线中是位于每条线段的中央。

7.5.5 线宽

在 AutoCAD 中引入线宽特性，同样是工程制图中必不可少的特性。基于二维绘图来说，工程图是使用不同线宽来区分线条工程性质的。如露天矿台阶坡顶线要采用粗线条，坡底线要采用细线条。

在模型空间中，线宽以像素显示，并且在缩放时不发生变化。线宽的显示可以由状态栏中线宽按钮来控制。在特性工具栏上的线宽控件中包含很多线宽值，也包含随层、随块和默认三种线宽。线宽控件中显示的是当前线宽，新对象都是使用当前线宽创建，可在线宽控件中修改当前线宽。

在 AutoCAD 中使用 Lweight 命令设置当前线宽、线宽显示选项和线宽单位。使用_Lweight 命令在命令行提示下输入新对象的线宽值。

在 AutoCAD 中除了通过图层 layer 命令指定对象的线宽，还可以使用特性修改中包含的命令完成对象线宽的修改。

系统变量 LWDISPLAY 用于控制是否显示线宽，默认为 0 表示不显示。系统变量 LWUNITS 用于控制线宽单位是以英寸显示还是以毫米显示，默认为 1 表示毫米。系统变量 LWDEFAULT 用于设置默认线宽值。以毫米的百分之一为单位将默认线宽设置为任一有效线宽，默认为 25 表示 0.25 毫米。

7.5.6 超链接

超链接提供了一种简单而有效的方式，可快速地将各种文档（例如其他图形、明细表或工程计划）与图形相关联。此功能特性并不影响工程图绘制，但它是工程项目汇报中非常实用的功能。

在 AutoCAD 中使用 Hyperlink 命令在对象上附着超链接或修改对象现有的超链接。使用-Hyperlink 命令在命令行提示下，删除超链接或为对象或区域附着超链接。

在 AutoCAD 中使用 Attachurl 命令将超链接附着到图形中的对象或区域，其与_Hyperlink 命令区别在于超链接不能为当前图形中的命名视图。使用 Detachurl 命令删除图形中选取对象的超链接。使用 Gotourl 命令选择包含附着超级链接的对象，将打开与该超链接关联的文件或 Web 页（URL）。使用 Hyperlinkoptions 命令控制超链接光标、工具栏提示和快捷菜单的显示，如果选择"否"，将无法访问超链接。

系统变量 HYPERLINKBASE 用于指定图形中用于所有相对超链接的路径。

7.6 精准绘图辅助工具

在 AutoCAD 中要实现精准绘图除了前一章介绍的用户坐标系外，还需要的辅助工具主要有：栅格捕捉、正交模式、极轴追踪、对象捕捉、对象捕捉追踪、动态输入，见表 7-6。

表 7-6   精准绘图辅助工具信息

辅助内容	命令	相关命令	系统变量
栅格捕捉	Grid（F7） Snap（F9）	Dsettings Limits	GRIDMODE GRIDUNIT GRIDDISPLAY LIMCHECK SNAPMODE SNAPUNIT SNAPSTYL SNAPTYPE
正交模式	Ortho（F8）		ORTHOMODE
极轴追踪	F10	Dsettings Units	POLARMODE POLARANG POLARDIST TRACKPATH
对象捕捉	Osnap（F3） _Osnap	Dsettings Aperture	OSMODE APBOX AUTOSNAP
对象捕捉追踪	F11	Dsettings	POLARMODE AUTOSNAP TRACKPATH
动态输入	F12	Dsettings	DYNMODE DYNDIGRIP DYNDIVIS DYNPICOORDS DYNPIFORMAT DYNPIVIS DYNPROMPT DYNTOOLTIPS

    启用上述工具可以在状态栏上的"捕捉""栅格""极轴""对象捕捉""对象追踪"或"动态"上直接单击或单击鼠标右键并单击"设置"。也可以使用 Dsettings 草图设置命令进行设置。还可以直接使用 Fn 功能快捷键直接激活。比如 F3 是对象捕捉开关快捷键。在实际绘图时，上述工具往往根据需要进行组合使用。

7.6.1 栅格捕捉

    在 AutoCAD 中栅格与捕捉是两个不同的功能内容。在传统绘图中有种叫做米格纸的作图纸，栅格的原意大概来源于此，即在图纸的限定范围内按一定的网格间距显示点矩阵，此功能称为栅格。绘图时如果限制十字光标，使其按照用户定义的间距移动，此功能称为捕捉。当栅格与捕捉功能同时开启，并设置相同的网格间距，此时呈现的是直观的栅格捕捉功能。

在 AutoCAD 中使用 Grid 命令在当前视口中显示栅格。F7 是栅格功能开关的快捷键。使用 Snap 命令规定光标按指定的间距移动。F9 是捕捉功能开关的快捷键。

在 AutoCAD 的 Dsettings 命令中提供栅格和捕捉设置卡。使用 Limits 图形界限命令设置并控制栅格显示的界限。

系统变量 GRIDMODE 用于指定栅格的开关状态，默认为 0 表示关闭。系统变量 GRIDUNIT 用于指定当前视口的栅格间距，默认为 10，10 毫米。系统变量 GRIDDISPLAY 用于控制栅格的显示行为和显示界限，默认为 3 表示打开栅格密度的自适应栅格显示，且不受图形界限限制。系统变量 LIMCHECK 用于控制是否可以在栅格界限之外创建对象，默认为 0 表示可以在图形界限外创建对象。

系统变量 SNAPMODE 用于捕捉的开关状态，默认为 0 表示关闭。系统变量 SNAPUNIT 用于设置当前视口的捕捉间距，默认为 10，表示 10 毫米。系统变量 SNAPSTYL 用于设置当前视口的捕捉样式，默认为 0 表示标准（正交捕捉），1 表示等轴测捕捉。系统变量 SNAPTYPE 用于设置当前视口的捕捉类型，默认为 0 表示栅格或标准捕捉，1 表示极轴捕捉。

7.6.2　正交模式

在传统绘图中采用丁字尺画线，其最大的功能在于沿着水平或垂直画线，AutoCAD 中正交的原意大概也来源于此，即可以将光标限制在水平或垂直方向上移动，以便于精确地创建和修改对象。当正交与捕捉功能同时开启，则呈现的是在正交方向上按捕捉间距移动光标，即正交捕捉功能。

在 AutoCAD 中使用 Ortho 命令限定光标在水平方向或垂直方向移动。F8 是正交功能开关的快捷键。

系统变量 ORTHOMODE 用于限定光标在正交方向移动，默认为 0 表示关闭。

7.6.3　极轴追踪

正交模式限制光标在水平或垂直方向移动，极轴追踪则是限制光标按指定角度方向进行移动。当极轴追踪与捕捉功能同时开启，则呈现的是在指定角度方向上按捕捉间距移动光标，即极轴捕捉功能。

在 AutoCAD 中使用 F10 完成极轴功能开关转换。

在 AutoCAD 的 Dsettings 命令中提供极轴追踪设置卡片。使用 Units 命令方向的基准角度。

系统变量 POLARMODE 用于控制极轴追踪和对象捕捉追踪设置，默认为 0 表示极轴角的测量方式为基于当前 UCS 测量极轴角（绝对角度），对象捕捉追踪方式为仅按正交方式追踪，获取对象捕捉追踪点的方式为自动获取。系统变量 POLARANG 用于设置极轴角增量，默认为 90。系统变量 POLARDIST 用于设置极轴捕捉类型下的捕捉增量，默认为 0。系统变量 TRACKPATH 用于控制极轴追踪和对象捕捉追踪极轴方向的显示，默认为 0 表示全屏显示极轴追踪和对象捕捉追踪方向。

7.6.4 对象捕捉

每个对象都有其特征点，比如圆有圆心、直线有端点和中点等等，能够捕捉到对象上的精确位置的功能称为对象捕捉。对象捕捉功能极大增强了辅助设计绘图功能，不论何时提示输入点，都可以指定对象捕捉。默认情况下，当光标移到对象的对象捕捉位置时，将显示标记和工具栏提示。此功能称为 AutoSnap（自动捕捉），提供了视觉提示，指示哪些对象捕捉正在使用。

在 AutoCAD 中使用 Osnap 命令设置执行对象捕捉模式。F8 是对象捕捉功能开关的快捷键。

在 AutoCAD 的 Dsettings 命令中提供对象捕捉及对象捕捉追踪设置卡片。使用 Aperture 命令控制对象捕捉靶框大小。

系统变量 OSMODE 用于设置执行的对象捕捉模式，默认为 4133 表示对象的端点、圆心、交点、延伸可被捕捉。系统变量 APBOX 用于打开或关闭 AutoSnap（自动捕捉）靶框的显示，默认为 0 表示关闭。系统变量 AUTOSNAP 用于控制自动捕捉标记、工具栏提示和磁吸的显示，默认为 63 表示全部显示。

7.6.5 对象捕捉追踪

将对象捕捉与极轴追踪功能组合，即可以在对象捕捉前提下按极轴追踪方式进行绘制。与对象捕捉一起使用对象捕捉追踪，必须设置对象捕捉，才能从对象的捕捉点进行追踪。

在 AutoCAD 中使用 F11 完成对象捕捉追踪功能开关转换。

在 AutoCAD 的 Dsettings 命令中提供对象捕捉及对象捕捉追踪设置卡片。

系统变量 POLARMODE 用于控制极轴追踪和对象捕捉追踪设置，默认为 0 表示极轴角的测量方式为基于当前 UCS 测量极轴角（绝对角度），对象捕捉追踪方式为仅按正交方式追踪，获取对象捕捉追踪点的方式为自动获取。系统变量 AUTOSNAP 用于控制自动捕捉标记、工具栏提示和磁吸的显示，默认为 63 表示全部显示。系统变量 TRACKPATH 用于控制极轴追踪和对象捕捉追踪极轴方向的显示，默认为 0 表示全屏显示极轴追踪和对象捕捉追踪方向。

7.6.6 动态输入

所谓动态输入就是在光标附近提供了一个命令界面，以帮助用户专注于绘图区域。启用动态输入时，工具栏提示将在光标附近显示信息，该信息会随着光标移动而动态更新。当某条命令为活动时，工具栏提示将为用户提供输入的位置。

在 AutoCAD 中使用 F12 完成对象捕捉追踪功能开关转换。

在 AutoCAD 的 Dsettings 命令中提供动态输入设置卡片。

系统变量 DYNMODE 用于打开或关闭动态输入功能，默认为 3 表示同时打开指针和标注输入。系统变量 DYNDIGRIP 用于控制在夹点拉伸编辑期间显示哪些动态标注，默认为 31 表示全部显示。系统变量 DYNDIVIS 用于控制在夹点拉伸编辑期间显示的动态标注数量，默认为 1 表示仅显示循环次序中的前两个动态标注。系统变量 DYNPICOORDS 用于控制指针输入是使用相对坐标格式，还是使用绝对坐标格式，默认为 0 表示绝对坐标。系统变量 DYNPIFORMAT 用于控制指针输入是使用极轴坐标格式，还是使用笛卡尔坐标格式，默认为 0 表示极轴。系统变量 DYNPIVIS 用于控制何时显示指针输入，默认为 1 表示提示输入点时自动显示。系统变量 DYNPROMPT 用于控制"动态输入"工具栏提示中的提示的显示，默认为 1 表示开。系统变量 DYNTOOLTIPS 用于控制受工具栏提示外观设置影响的工具栏提示，默认为 1 表示所有绘图工具栏提示。

7.7 信 息 查 询

在 AutoCAD 中查询命令可以提供图形中对象的相关信息。查询命令分为两类：一类是通过人机交互在屏幕上量取而所获得的信息，如：距离命令。另一类是通过对已有图元选取而获取的信息，如列表命令，见表 7-7。

表 7-7 信息查询信息

辅助内容	命令	相关命令	系统变量
量取信息	Id Dist	Units	DISTANCE
选取信息	Area List Massprop	Units Properties	AREA PERIMETER

7.7.1 量取信息

在 AutoCAD 中使用 Id 点坐标命令通过屏幕位置点的量取，位置点的 UCS 坐标显示在命令行上。使用 Dist 距离命令通过屏幕两个位置点的量取，在命令行上将报告点之间的实际三维距离。XY 平面中的倾角相对于当前 X 轴。与 XY 平面的夹角相对于当前 XY 平面；以及 X，Y，Z 的坐标增量。

在 AutoCAD 中使用 Units 单位命令设置图形单位，控制坐标和角度的显示格式和精度。

系统变量 DISTANCE 用于存储 DIST 命令计算出的距离。

7.7.2 选取信息

在 AutoCAD 中使用 Area 面积命令通过图元的选取，图元的面积和周长显示在命令行上。可选择的图元包括圆、椭圆、样条曲线、多段线、多边形、面域和实体。使用 List 列表命令通过图元的选取，文本窗口将显示图元类型、图元图层、相对于当前用户坐标系（UCS）的 X、Y、Z 位置以及图元是位于模型空间还是图纸空间，以及特定图元相关的附加信息。使用 Massprop 质量特性命令通过图元的选取，在文本窗口中显示质量特性，并询问是否将质量特性写入文本文件。可选择的图元仅限于面域和三维实体。

在 AutoCAD 中使用 Units 单位命令设置图形单位，控制坐标和角度的显示格式和精度。在 AutoCAD 中使用 Properties 特性命令，在"特性"选项板中可列出某个选定图元的特性信息。

系统变量 AREA 用于存储 AREA 命令计算出的面积。系统变量 PERIMETER 用于存储 AREA 命令计算出的周长。

思考与习题

7-1   AutoCAD 引入图层特性带来了哪些积极意义，怎样显示新建、清除某个图层?

7-2   怎样改变线型类型、颜色和线宽?

7-3   怎样设置开关格栅捕捉、正交模式、对象捕捉?

8 采矿 CAD 中自定义应用

AutoCAD 平台是开放式结构的通用绘图系统，它的许多功能可以自定义和扩展。因此，用户可以根据需要扩展和调整 AutoCAD。AutoCAD 自定义包括：组织文件、自定义工具选项板、创建自定义样板、在 AutoCAD 中运行外部程序和实用程序、定义命令别名、创建自定义线型、填充图案、形和字体、自定义用户界面、自定义状态行、通过编写脚本自动完成重复性任务、自定义命令等。

在采矿制图中，会有特殊的线型及充填图案使用，简单的宏命令编制也是扩展 Auto-CAD 应用的途径。因此，本章主要针对形、线型、填充图案、VBA 宏命令的自定义加以详细讲解和说明。

8.1　采矿 CAD 中自定义形

8.1.1　形是什么

形是一种对象，其用法与块相似。首先使用 LOAD 命令加载包含形定义的编译形 SHX 文件。然后使用 SHAPE 命令将该文件中的形插入图形。将形加入图形时，可进行缩放和旋转。

形可以由用户自定义，用户在扩展名为 . shp 的特殊格式的文本文件中输入形的定义，然后使用 COMPILE 命令编译该 ASCII 文件，并生成同名的 SHX 文件。

AutoCADSHP 字体是一种特殊类型的形文件，其定义方式与形文件定义方式相同。如果形定义文件定义的是字体，可使用 STYLE 命令定义文字样式，然后用文字位置命令（TEXT 或 MTEXT）将字符放入图形。对字体形文件定义不做介绍。

与形相比，块更容易使用，且用途更加广泛。但对 AutoCAD 而言，形的存储和绘制更加高效。如果用户必须重复插入一个简单图形或者速度非常重要，用户定义的形将非常有用。更主要的是形可以作为线型定义的一部分，是复杂线型定义不可缺少的内容。

8.1.2　形定义

形定义文件可用文本编辑器或能将文件存为 ASCII 格式的字处理器创建或编辑。形定义文件的每一行最多可包含 128 个字符，超过此长度的行不能编译。由于 AutoCAD 忽略空行和分号右侧的文字，所以可以在形定义文件中嵌入注释。

每个形定义都有一个标题行，以及一行或多行定义字节。这些定义字节之间用逗号分隔，最后以 0 结束。格式如下：

　＊shapenumber,defbytes,shapename

　specbyte1,specbyte2,specbyte3,...,0

形定义的各个字段含义如下。

shapenumber：文件中唯一的一个 1 到 258 之间的数字，前面带有星号（＊）。

defbytes：形定义的数据字节（specbytes）的数目，包括末尾的零。每个形最多可有 2，000 个字节。

shapename：形的名称。形的名称必须大写，通常用作字体形定义的标签。

Specbyte?：形定义字节。每个定义字节都是一个代码，或者定义矢量长度和方向，或者是特殊代码的对应值之一。如：代码 0 标识形定义结束，代码 1 标识落笔模式，代码 2 标识提笔模式。

简单的形定义字节在一个定义字节（一个 specbyte 字段）中包含矢量长度和方向的编码。每个矢量的长度和方向代码是一个三字符的字符串。第一个字符必须为 0，用于指示 AutoCAD 将后面的两个字符解释为十六进制值。第二个字符指定矢量的长度。有效的十六进制值的范围是从 1（1 个单位长度）到 F（15 个单位长度）。第三个字符指定矢量的方向。图 8-1 展示了方向代码，且所有矢量都按同样的长度定义绘制。

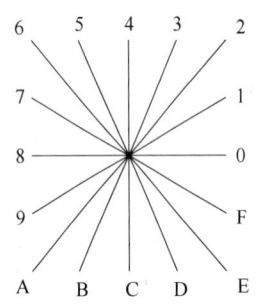 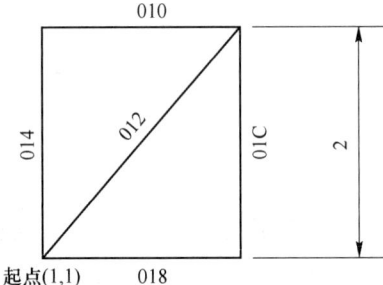

图 8-1　方向代码

下例构造名为 DBOX 的形，指定形的编号为 230。

＊230,6,DBOX

014,010,01C,018,012,0

上述定义字节序列定义了一个单位长度乘一个单位宽度的方框，带有从左下角到右上角的对角线。将文件保存为 dbox. shp 后，使用 COMPILE 命令生成 dbox. shx 文件。使用 LOAD 命令加载包含此定义的形文件，然后按照如下方式使用 SHAPE 命令：

命令：shape

输入形名称(或?)：dbox

指定插入点：1,1

指定高度＜当前值＞：2

指定旋转角度＜当前值＞：0

8.1.3　几个有用的形定义

（1）"X"形定义。指定形的编号为 231，形的名称为 XS。

＊231,10,XS

2,01A,1,022,2,01A,016,1,02E,0

（2）"XX"形定义。指定形的编号为 232，形的名称为 XXS。

＊232,10,XXS

2,028,7,231,2,014,030,7,231,0

（3）"T"形定义。指定形的编号为233，形的名称为 TS。

＊233,9,TS

2,018,1,020,2,018,1,014,0

（4）"TT"形定义。指定形的编号为234，形的名称为 TTS。

＊234,10,TTS

2,018,7,233,2,020,01C,7,233,0

将以上形定义保存为 CK. SHP 形文件，使用 COMPILE 命令编译生成 CK. SHX 文件供以后自定义线型使用。

8.2　采矿 CAD 中自定义线型

8.2.1　线型是什么

线型是由沿图线显示的线、点和间隔组成的图样。AutoCAD 中包含的 LIN 文件为 acad. lin 和 acadiso. lin。如果使用英制单位，请使用 acad. lin 文件。如果使用公制系统，请使用 acadiso. lin 文件。线型 acad. lin 和 acadiso. lin 文件中提供了标准线型库。线型必须加载后才能使用它，AutoCAD 中使用 LINETYPE 命令加载线型文件中的线型。

线型可以由用户自定义，用户在扩展名为 . lin 的特殊格式的文本文件中输入线型的定义。线型定义确定了特定的点划线序列、划线和空移的相对长度以及所包含的任何文字或形的特征。一个 LIN 文件可以包含许多简单线型和复杂线型的定义。用户可以将新线型添加到现有 LIN 文件中，也可以创建自己的 LIN 文件。

8.2.2　简单线型定义

在线型定义文件中用两行文字定义一种线型。第一行包括线型名称和可选说明。第二行是定义实际线型图案的代码。

第二行必须以字母 A（对齐）开头，其后是一列图案描述符，用于定义提笔长度（空移）、落笔长度（划线）和点。通过将分号（;）置于行首，可以在 LIN 文件中加入注释。

线型定义的格式为：

＊linetype_name,description

A,descriptor1,descriptor2,...

线型定义各个字段含义如下。

linetype_name：线型名称字段以星号（＊）开头，并且应该为线型提供唯一的描述性名称。

Description：线型说明有助于用户在编辑 LIN 文件时更直观地了解线型。该说明还显示在"线型管理器"以及"加载或重载线型"对话框中。说明是可选的。

A：当前，AutoCAD 仅支持 A 类对齐，用于保证直线和圆弧的端点以划线开始和结束。

Descriptor?：每个图案描述符字段指定用来弥补由逗号（禁用空格）分隔的线型的线段长度：正数表示相应长度的落笔线段，负数表示相应长度的提笔线段，0 表示绘制一个点。每种线型最多可以输入 12 种划线长度规格，但是这些规格必须在 LIN 文件的一行中，并且长度不超过 80 个字符。

例如，名为 DASHDOT 的线型定义为：

＊DASHDOT,Dash dot ＿．＿．＿．＿．＿．＿．＿

A,. 5 , － . 25,0 , － . 25

这表示一种重复图案，以 0.5 个图形单位长度的划线开头，然后是 0.25 个图形单位长度的空移、一个点和另一个 0.25 个图形单位长度的空移。该图案延续至直线的全长，并以 0.5 个图形单位长度的划线结束。该线型如下所示：

＿．＿．＿．＿．＿．＿．＿

8.2.3　含文字的线型定义

线型中可以包含字体中的字符，嵌入直线的字符始终完整显示，不会被截断。嵌入的文字字符与图形中的文字样式相关。加载线型之前，图形中必须存在与线型相关联的文字样式。

在线型说明中添加文字字符的格式如下所示：

[" text ",textstylename,scale,rotation,xoffset,yoffset]

text：要在线型中使用的字符。

textstylename：要使用的文字样式的名称。如果未指定文字样式，AutoCAD 将使用当前定义的样式。

scale：S＝值。要用于文字样式的缩放比例与线型的比例相关。文字样式的高度需乘以缩放比例。如果高度为 0，则 S＝值的值本身用作高度。

rotation：R＝值或 A＝值。R＝指定相对于直线的相对或相切旋转。A＝指定文字相对于原点的绝对旋转，即所有文字不论其相对于直线的位置如何，都将进行相同的旋转。可以在值后附加 d 表示度（度为默认值），附加 r 表示弧度，或者附加 g 表示百分度。如果省略旋转，则相对旋转为 0。旋转是围绕基线和实际大写高度之间的中点进行的。

xoffset：X＝值。文字在线型的 X 轴方向上沿直线的移动。使用该字段控制文字与前面提笔或落笔笔画间的距离。该值不能按照 S＝值定义的缩放比例进行缩放，但是它可以根据线型进行缩放。

yoffset：Y＝值。文字在线型的 Y 轴方向垂直于该直线的移动。使用此字段控制文字相对于直线的垂直对齐。该值不能按照 S＝值定义的缩放比例进行缩放，但是它可以根据线型进行缩放。

下例是在简单线型中加入文字，线型名为 HOT_WATER_SUPPLY 的线型定义为：

＊HOT_WATER_SUPPLY,----HW----HW----HW----HW----HW----

A,0. 5 , － 0. 2 ,[" HW ",STANDARD,S＝0. 1 ,R＝0. 0 ,X＝－ 0. 1 ,Y＝－ 0. 05], － 0. 2

这表示一种重复图案，以 0.5 个图形单位长度的划线开头，然后是 0.2 个图形单位长度的空移、具有一定缩放比例和位置参数的字符 HW 以及另一个 0.2 个图形单位长度的空移。文字字符来自指定给 STANDARD 文字样式的文字字体，缩放比例为 0.1、相对旋转角度为 0 度、X 偏移为 -0.1、Y 偏移为 -0.05。该图案继续直线长度，以长度为 0.5 个图形单位的划线结束。该线型如下所示：

HW—HW—HW—HW—HW—HW—

8.2.4 含形的线型定义

复杂线型可以包含嵌入的形，嵌入直线的形始终完整显示，不会被截断。嵌入的文字字符与图形中的文字样式相关。加载线型之前，图形中必须存在与线型相关联的文字样式。

在线型说明中添加形的格式如下所示：

[shapename, shxfilename] 或

[shapename, shapefilename, scale, rotate, xoffset, yoffset]

语法中字段的含义：

shapename：要绘制的形的名称。必须包含此字段。如果省略，则线型定义失败。如果指定的形文件中没有 shapename，则继续绘制线型，但不包括嵌入的形。

shapefilename：编译后的形定义文件（SHX）的名称。如果省略，则线型定义失败。如果 shapefilename 未指定路径，则从库路径中搜索此文件。如果 shapefilename 包括完整的路径，但在该位置未找到该文件，则截去前缀，并从库路径中搜索此文件。如果未找到，则继续绘制线型，但不包括嵌入的形。

scale：S = value。形的比例用作比例因子，与形内部定义的比例相乘。如果内部定义的形比例为 0（零），则 S = value 单独用作比例。

rotate：R = value 或 A = value。R = 指定相对于直线的相对或切向旋转。A = 指定形相对于原点的绝对旋转。所有的形都作相同的旋转，而跟其与直线的相对位置无关。可以在值后附加 d 表示度（如果省略，度为默认值），附加 r 表示弧度，或者附加 g 表示百分度。如果省略旋转，则相对旋转为 0。

xoffset：X = value。形相对于线型定义顶点末端在 X 轴方向上所作的移动。该值不会按照 S = 定义的缩放比例进行缩放。

yoffset：Y = value。形相对于线型定义顶点末端在 Y 轴方向上所作的移动。该值不会按照 S = 定义的缩放比例进行缩放。

下例是在简单线型中加入形，线型名为 Blasting_warning_line1 的爆破警戒线的线型定义为：

* Blasting_warning_line1 , ---X---X---X---

A, 20, -5, [XS," C:\Users\dell\Desktop\ck. shx "], -5

除了方括号中的代码以外，所有内容都与简单线型的定义一致。

该线型如下所示：

X—X—X—X—X—X—

8.3　采矿 CAD 中自定义充填图案

8.3.1　充填图案是什么

充填图案是一组由直线图形构建的图案，用于充填某给定闭合区域。AutoCAD 中

acad. pat 文件和 acadiso. pat 文件提供了标准填充图案库。用户可以直接使用已有的填充图案，也可以对它们进行修改或创建自己的自定义填充图案。将图案单独保存时，文件名必须与图案名相同。例如，名为 PIT 的图案必须保存在文件 PIT. pat 中。同时文件 PIT. pat 要确保在 AutoCAD 能够搜索到的支持路径文件夹内。

8.3.2　充填图案定义

在充填图案定义文件中第一行是标题行，包括充填图案名称和可选说明，必须以星号开头，最多包含 31 个字符。后面紧跟着是一行或多行充填线型描述符。通过将分号（;）置于行首，可以在 PAT 文件中加入注释。

充填图案定义的格式为：

∗ pattern-name, description

angle, x-origin, y-origin, delta-x, delta-y, dash-1, dash-2, ...

语法中字段的含义如下。

pattern-name：充填图案名字段以星号（∗）开头，并且应该为充填图案提供唯一的描述性名称。

Description：充填图案说明有助于用户在编辑 PAT 文件时更直观地了解充填图案，该说明是可选的。

angle：直线绘制初始角度，填充图案对话框中角度是以此角度为基准而增加的相对角度。

x-origin：充填图案起点坐标 x 值。

y-origin：充填图案起点坐标 y 值。

delta-x：增量 x 的值表示直线族成员之间在直线方向上的位移。它仅适用于虚线。

delta-y：增量 y 的值表示直线族成员之间的间距；也就是到直线的垂直距离。

dash-?：描述在直线方向上由落笔和提笔分隔的线段长度。

另外，图案定义中的每一行最多可以包含 80 个字符。可以包含字母、数字和以下特殊字符：下划线（_）、连字号（-）和美元符号（$）。但是，图案定义必须以字母或数字开头，而不能以特殊字符开头。每条图案直线都被认为是直线族的第一个成员，是通过应用两个方向上的偏移增量生成无数平行线来创建的。直线被认为是无限延伸的，虚线图案叠加于直线之上。

例如，名为 PIT1 的实线图案充填定义为：

∗ PIT1, oblique line45 /////

45,0,0,0,15

第一行中的图案名为 ∗ PIT1，后跟说明 oblique line45 /////。这种简单的图案定义指定以 45°角绘制直线，填充线族中的第一条直线要经过图形原点（0，0），并且填充线之间的间距为 15 个图形单位。

又如，名为 PIT2 的虚线图案充填定义为：

∗ PIT2, dashed oblique line45 /////

45,0,0,0,15,10,-5

第一行中的图案名为 ∗ PIT2，后跟说明 dashed oblique line45 /////。这种简单的图案定义指定以 45°角绘制虚直线，填充线族中的第一条虚直线要经过图形原点（0，0），并且填充虚线之间的间距为 15 个图形单位。实线长为 10 个图形单位，实线间距为 5 个图形单位。图案填充效果如图 8-2 所示。

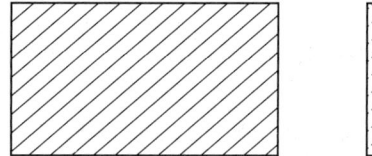

图 8-2　图案填充

8.4　采矿 CAD 中 VBA 自定义宏命令

8.4.1　VBA 宏命令是什么

VBA 将通过 AutoCAD ActiveX Automation 接口向 AutoCAD 发送信息。AutoCAD VBA 允许 Visual Basic 环境与 AutoCAD 同时运行，并通过 ActiveX Automation 接口提供 AutoCAD 的编程控制。这样就把 AutoCAD、ActiveX Automation 和 VBA 链接在一起，提供了一个功能非常强大的接口。它不仅能控制 AutoCAD 对象，也能向其他应用程序发送数据或从中检索数据。

将 VBA 集成到 AutoCAD 为自定义 AutoCAD 提供了便于使用的可视工具。由 VBA 编写的可以完成特殊任务的通用模块即是 VBA 宏命令。

8.4.2　绘制半圆拱巷道断面 VBA 宏命令

在 VBA 编辑器中建立 dmhz 通用模块，代码如下：

```
'绘制半圆拱巷道断面宏命令
Sub dmhz( )
Dim pt As Variant '圆心
Dim npt1 As Variant,npt2 As Variant,npt3 As Variant,npt4 As Variant '巷道内轮廓点
Dim wpt1 As Variant,wpt2 As Variant,wpt3 As Variant,wpt4 As Variant '巷道外轮廓点
Dim wpt5 As Variant,wpt6 As Variant,wpt7 As Variant,wpt8 As Variant
Dim dpt1 As Variant,dpt2 As Variant,dpt3 As Variant,dpt4 As Variant '巷道底板轮廓点
Dim xpt1 As Variant,xpt2 As Variant,xpt3 As Variant,xpt4 As Variant '中心及起拱线点
Dim jk1 As Double '净宽
Dim qg1 As Double '墙高
Dim gg1 As Double '拱高
Dim zh1 As Double '支护厚度
Dim jc1 As Double '左基础
Dim jc2 As Double '右基础
Dim dz1 As Double '底板厚度
```

```
Dim bl1 As Double '绘图比例


'赋值
jk1 = 5000:qg1 = 3000:gg1 = 2500:zh1 = 300
jc1 = 250:jc2 = 250:dz1 = 200:bl1 = 50
pt = thisdrawing. Utility. GetPoint( ,"屏幕上任选一点:")
'求各个点坐标
npt1 = pt:npt1(0) = npt1(0) - jk1 * 0. 5/bl1:npt1(1) = npt1(1) - qg1/bl1
npt2 = pt:npt2(0) = npt2(0) - jk1 * 0. 5/bl1
npt3 = pt:npt3(0) = npt3(0) + jk1 * 0. 5/bl1
npt4 = pt:npt4(0) = npt4(0) + jk1 * 0. 5/bl1:npt4(1) = npt4(1) - qg1/bl1


wpt1 = pt:wpt1(0) = wpt1(0) - (jk1 * 0. 5 + zh1)/bl1:wpt1(1) = wpt1(1) - (qg1 + jc1)/bl1
wpt2 = pt:wpt2(0) = wpt2(0) - (jk1 * 0. 5 + zh1)/bl1
wpt3 = pt:wpt3(0) = wpt3(0) + (jk1 * 0. 5 + zh1)/bl1
wpt4 = pt:wpt4(0) = wpt4(0) + (jk1 * 0. 5 + zh1)/bl1:wpt4(1) = wpt4(1) - (qg1 + jc2)/bl1
wpt5 = pt:wpt5(0) = wpt5(0) + jk1 * 0. 5/bl1:wpt5(1) = wpt5(1) - (qg1 + jc2)/bl1
wpt6 = pt:wpt6(0) = wpt6(0) + jk1 * 0. 5/bl1:wpt6(1) = wpt6(1) - qg1/bl1
wpt7 = pt:wpt7(0) = wpt7(0) - jk1 * 0. 5/bl1:wpt7(1) = wpt7(1) - qg1/bl1
wpt8 = pt:wpt8(0) = wpt8(0) - jk1 * 0. 5/bl1:wpt8(1) = wpt8(1) - (qg1 + jc1)/bl1


dpt1 = pt:dpt1(0) = dpt1(0) - jk1 * 0. 5/bl1:dpt1(1) = dpt1(1) - qg1/bl1
dpt2 = pt:dpt2(0) = dpt2(0) - jk1 * 0. 5/bl1:dpt2(1) = dpt2(1) - (qg1 - dz1)/bl1
dpt3 = pt:dpt3(0) = dpt3(0) + jk1 * 0. 5/bl1:dpt3(1) = dpt3(1) - (qg1 - dz1)/bl1
dpt4 = pt:dpt4(0) = dpt4(0) + jk1 * 0. 5/bl1:dpt4(1) = dpt4(1) - qg1/bl1


xpt1 = pt:xpt1(0) = xpt1(0) - jk1 * 0. 5/bl1 - 10
xpt2 = pt:xpt2(0) = xpt2(0) + jk1 * 0. 5/bl1 + 10
xpt3 = pt:xpt3(1) = xpt3(1) + gg1/bl1 + 10
xpt4 = pt:xpt4(1) = xpt4(1) - qg1/bl1 - 10


'绘图 净断面
    thisdrawing. SendCommand " PLINE " & vbCr & npt4(0) & "," & npt4(1) _
                            & vbCr & npt3(0) & "," & npt3(1) _
                            & vbCr & "a " & vbCr & "ce " _
                            & vbCr & pt(0) & "," & pt(1) _
                            & vbCr & npt2(0) & "," & npt2(1) _
                            & vbCr & "L " _
                            & vbCr & npt1(0) & "," & npt1(1) _
                            & vbCr & "c " & vbCr

    '掘进断面
    thisdrawing. SendCommand " PLINE " & vbCr & wpt4(0) & "," & wpt4(1) _
```

```
                        & vbCr & wpt3(0) & "," & wpt3(1) _
                        & vbCr & "a" & vbCr & "ce" _
                        & vbCr & pt(0) & "," & pt(1) _
                        & vbCr & wpt2(0) & "," & wpt2(1) _
                        & vbCr & "L" _
                        & vbCr & wpt1(0) & "," & wpt1(1) _
                        & vbCr & wpt8(0) & "," & wpt8(1) _
                        & vbCr & wpt7(0) & "," & wpt7(1) _
                        & vbCr & wpt6(0) & "," & wpt6(1) _
                        & vbCr & wpt5(0) & "," & wpt5(1) _
                        & vbCr & "c" & vbCr

'底板
thisdrawing. SendCommand "PLINE" & vbCr & dpt4(0) & "," & dpt4(1) _
                        & vbCr & dpt3(0) & "," & dpt3(1) _
                        & vbCr & dpt2(0) & "," & dpt2(1) _
                        & vbCr & dpt1(0) & "," & dpt1(1) _
                        & vbCr & "c" & vbCr

'起拱线
thisdrawing. SendCommand "LINE" & vbCr & xpt1(0) & "," & xpt1(1) _
                        & vbCr & xpt2(0) & "," & xpt2(1) _
                        & vbCr & vbCr

'巷道中心线
thisdrawing. SendCommand "LINE" & vbCr & xpt3(0) & "," & xpt3(1) _
                        & vbCr & xpt4(0) & "," & xpt4(1) _
                        & vbCr & vbCr

End Sub
```

模块中语句 thisdrawing. Utility. GetPoint 是采用人机交互在屏幕上获得一个点坐标，语句 thisdrawing. SendCommand 是 VBA 宏向 ACAD 命令行发送命令，其中"&"是字符串链接符，"_"表示把一行代码换行书写，"vbCr"代表回车符。一个简单的 thisdrawing. SendCommand 就可以批处理完成复杂的作图，本程序不仅是对 VBA 宏命令开发有个简单了解，也是介绍一种简单易行的开发方法。

8.4.3 VBA 宏命令的加载与执行

AutoCAD 可以使用具有 . dvb 扩展名的单独文件来保存含义 VBA 宏命令，此类文件也叫做 VBA 工程文件。AutoCAD 使用 vbaload 命令将 VBA 工程加载到当前工作任务中，然后使用 VBARUN 命令运行 VBA 宏命令，也可以使用_VBARUN 命令，在 AutoCAD 命令行提示下输入 VBA 命令名，即通用模块中主过程名，其语法为 module. macro，如下所示：_vbarun module. macro。

因为不同的模块中可以包括同名的宏，所以 module. macro 语法是可以对宏进行区分的。

思考与习题

8-1　什么是形？设计一种"XX"形。

8-2　设计一种含文字的线型。

8-3　绘制一个圆环并进行自定义填充。

8-4　用 VBA 宏命令绘制参数如下的半圆拱巷道断面。净宽 4000mm、直墙高 2500mm、拱高 2000mm、支护厚度 300mm、左右基础 250mm、底板厚度 200mm、绘图比例 1：50。

9 采矿 CAD 中露天矿设计绘图

矿山设计的基础资料来源于地质勘探报告，目前国内矿山地质勘探报告所使用的图件中 MAPGIS 占用绝大多数。因此如何完成 MAPGIS 与 AutoCAD 文件转换，成为设计前期资料准备的必要技能。

在 AutoCAD 平台中对地质截面图形进行坐标统一是非常重要的，按一定的规则将图形进行坐标转换，可以确保程序化实现平、剖面图转换及三维线框模型建立。采用面域构建矿体截面为传统矿山设计提供了巨大方便，构建三维矿体模型、矿床模型及经济模型是计算机优化境界算法的基础。

通常一个完整的露天矿采矿设计需要包括的图形文件有：（1）地质地形图；（2）勘探线地质剖面图；（3）分层地质平面图；（4）终了境界图；（5）进度计划图表；（6）年末图；（7）总平面布置图；（8）根据需求还可包括分层推进线图等。

通过本章的学习，应掌握以下内容：

（1）MAPGIS 与 AutoCAD 文件转换；

（2）采矿 CAD 中地质截面图绘制；

（3）采矿 CAD 中露天开采设计内容。

9.1　MAPGIS 与 AutoCAD 文件转换

9.1.1　MAPGIS 概述

地理信息系统（geographic information system，简称 GIS）是在计算机软、硬件支持下，采集、存储、管理、检索、分析和描述地理空间数据，适时提供各种空间的和动态的地理信息，用于管理和决策过程的计算机系统。GIS 的基本功能主要包括：（1）数据采集与输入；（2）地图编辑；（3）空间数据管理；（4）空间分析；（5）地形分析；（6）显示与输出。

Arc/Info 是由美国环境系统研究所开发的，是目前世界上使用最多的商业化软件之一。Mapinfo 是美国 MAPINFO 公司推出的适用于不同平台的 GIS 系统，在 PC 桌面平台上其占有相当大的市场。AutoCAD Map 3D 是一个灵活的开发平台，面向专业地图绘制、土地规划和技术设施管理应用。它支持直接访问来自各类资源的 CAD、GIS 和光栅数据格式，无须数据拷贝或转换。MAPGIS 是中国地质大学开发的地理信息系统，是国产优秀的桌面 GIS 软件，它属于矢量数据结构 GIS 平台，是目前国内矿山地质勘探普遍选用的制图软件，MAPGIS 主菜单如图 9-1 所示。

MAPGIS 的主要功能：（1）数据输入；（2）数据处理；（3）数据库管理；（4）空间分析；（5）数据输出。

图 9-1　MAPGIS 程序主菜单

9.1.2　MAPGIS 与 AutoCAD 文件转换

　　MAPGIS 数据输出功能中数据文件交换子系统，为 MAPGIS 系统与 CAD 软件系统间架设了一道桥梁，实现了不同系统间所用数据文件的交换，从而达到数据共享的目的。输入输出交换接口提供 AutoCAD 的 DXF 文件、ARC/INFO 文件的公开格式、标准格式、E00 格式、DLG 文件与本系统内部矢量文件结构相互转换的能力，见图 9-2。

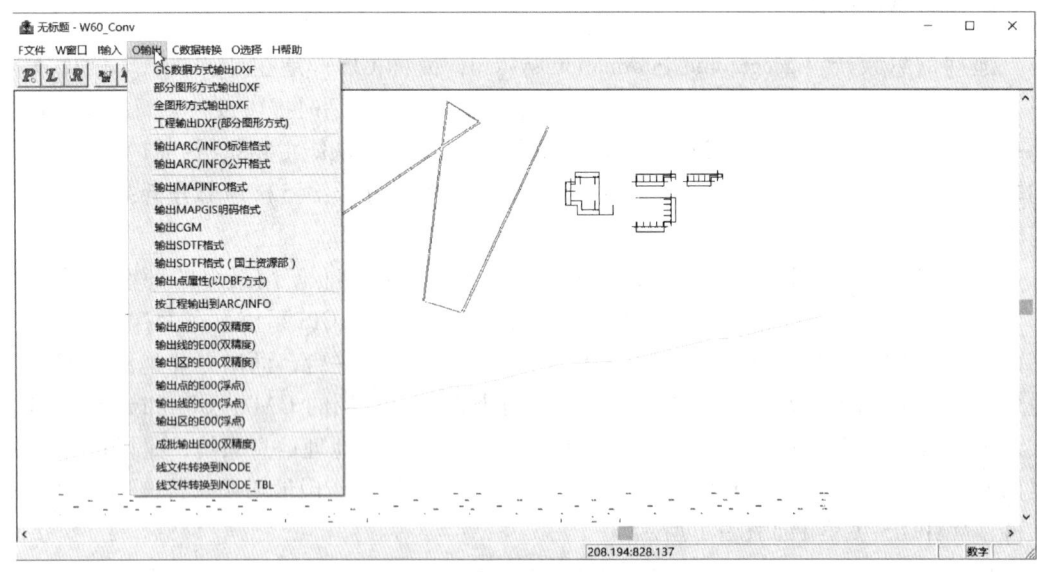

图 9-2　MAPGIS 输出转换

MAPGIS 文件转换为 AutoCAD 文件的具体操作：

（1）打开 MAPGIS 系统，点中"图形处理"子系统，进入"文件转换"模块。

（2）在"文件"菜单中，装入要转换的那一幅地形图的线文件（＊WL）、点文件（＊WT）和区文件（＊WP）。

（3）在"输出"菜单中，有三种选择可以转换为 DXF 文件：

1）"GIS 数据方式输出 DXF"。转换结果无线型、无点子图、汉字为单行文字。

2）"部分图形方式输出 DXF"。转换结果有线型、有充填图案、有点子图、汉字为单行文字。

3）"全图形方式输出 DXF"。转换结果与 MAPGIS 所看到基本一致，但汉字也变成了图形。

（4）打开 AuotCAD，选择"文件(File)"菜单中"打开图形（Open）"，并将文件格式选择为 DXF，找到转换的文件 DXF 并双击打开。再点中"文件"中"保存(Save)"键，给转换后的文件取后缀名为 DWG，就可以在 AuotCAD 中任意对文件进行编辑和设计了。

另外，MAPGIS 还提供了更为简单的工程输出转换方式，在"输出"菜单中选择"工程输出 DXF（部分图形方式）"。按提示选择 MAPGIS 工程文件，程序自动完成 DXF 的转换，转换结果与"部分图形方式输出 DXF"一致。

AutoCAD 文件转换为 MAPGIS 文件的具体操作：

（1）先将 CAD 另存为 DXF 格式。

（2）打开 MAPGIS 系统，点中"图形处理"子系统，进入"文件转换"模块。

（3）点中"输入"菜单中"装入 DXF"文件转换。

（4）关闭"文件转换"模块，系统提示给转换为 MAPGIS 数据格式的文件取名，我们可取名为＊.WL（线文件）和＊.WT（点文件）。

（5）点中"图形处理"子系统，进入"输入编辑"模块中。

（6）在"文件"菜单中点击新建工程，创建空白工程窗口。在"工程文件"面板中单击右键，选择"添加项目"菜单，选择从 DXF 转换过来的线文件和点文件。利用 MAPGIS 的编辑功能，对线文件和点文件进行编辑，在"工程文件"面板中单击右键，选择"保存工程"菜单，完成 MAPGIS 工程文件保存。

9.2　地质截面图绘制

9.2.1　地质截面图坐标统一

地质勘探报告通常采用 MAPGIS 图件文件提供的地质水平分层图、勘探线剖面图以及纵剖图。矿山设计单位首先采用 MAPGIS 与 AutoCAD 文件转换功能获得相应的 ACAD 图形文件，然后将每个文件按统一坐标整理规则进行变换整理。

对于截面图进行坐标统一，即是根据统一坐标转变规则将各种截面图进行坐标转变。对于地质水平分层图通过旋转、缩放、移动命令完全可以确保地质水平分层图中坐标与 AutoCAD 坐标完全一致，此时绘图比例是 1∶1000。无论水平标高如何，都将图形中所有图元设置在零水平标高上，一来方便作图，二来易于程序对图元标高统一修改。对于地质勘探线剖面图同样可以通过旋转、缩放、移动命令，使得剖面图中坐标与 AutoCAD 坐标按设定规则保持一致，此时绘图比例也是 1∶1000。同样将图形中所有图元设置在零水平标高上，一来方便作图，二来易于程序对图元进行三维空间转换。

9.2.1.1　剖面图坐标统一的原则

在地质勘探线剖面图中 AutoCAD 的 Y 轴方向与地质图中标高完全一致，那么地质勘探线剖面图中 AutoCAD 的 X 轴方向是代表东（西）方向还是代表南（北）方向？坐标位置又是如何确定？这里设定规则如下：首先根据方位角大小来设定 X 轴所代表的方向，在平面图中东、南、西、北四个方向，与勘探线方向的夹角最小的方向即是剖面图中 X 轴所代表的方向。其次确定剖面图中 X 轴刻度坐标实际位置。其换算规则如下：

当 X 轴所代表的方向是南（北）方向：$X = X'/\cos(a)$

当 X 轴所代表的方向是东（西）方向：$X = X'/\sin(a)$

X 代表 X 轴刻度坐标的实际位置，X' 代表 X 轴刻度坐标，a 代表勘探线的方位角。

按以上规则完成的截面图坐标统一后，平面图与剖面图相互转换就有了规律可循。示例图如图 9-3 所示。

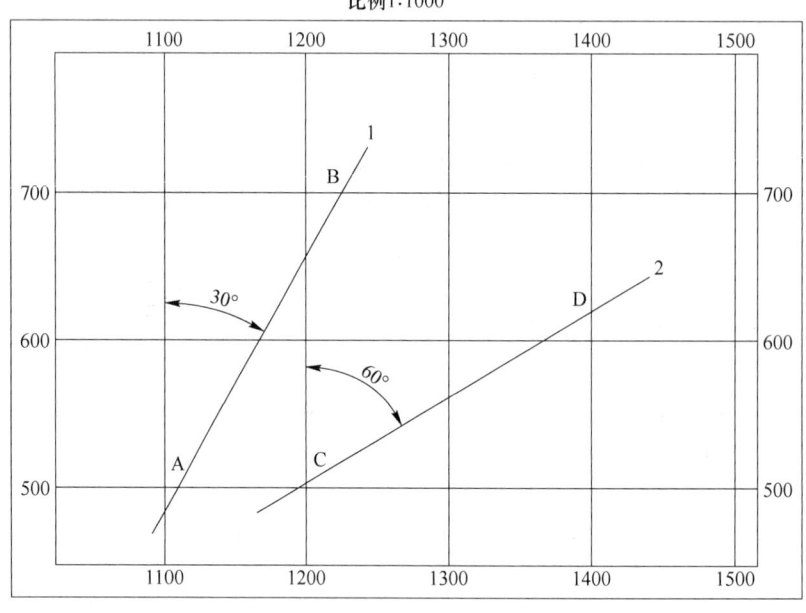

***矿350水平平面图
比例1:1000

图 9-3　示例图

上图为某矿标高为 350 水平平面图，平面图上的坐标网格尺寸标注与 ACAD 矢量图形坐标完全一致。图纸涵盖了北方向 500～700，东方向 1100～1500 的平面范围。其中 1 号勘探线的方位角为 30°，2 号勘探线的方位角为 60°。按上述规则完成的 1、2 号勘探线剖面图如图 9-4、图 9-5 所示。

1 号勘探线方向与北方向夹角最小，因此勘探线剖面的 X 轴刻度为代表北方向的刻度 500～700。

2 号勘探线方向与东方向夹角最小，因此勘探线剖面的 X 轴刻度为代表东方向的刻度 $1200\sim1400$。

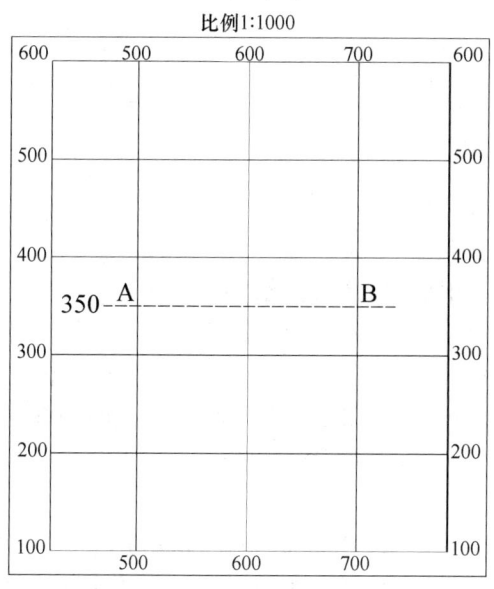

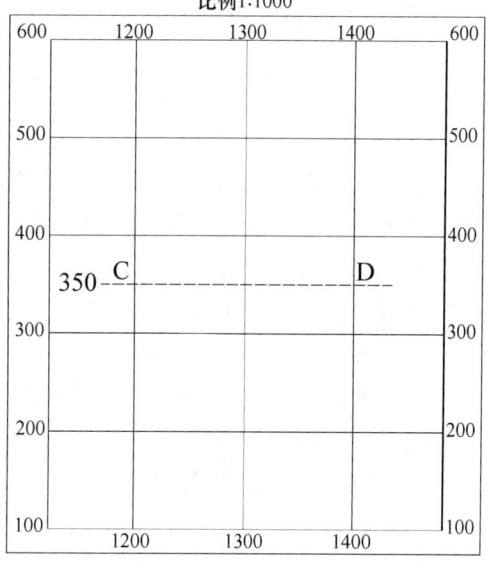

图 9-4　1 号勘探线剖面图　　　　图 9-5　2 号勘探线剖面图

9.2.1.2　平面与剖面坐标转换公式

（1）剖面图上任一点转换到平面图上公式如下：

1）当 X 轴所代表的方向是南（北）方向：

$$Y = X' * \cos(a)$$
$$X = X0 + (Y - Y0) * \tan(a)$$
$$Z = Y'$$

2）当 X 轴所代表的方向是东（西）方向：

$$X = X' * \sin(a)$$
$$Y = Y0 + (X - X0)/\tan(a)$$
$$Z = Y'$$

其中：X 代表剖面图上点转换到平面图上点的 X 坐标；

Y 代表剖面图上点转换到平面图上点的 Y 坐标；

Z 代表剖面图上点转换到平面图上点的 Z 坐标（为方便作图，平面图标高都以零标高取代了实际标高）；

X' 代表剖面图上点的 X 坐标；

Y' 代表剖面图上点的 Y 坐标；

a 代表勘探线的方位角；

（X0，Y0）为平面图中勘探线上任意已知点坐标。

（2）平面图勘探线上任一点转换到剖面图上的公式如下：

1）当 X 轴所代表的方向是南（北）方向：

$$X = Y'/\cos(a)$$
$$Y = Z'$$
$$Z = 0$$

2）当 X 轴所代表的方向是东（西）方向：

$$X = X'/\sin(a)$$
$$Y = Z'$$
$$Z = 0$$

其中，X 代表平面图上点转换到剖面图上点的 X 坐标；

Y 代表平面图上点转换到剖面图上点的 Y 坐标；

Z 代表剖面图上点的 Z 坐标（为方便作图，剖面图标高都设置为零）；

X' 代表平面图上点的 X 坐标；

Y' 代表平面图上点的 Y 坐标；

Z' 代表平面图所在实际标高（由于为方便作图，平面图标高都设置为零，所以在转换时需要用实际标高去替换零标高）；

a 代表勘探线的方位角。

由上述转换公式可知，平面图 A 点坐标（1109.7955，500.0000）转换到 1 号勘探线剖面上的坐标为（577.0667，350.0000）；平面图 C 点坐标（1200.0000，502.4111）转换到 2 号勘探线剖面上的坐标为（1392.1421，350.0000）。1 号勘探线剖面 B 点坐标（807.8934，350.0000）转换到平面图上的坐标为（1225.0386，700.0000）；2 号勘探线剖面 D 点坐标（1624.1658，350.0000）转换到平面图上的坐标为（1400.0000，620.0333）。转换结果见图9-6。

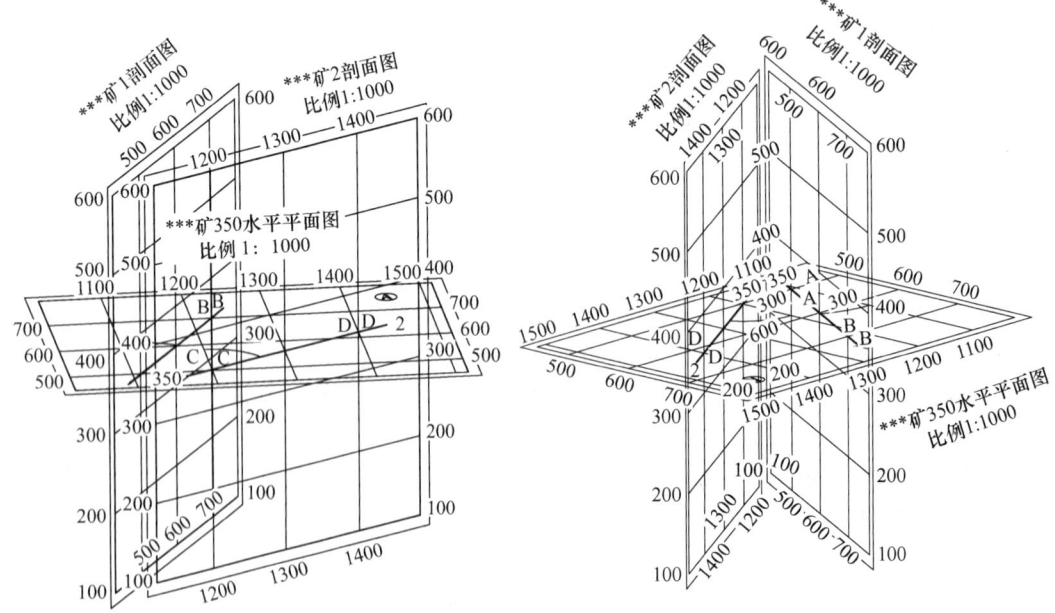

图9-6 坐标转换

9.2.2 地质截面图绘制

根据不同的矿岩量计算方法进行截面图绘制。如果采用三维建模方式进行矿岩量计算，需要将矿岩线整理为闭合多段线，如果采用基于截面图方式进行矿岩量计算，则需要根据矿岩线建立起矿岩面域。

9.2.2.1 采用三维建模方式矿岩量计算

按前面介绍方式将所有截面图形文件都进行了坐标统一整理，在此基础上由点从剖面图转换到平面图上公式，将剖面图中矿岩线转换到三维空间线框模型中生成三维矿岩线。平面图中矿岩线仅需增加实际剖面所在的 Z 坐标，将在三维空间线框模型中生成水平三维矿岩线。由此完成三维建模的基础模型，即三维线框模型。在三维线框模型基础上构建三维矿体模型，从而完成矿岩量计算。

9.2.2.2 基于截面图方式矿岩量计算

AutoCAD 中面域图元对传统基于截面图矿岩量计算做了巨大贡献，面域可以实现复杂的布尔运算。因此，无论是基于剖面还是基于平面断面法矿岩量计算，矿岩面域的建立是必要条件。根据设计需要将剖面进行切割转换，完成不同标高的水平分层图绘制，再以平面断面法完成矿岩量验证。此外，为了完成更复杂计算，往往需要建立储量级别面域、境界内面域、台阶面域、矿房面域等。借助程序可以编制各种需求的矿岩量计算。

9.3 露天开采设计内容

9.3.1 露天矿一次境界确定

在露天矿设计中一次境界确定方式有两种：一种是采用传统方法，以境界剥采比不大于境界合理剥采比原则，同时满足安全生产技术条件，在各个地质剖面图上确定出境界三要素，再经过纵剖平底及端部确定，剖面结果最终返回平面图完成一次境界确定。另一种是采用计算机优化方法，主要有浮动圆锥法和 LG 法，相比 LG 法优化来说浮动圆锥法算是准优化。两者都需要矿床经济模型做基础，为此矿体三维模型以及由此获得的矿床模型是不可缺少的。因此，不同一次境界确定方法也决定了不同的地质截面图绘制方法。一次境界与二次境界（终了境界）的差别在于没有布置开拓路线。

9.3.2 露天矿二次境界绘制

二次境界是在一次境界基础上合理布置开拓路线，并最终完成境界绘制。由于开拓路线的多样性、台阶参数的多变性，目前还没有一套软件可以很好地程序化解决二次境界绘图问题，仅限于完成局部功能命令模块编制，采用人机交互方式完成境界绘图。

完成二次境界绘图的局部功能命令主要包括：出入沟绘制、变宽平移线绘制、示坡线绘制等。如果是绘制三维二次境界，功能命令中还要包括：由地形线构建曲面、求现状曲面与境界曲面交线、交线剪切地形线、现状曲面与境界曲面布尔运算等。绘图效果见图 9-7。

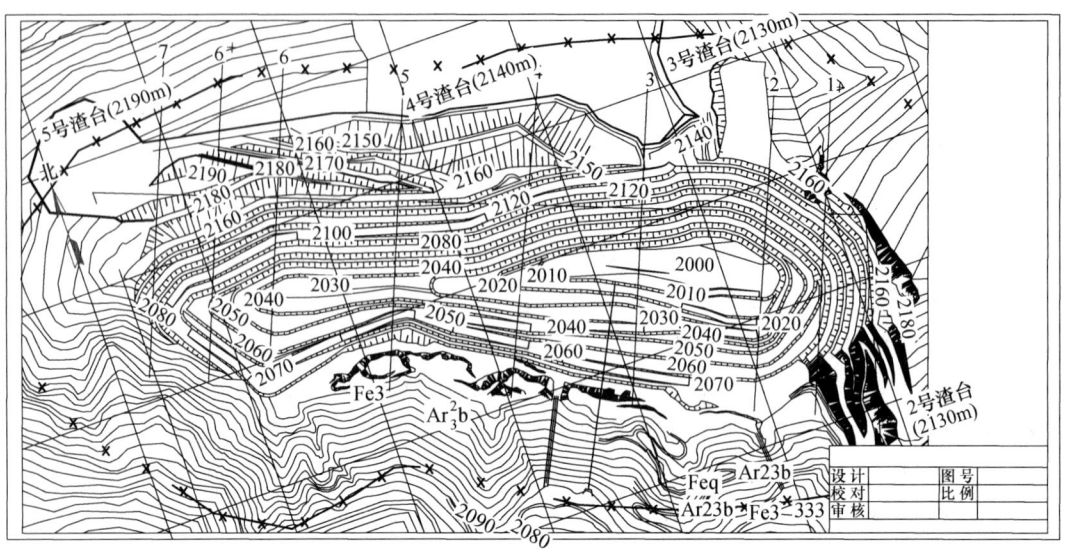

图 9-7　露天矿开采终了境界平面图

9.3.3　采矿剖面图、平面图绘制

在完成露天矿终了境界绘制后，在勘探线地质剖面图及分层地质平面图中要体现终了境界。切割勘探线所在位置的终了境界，将所得境界剖面线绘制到地质剖面图中完成采矿剖面图设计，将水平分层台阶线绘制到地质平面图中完成采矿平面图设计。采矿剖面图直观体现境界的合理性、采矿平面图绘制是人机交互采剥进度计划编制的基础。绘图效果见图 9-8、图 9-9。

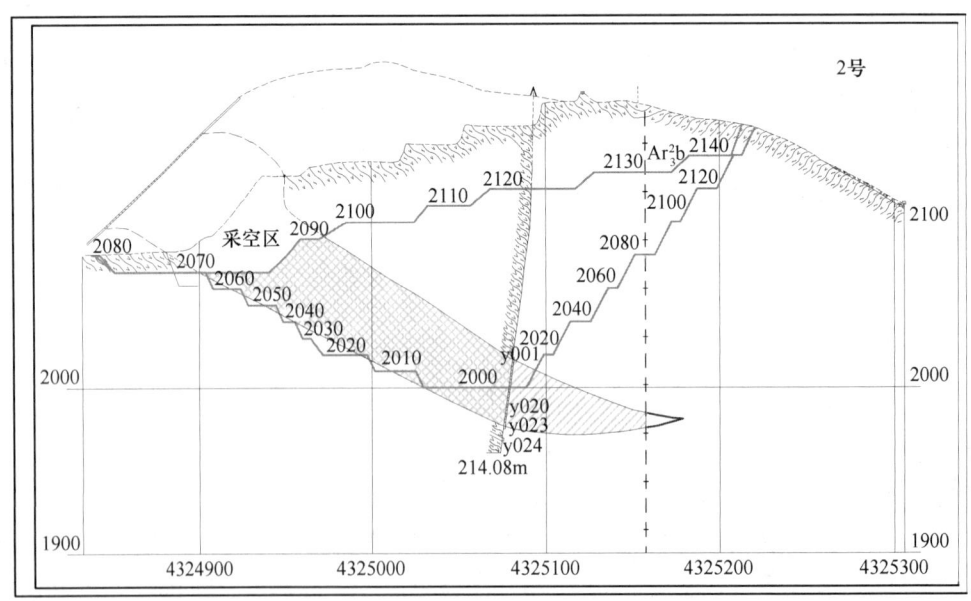

图 9-8　地质剖面图

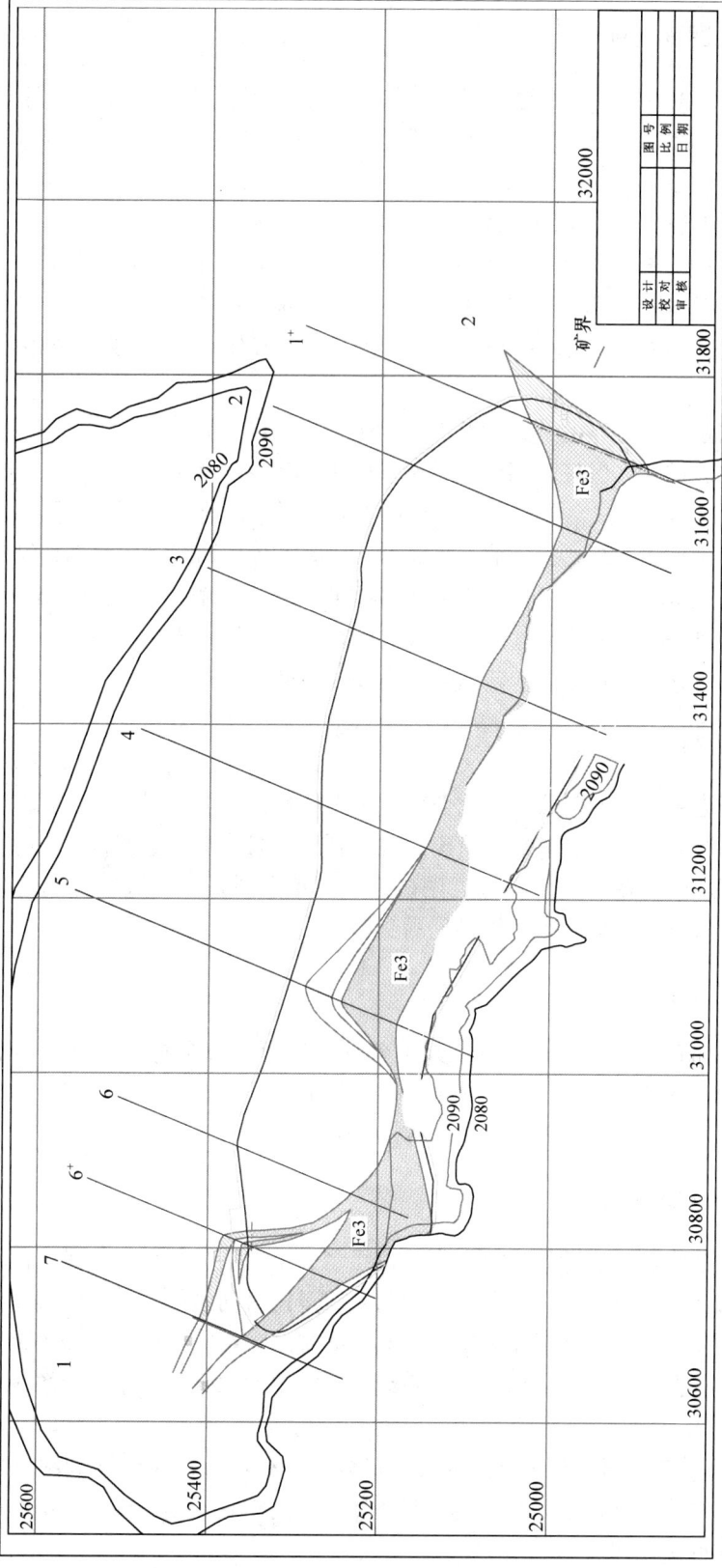

图 9-9 地质平面图

9.3.4　进度计划图表编制

在完成露天矿终了境界绘制后，根据分层地质平面图（或矿床模型）计算出境界内台阶矿岩量表。再依据采矿平面图进行人机交互式采剥进度计划编制。计划编制过程实际是采矿过程模拟，主要遵循以下几个原则：

（1）保证矿山规模。计划编制首先是确保稳定的矿山年生产能力。

（2）确定首采位置。确保基建期顺利完成任务，为后续开采创造条件。

（3）确定开采程序。确定工作面参数、工作线布置及推进方式。

（4）均衡生产剥采比。选择合理的生产剥采比，确定采用缓帮开采还是陡帮开采工艺。

（5）设备数量能力。以电铲数量及能力为主，优化设备调配。

（6）确保二级矿量。保证开拓矿量及回采矿量满足生产要求。

在计划编制过程中往往会无法顺利完成矿山开采任务，此时要分析原因，调整生产剥采比、工作线布置及推进方式、开采工艺等等，重新进行计划编制。计划编制是人工模拟开采，相同矿山由不同人员编制会得到不同的结果，因此多个计划编制与比较非常重要，而实际工作中计划编制非常耗时，尤其在缺乏优秀的计划编制软件前提下，往往仅仅提供一套可行进度计划方案。采剥进度计划编制图表效果见图9-10。

9.3.5　年末图绘制

在完成采剥进度计划编制后，也就获得了采剥计划年末状态图。年末状态图往往是单线推进线表示，在此基础上要完成临时出入沟绘制，按双线绘制生产台阶，并在年末图各个宽平台作业区域内要截取此水平分层图矿岩线。年末图是采剥进度计划的直观时空描述，对后期生产有指导意义。绘图结果见图9-11。

9.3.6　总平面布置图

露天矿总平面布置主要反映境界以外的各种布置及已有设施，主要包括工业场地布置、排土场布置、炸药库布置、矿权界限及爆破警戒线、采场至排土场和各种工业场地的运输路线，以及周边自然地形及工业建筑等。绘图结果见图9-12。

9.3.7　水平分层年末推进线图

为更具体表达采剥进度计划结果，有时也绘制各个水平分层年末推进线图。此图是在采矿平面图基础上，针对本水平分层将境界内矿岩量按时间进行分割，明确每年在此分层采剥位置及采剥矿岩量。如果说年末图是以时间为主线，在特定的时间观察采场的空间状态。那么分层年末推进线图就是以空间为主线，在固定的水平分层空间位置观察采剥时间顺序分布。

图9-13是将采矿平面图与年末图相关图形内容进行组合，并将计划图表数据直接反映到图形中，同样对露天矿后期生产具有指导意义。由于它与年末图功能的相似性，目前设计中往往省略此类图形绘制。

台阶标高	矿石 332	333	矿石合计	岩石	矿岩合计 <万吨>	剥采比 <t/t>	品位 MFe	TFe	第1期	第2期	第3期
2210-2200				11.25	11.25				0+0+8.20=8.20	0+0+3.04=3.04	0+0+8.53=8.53
2200-2190				32.41	32.41				0+0+9.33=9.33	0+0+14.55=14.55	0+0+16.96=16.96
2190-2180				72.84	72.84				0+0+11.64=11.64	0+0+15.15=15.15	0+0+16.96=16.96
2180-2170				133.00	133.00				0+0+22.25=22.25	0+0+14.46=14.46	0+0+23.69=23.69
2170-2160				194.55	194.55				0+0+37.63=37.63	0+0+10.70=10.70	0+0+20.62=20.62
2160-2150				222.45	222.45				0+0+49.68=49.68	0+0+25.14=25.14	0+0+18.11=18.11
2150-2140				270.29	270.29				0+0+60.70=60.70	0+0+75.93=75.93	0+0+14.20=14.20
2140-2130				331.77	331.77				0+0+55.97=55.97	0+0+86.06=86.06	0+0+15.32=15.32
2130-2120	1.39	0.58	1.97	436.45	438.42	221.55	22.77	31.23	0+0.58+94.02=94.60	0.59+0.36+89.33=90.28	0.55+0+49.50=50.05
2120-2110	10.20	3.89	14.09	456.11	470.20	32.37	23.49	31.21	1.18+3.53+97.90=102.61	2.08+3.21+94.84=100.13	0.93+0+66.27=67.20
2110-2100	43.87	6.85	50.72	456.30	507.02	9.00	23.15	30.89	6.12+3.04+64.62=73.78	11.37+3.20+81.56=96.13	1.69+0.60+68.50=70.79
2100-2090	97.53	8.70	106.23	420.99	527.22	3.96	23.80	30.90	6.60+1.22+47.28=55.10	19.25+1.47+52.46=73.18	4.09+3.10+58.06=65.25
2090-2080	151.95	10.72	162.67	405.09	567.76	2.49	24.70	31.28	22.61+0+29.53=52.14	47.27+0+22.45=69.72	10.91+2.82+50.96=64.69
2080-2070	239.27	5.09	244.36	328.02	572.38	1.34	25.62	31.73	66.43+0+6.29=72.72	60.79+0+6.94=67.73	19.18+0.15+42.58=61.61
2070-2060	258.66	2.62	261.28	281.83	543.11	1.08	25.48	31.92	38.84+0+5.79=44.63		41.74+0+16.78=58.52
2060-2050	216.88	0.10	216.98	224.89	441.87	1.04	26.46	32.19			64.45+0+10.89=75.34
2050-2040	178.79		178.79	176.11	354.90	0.99	36.33	32.07			
2040-2030	142.19	0.03	142.19	120.90	263.12	0.85	25.76	31.76			
2030-2020	102.29		102.32	73.08	175.40	0.71	25.46	31.45			
2020-2010	80.84	0.85	81.69	37.65	119.34	0.46	25.28	31.15			
2010-2000	58.92	3.47	62.39	16.20	78.59	0.26	24.87	30.56			
采场合计	1582.77	42.90	1625.67	4702.20	6327.87	2.89	25.44	31.64	141.78+8.37+600.83=750.98	141.35+8.24+602.62=752.21	143.54+6.67+480.67=630.88

	第1期	第2期	第3期
矿石(332)（万吨）	141.78	141.35	143.54
矿石(333)（万吨）	8.37	8.24	6.67
矿石合计（万吨）	150.15	149.59	150.21
废石合计（万吨）	600.83	602.62	480.67
矿岩合计（万吨）	750.98	752.21	630.88
生产剥采比（t/t）	4.00	4.03	3.20
品位 MFe(%)	27.02	27.03	27.21
品位 TFe(%)	32.37	32.55	32.70

图9-10　采剥进度计划表

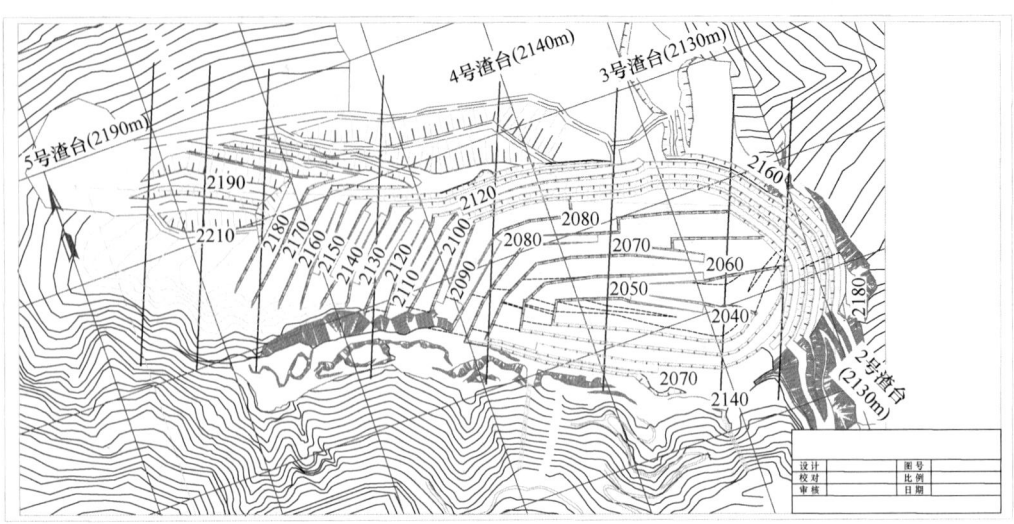

图 9-11 露天矿年末图

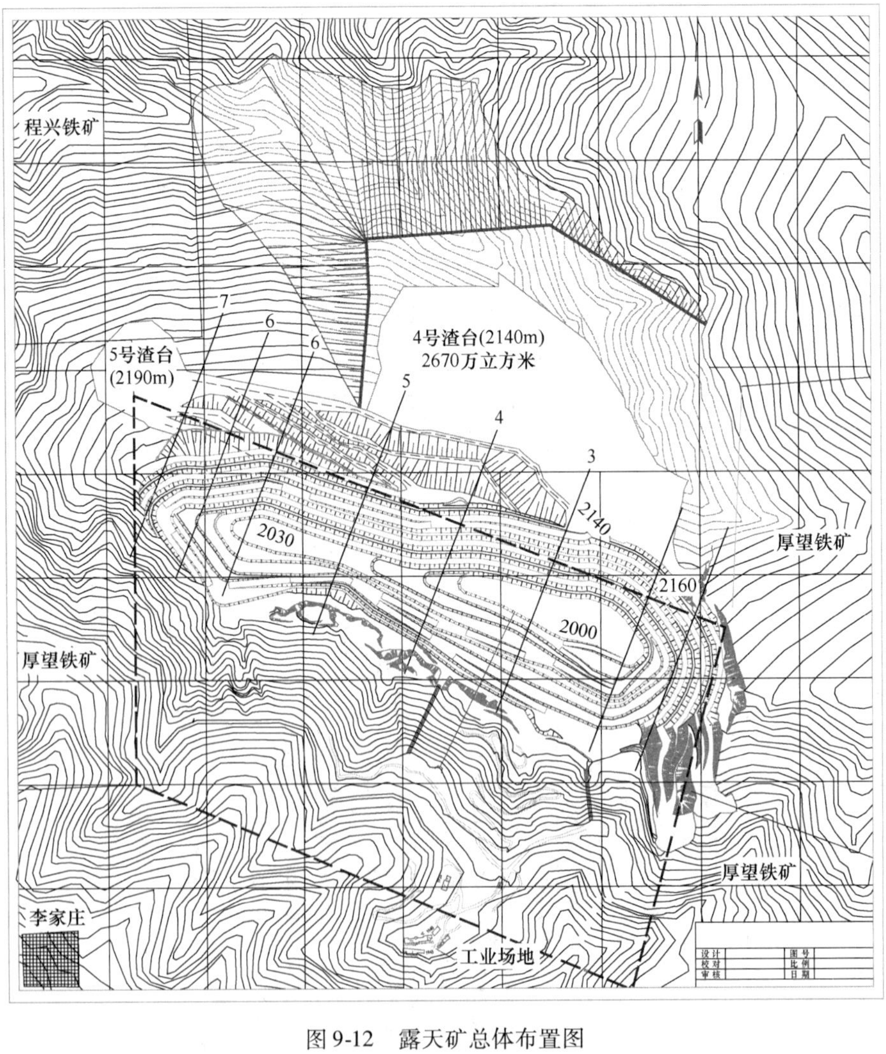

图 9-12 露天矿总体布置图

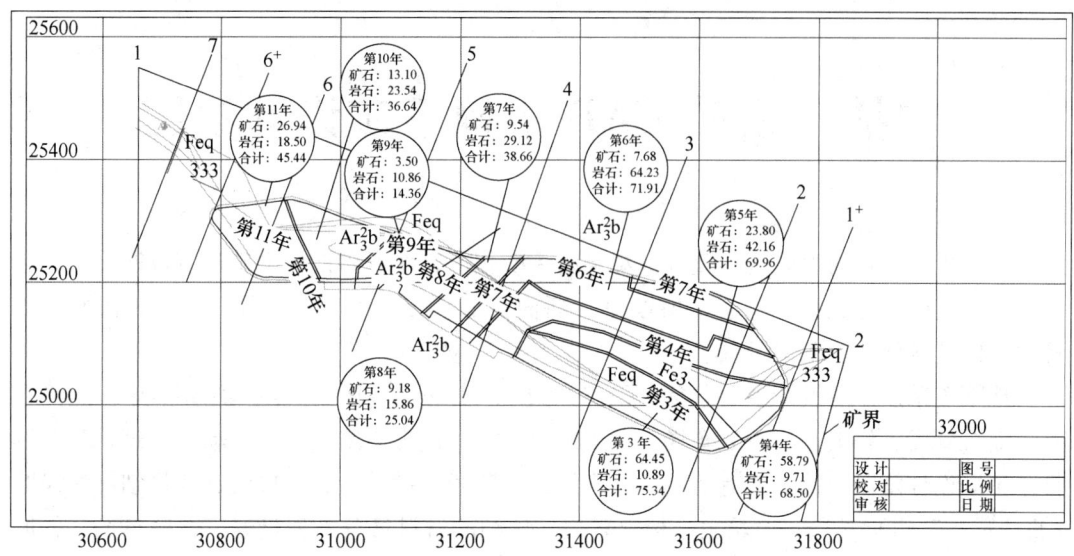

图 9-13　露天矿分层年末推进线图

思考与习题

9-1　简述 MAPGIS 文件转换为 AutoCAD 文件的具体操作。

9-2　怎样将剖面图上任一点转换到平面图上？

9-3　露天开采设计一般包括哪些内容？

9-4　露天计划编制应遵循哪些原则？

10 采矿 CAD 中地下矿设计绘图

地下矿所涉及的地质资料整理计算与露天矿相似，地下矿设计中矿建专业设计内容必不可少。其中主要包括：巷道（斜坡道）断面、平巷交叉点、主副井、风井、溜井、电梯井、以及各种功能硐室设计。

地下矿采矿专业设计主要包括：采矿方法图、开拓立体图、通风网络图、中段运输水平平面布置图、斜坡道、井底车场、井下破碎系统、皮带道给矿系统、粉矿清理系统等设计。不同设计阶段设计深度有所不同，在施工图阶段的设计中，中段设计要详细标注线路（直线道与弯道）参数，要给出坐标计算表、详细的材料量及工程量表，井底车场、斜坡道还要绘制纵剖图等。

10.1 矿建专业设计

金属矿山地下开采设计中，矿建专业设计占相对多的工作量，尤其在施工图设计中，矿建专业施工图设计量远超于采矿专业施工图设计。

矿建专业设计主要包括：巷道断面、水沟及盖板、平巷交叉点、主井副井、进风井回风井、泄水井、电梯井、火药库、振动放矿硐室、电机车矿车修理硐室、铲运机凿岩机修理硐室、水泵房、变电硐室、调度硐室、防水闸门硐室、矿岩主溜井、地下破碎系统硐室、粉矿清理系统硐室等设计。

10.1.1 巷道断面设计

金属矿山巷道断面主要有三心拱断面和圆弧拱断面，影响断面尺寸的因素较多，主要考虑运输设备安全运行、通风安全要求等。

（1）绘图比例选取。根据断面表达内容以及图纸布置选择适当绘图比例，一般选取 1∶40 或 1∶50 等。

（2）三心拱巷道断面绘制步骤。参照采矿设计手册中三心拱巷道断面参数进行绘制。以 1/3 三心拱巷道断面为例，其绘图步骤如下：

1）绘制巷道拱基线与巷道中心线所形成的十字交叉线；

2）由交叉点向上量取 0.333 倍净宽确定拱顶点，再由拱顶点向下量取 0.692 倍净宽确定大拱圆心；

3）由交叉点向左右各量取 0.5 倍净宽确定起拱基点，再由两个起拱基点向交叉点方向各量取 0.261 倍净宽确定两个小拱圆心；

4）以大拱圆心为起点，分别与小拱圆心连接建立两条射线；

5）以两条射线为边界，绘制大拱弧线，再以两条射线和拱基线为边界，分别绘制两个小拱弧线；

6）最后依据墙高，绘制巷道两侧墙线及巷道底板线。

（3）圆弧拱巷道断面绘制步骤。参照采矿设计手册中圆弧拱巷道断面参数进行绘制。以 1/3 圆弧拱巷道断面为例，其绘图步骤如下：

1）绘制巷道拱基线与巷道中心线所形成的十字交叉线；

2）由交叉点向上量取 0.333 倍净宽确定拱顶点，再由拱顶点向下量取 0.542 倍净宽确定拱圆心；

3）由交叉点向左右各量取 0.5 倍净宽确定起拱基点；

4）以拱圆心为起点，分别与起拱基点连接建立圆弧拱半径；

5）以拱基线为边界绘制圆弧线；

6）最后依据墙高，绘制巷道两侧墙线及巷道底板线。

（4）尺寸标注原则及注意事项。

1）尺寸以毫米为单位，一般以 10mm 模数进级。

2）尺寸一般分两种类型，一类是图形本身几何尺寸，一类是图形位置控制尺寸，两者都不可缺少。

3）尺寸标注不宜过度复杂，但常用的关键数据也一定要直接标注出来，而不需人工累加计算。比如，即使已经标注了巷道净宽和墙的支护厚度，也一定要标注巷道掘进宽度。

4）标注尺寸后一般要进行检查，检查顺序一般是先水平再竖向，先检查是否遗漏图形几何尺寸，再检查图形控制尺寸是否明确。

5）除了尺寸标注外，一些关键线条要加以文字说明。比如，巷道中心线，轨道中心线，轨面线等。

（5）给出图纸说明，包括图纸内容说明及施工过程说明。

绘图效果见图 10-1。

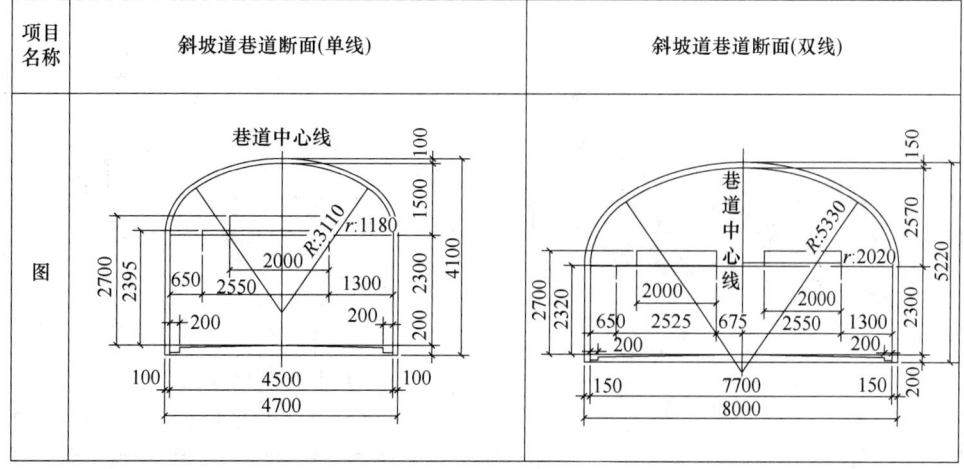

项目名称	双轨单侧行人运输巷道断面	双轨双侧行人运输巷道断面
图		

项目名称	单轨单侧行人运输巷道断面	车场单轨双侧行人运输巷道断面
图		
项目名称	皮带、破碎水平巷道断面	粉矿清理水平巷道断面
图		

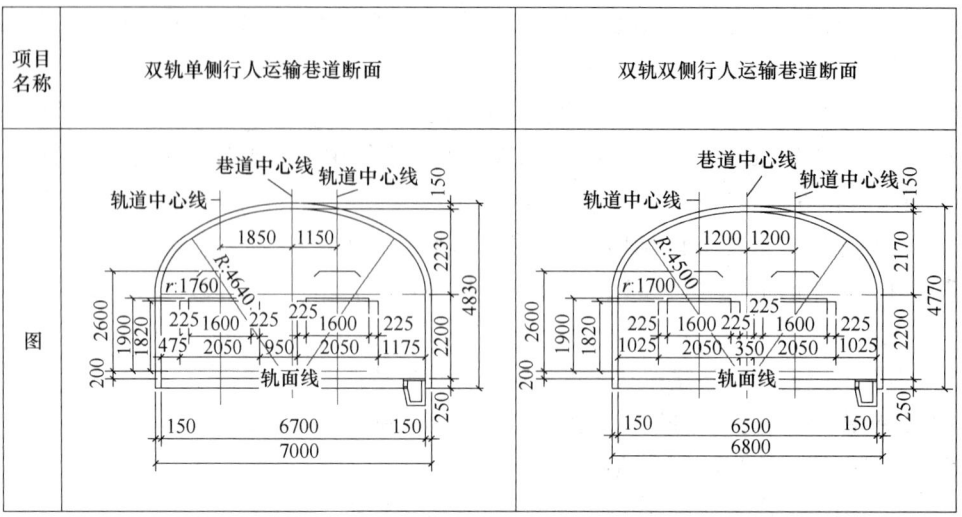

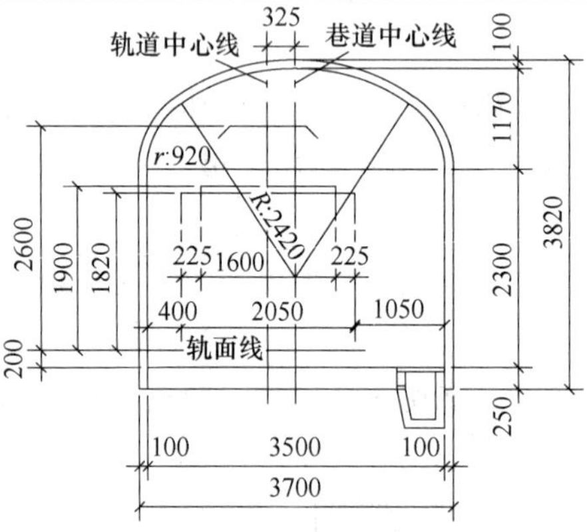

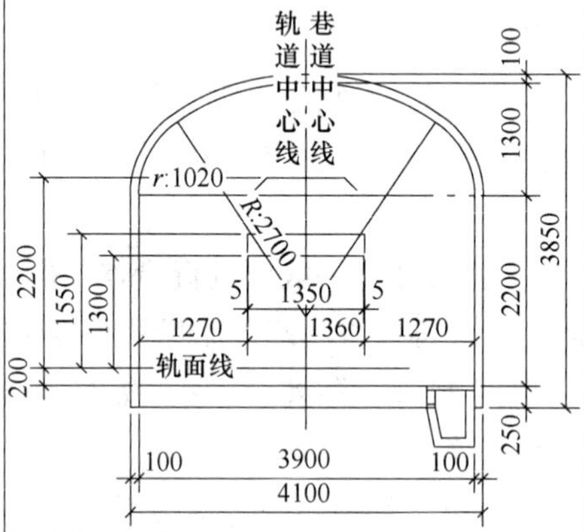

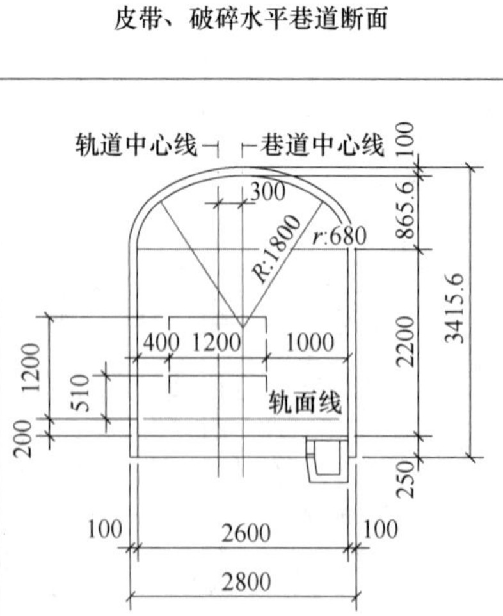

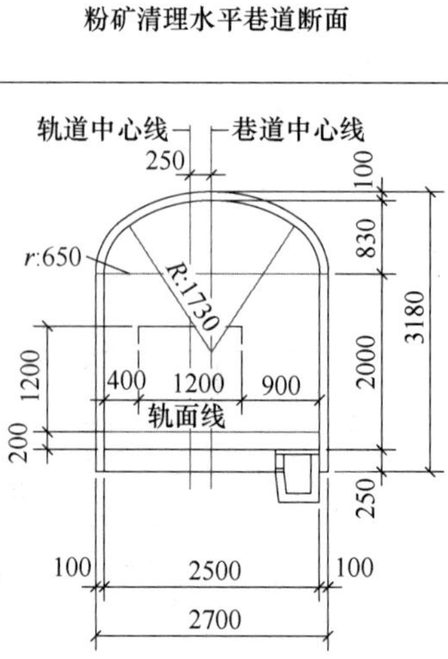

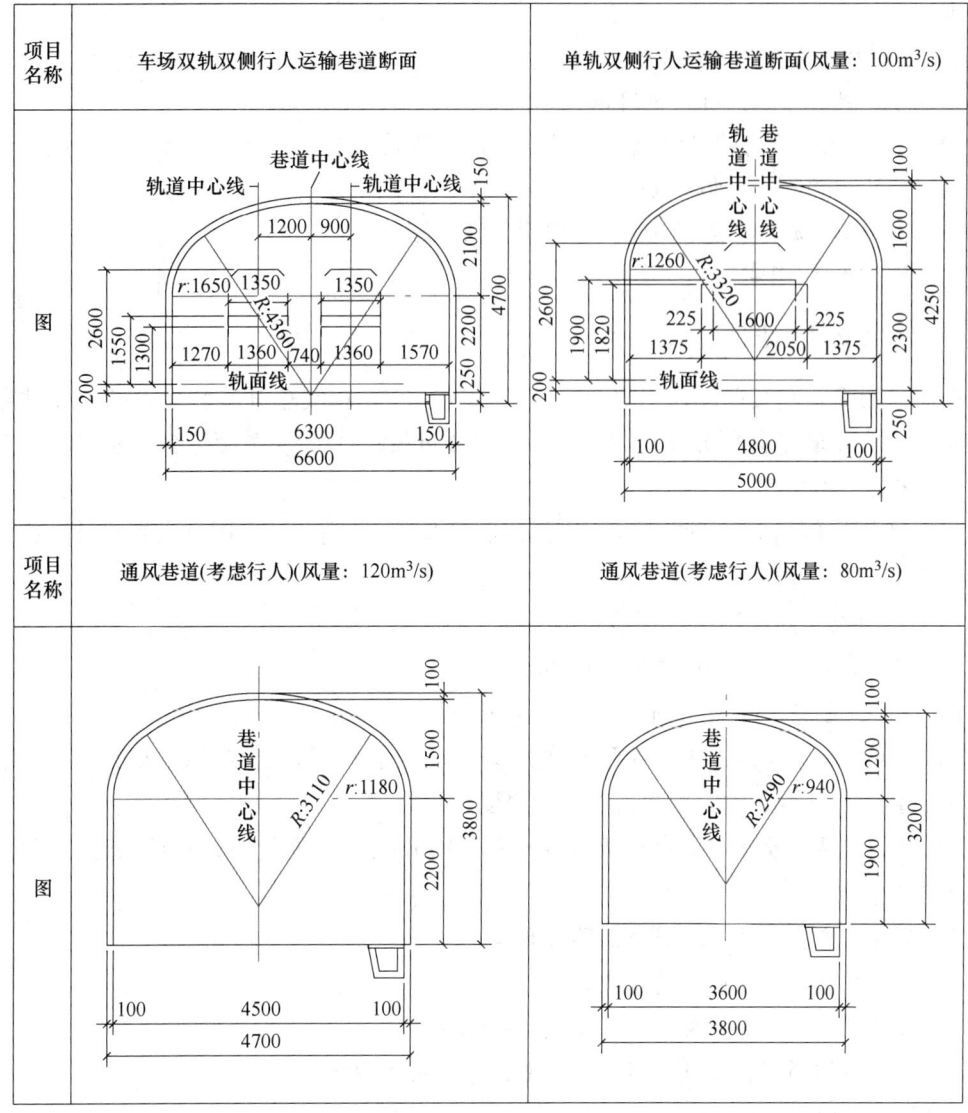

图 10-1 巷道断面设计图

10.1.2 水沟及盖板设计

水沟断面大小主要是受矿山地下水多少因素影响。在设计中针对不同巷道的不同水沟要进行单独设计，故本设计在绘制巷道断面中水沟尺寸并没有标注。

（1）绘图比例选取。水沟表达内容较为简单，可根据图纸布置选择适当绘图比例，一般选取 1∶40 或 1∶50 等。

（2）水沟及盖板施工图绘制注意事项。

1）根据巷道排水量选择适当的水沟类型、水沟断面及支护形式。

2）在绘制水沟时要注意确定水沟盖板与巷道底板的关系，水沟盖板顶面与巷道底板是否在同一水平。

3）在绘制水沟时要注意确定与墙基础的关系，水沟支护底板与墙基础底部是否在同一水平。

4）在绘制水沟时要给出水沟净面积、掘进面积及支护量。在有道砟巷道中，要注意水沟净面积的计算是从道砟底面算起。

5）水沟盖板的大小要考虑施工方便，预制水沟盖板要按作业要求配筋。绘制水沟盖板的同时要给出盖板工程量钢筋表。

6）给出图纸说明，包括图纸内容说明及施工过程说明。

绘图效果见图 10-2。

10.1.3　平巷交叉点设计

金属矿山平巷交叉点设计主要包括以下六种：（1）单线单开有转角；（2）单线单开无转角；（3）双轨铺岔单分枝；（4）双轨无岔单分枝；（5）双轨无岔双分枝；（6）对称道岔双分枝。

（1）绘图比例选取。平巷交叉点表达内容复杂，一般采用 A1 图纸布置设计，因此绘图比例选取 1∶70 或 1∶80 较为合适。

（2）平巷交叉点绘制注意事项。

1）首先确定平面交叉点类型及绘图比例；

2）除了绘制巷道断面图例外，还要绘制出三个巷道的断面图；

3）平面交叉点绘制中重点在于道岔类型选取，确定道岔设计参数，如转弯半径、转弯方向、直线段长度、岔心角、岔心支护厚度等；

4）平面交叉点绘制中重点在于轨道与巷道中心线的位置关系，巷道局部加宽尺寸，以及弯道几何参数等；

5）综合考虑水沟及各种管路的路径布置；

6）绘制平巷交叉点技术特征表；

7）计算并绘制平巷交叉点工程量及材料消耗量表；

8）给出图纸说明，包括图纸内容说明及施工过程说明。

绘图效果见图 10-3 ~ 图 10-8。

10.1.4　主井、副井设计

金属矿山主井主要用于矿岩提升，副井用于人员和材料的提升，根据矿山规模选取提升设备（箕斗、罐笼），再根据提升设备确定井筒断面，净断面较小的断面尺寸往往是以500mm 模数进级，净断面较大的断面尺寸往往是以 100mm 模数进级。

10.1.4.1　断面设计

竖井断面设计一般有图解法或解析法，AutoCAD 本身所具有的绘图方法以及几何特性的计算量取，都为竖井断面设计提供了极大方便。

竖井按罐道类型分为：刚性罐道竖井和钢丝绳罐道竖井。竖井按功能类型分为：罐笼竖井和箕斗竖井。不同罐道类型的不同功能竖井，其断面设计方法也各不相同，可以参照采矿设计手册进行竖井断面设计。

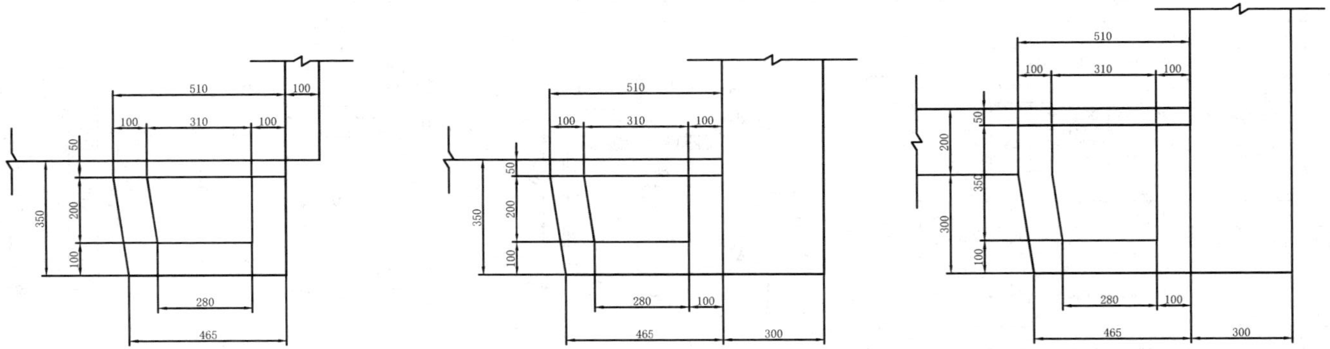

水沟断面工程量表（m²）

掘进面积	净面积	支护面积
0.15	0.06	0.12

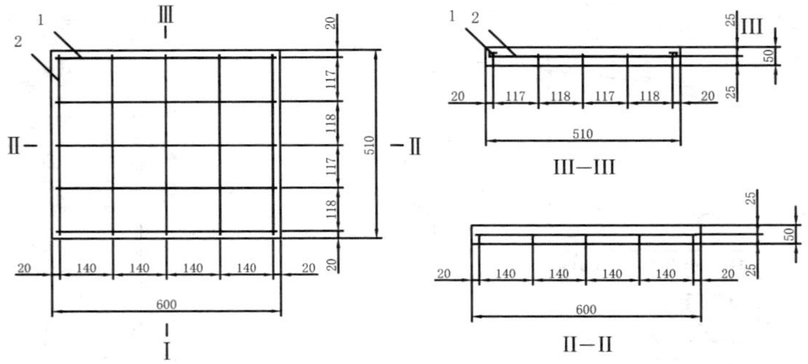

水沟断面工程量表（m²）

掘进面积	净面积	支护面积
0.17	0.07	0.09

水沟断面工程量表（m²）

掘进面积	净面积	支护面积
0.17	0.07	0.09

盖板工程量钢筋表

钢筋编号	钢筋简图	钢筋直径（mm）	钢筋全长（mm）	钢筋数量（根）	钢筋总长（mm）	钢筋总重（kg）	每米盖板混凝土量（m³）	每米盖板钢筋用量（kg）

图 10-2　水沟及盖板设计图

184

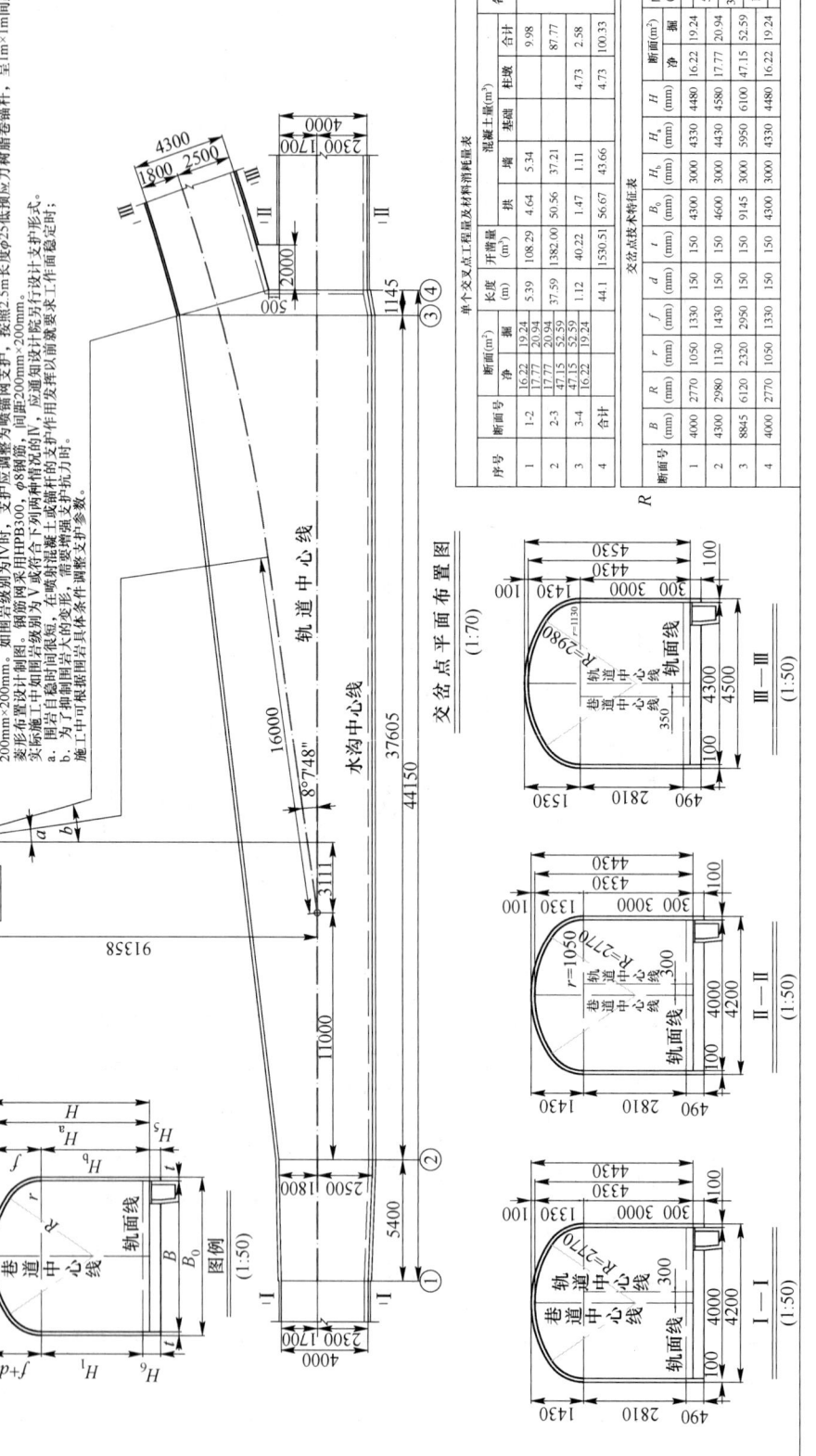

图 10-3 单线单开有转角

说明：
1. 图面尺寸皆以毫米为计算单位。
2. 交岔点所在位置见本专业平面布置图。
3. 本交岔点按围岩级别为Ⅰ、Ⅱ，采用为喷锚网支护，混凝土强度等级采为C25。如围岩级别为Ⅲ时，支护应调整为喷锚网支护，按照为22水泥砂浆锚杆，呈1m×1m间距。钢筋网采用HPB300，φ8钢筋，间面200mm×200mm。如围岩级别为Ⅳ时，支护应调整为喷锚网支护，按照2.5m长度φ25低预应力树脂卷锚杆，呈1m×1m间距。钢筋网采用HPB300，φ8钢筋，间面200mm×200mm。变形布置设计中制图用。钢筋网采用HPB300，φ8钢筋，在喷射混凝土或两种情况的Ⅳ，应通知设计院另行设计支护形式。实际施工中如间岩间岩级别为Ⅴ或Ⅳ时，在喷射混凝土或两种种情强喷以前须要求工作面卷定用。
a. 围岩自卷时间很短，需要增强支护参数。
b. 为了抑制围岩大的的变形，需要增强支护参数。
施工中可根据围岩具体条件调整支护参数。

交岔点平面布置图

轨道中心线

水沟中心线

交岔点平面布置图 (1:70)

Ⅲ—Ⅲ (1:50)

Ⅱ—Ⅱ (1:50)

Ⅰ—Ⅰ (1:50)

图例 (1:50)

巷道中心线

轨面线

单个交叉工程混凝土量消耗量表

序号	断面号	断面(m²)		B(mm)	R(mm)	r(mm)	f(mm)	d(mm)	B₀(mm)	H₀(mm)	Hₐ(mm)	H(mm)	断面(m²)		间距(mm)
		净	毛										净	毛	
1	1-2	16.22	19.24	4000	2770	1050	1330	150	3000	4330	3000	4480	16.22	19.24	5.39
2	2-3	17.77	20.94	4300	2980	1130	1430	150	3000	4600	4430	4580	17.77	20.94	37.59
3	3-4	47.15	52.59	8845	6120	2320	2950	150	3000	9145	5950	6100	47.15	52.59	1.12
4		16.22	19.24	4000	2770	1050	1330	150	3000	4330	3000	4480	16.22	19.24	

混凝土量表

长度(m)	开挖量(m³)	拱	墙	基础	柱坡	合计	备注
5.39	108.29	4.64	5.34			9.98	
37.59	1382.00	50.56	37.21			87.77	
1.12	40.22	1.47	1.11			2.58	
44.1	1530.51	56.67	43.66	4.73	4.73	100.33	

交岔点技术特征表

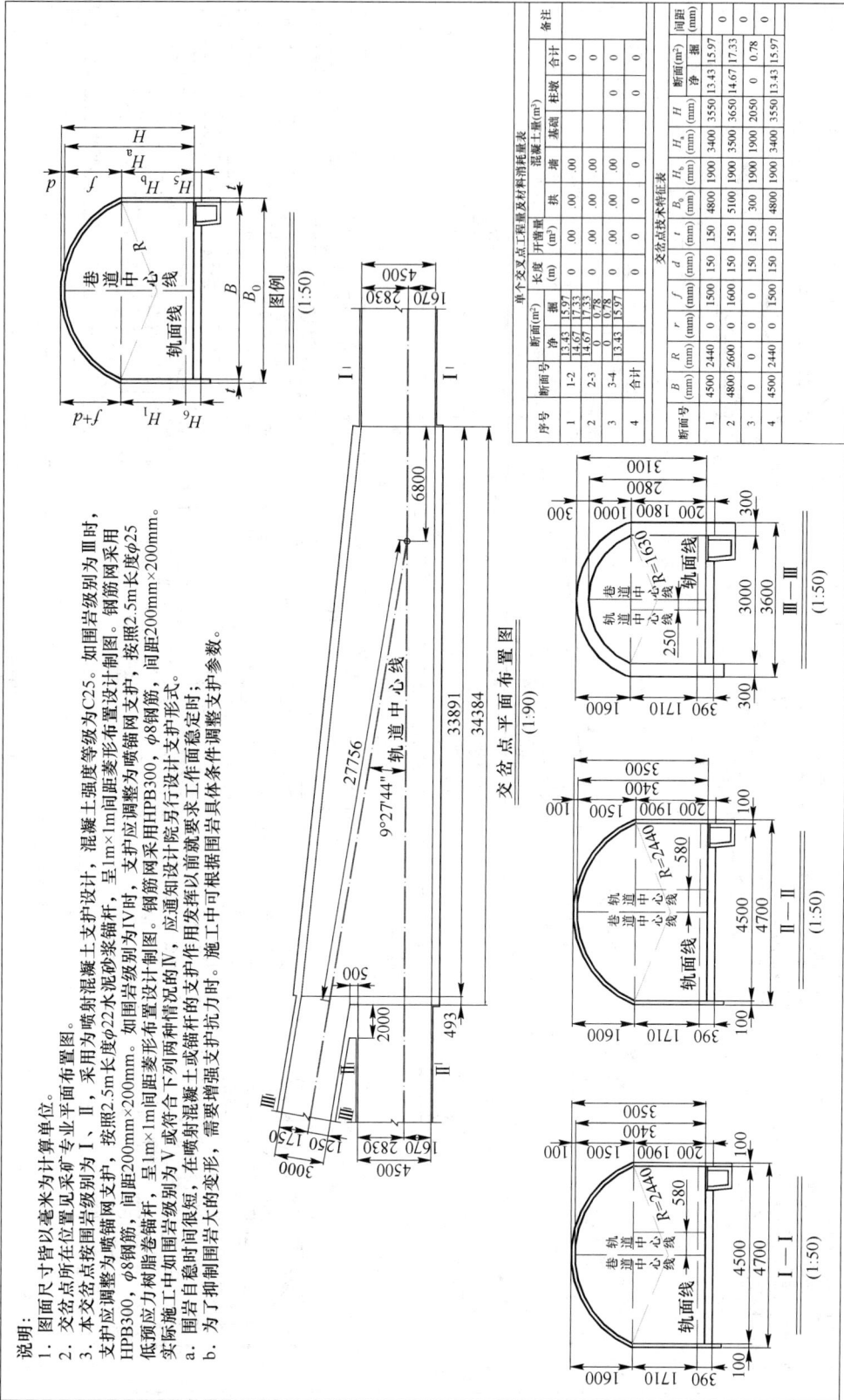

图10-4 单线单开无转角

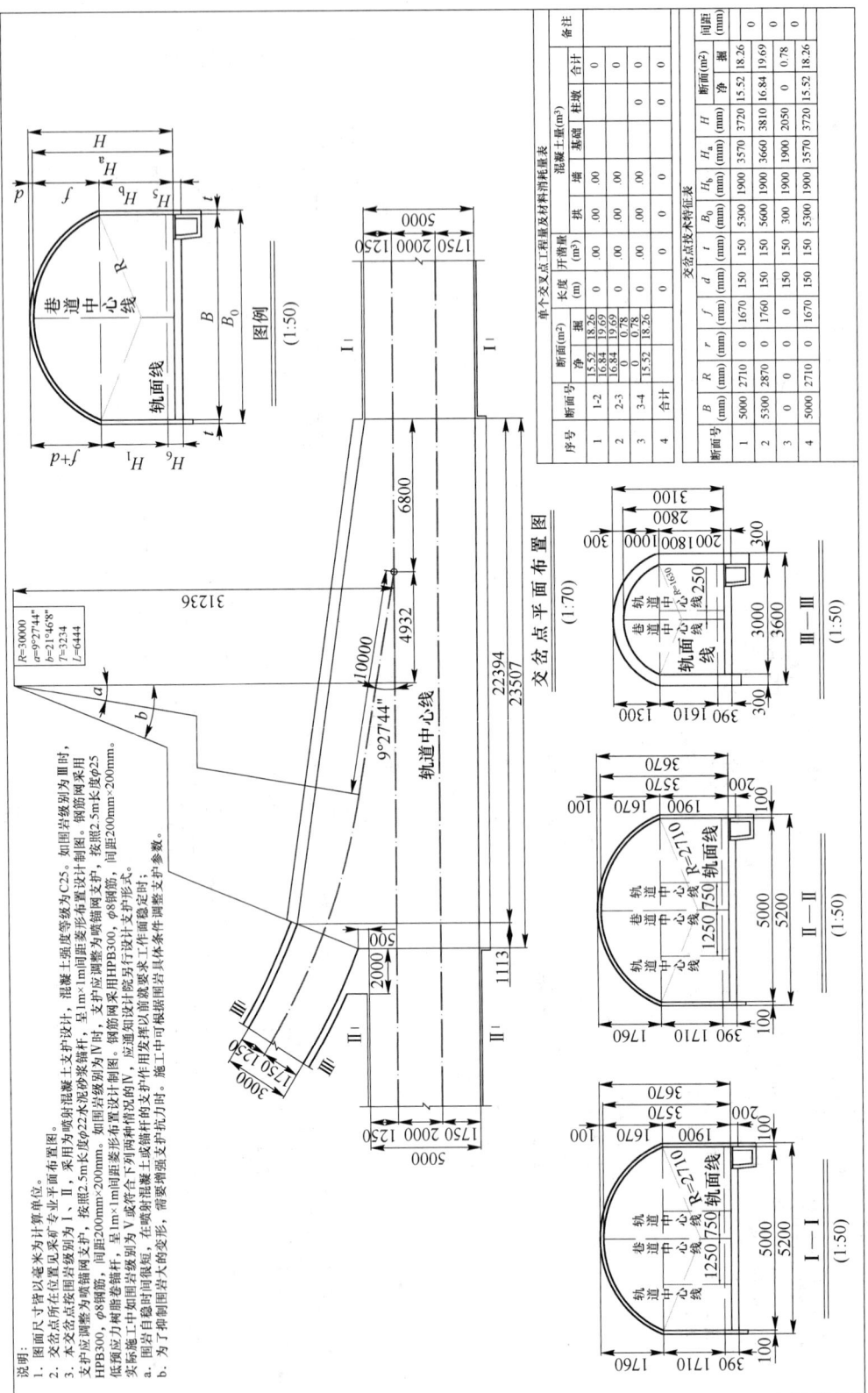

图 10-5　双轨铺岔单分枝

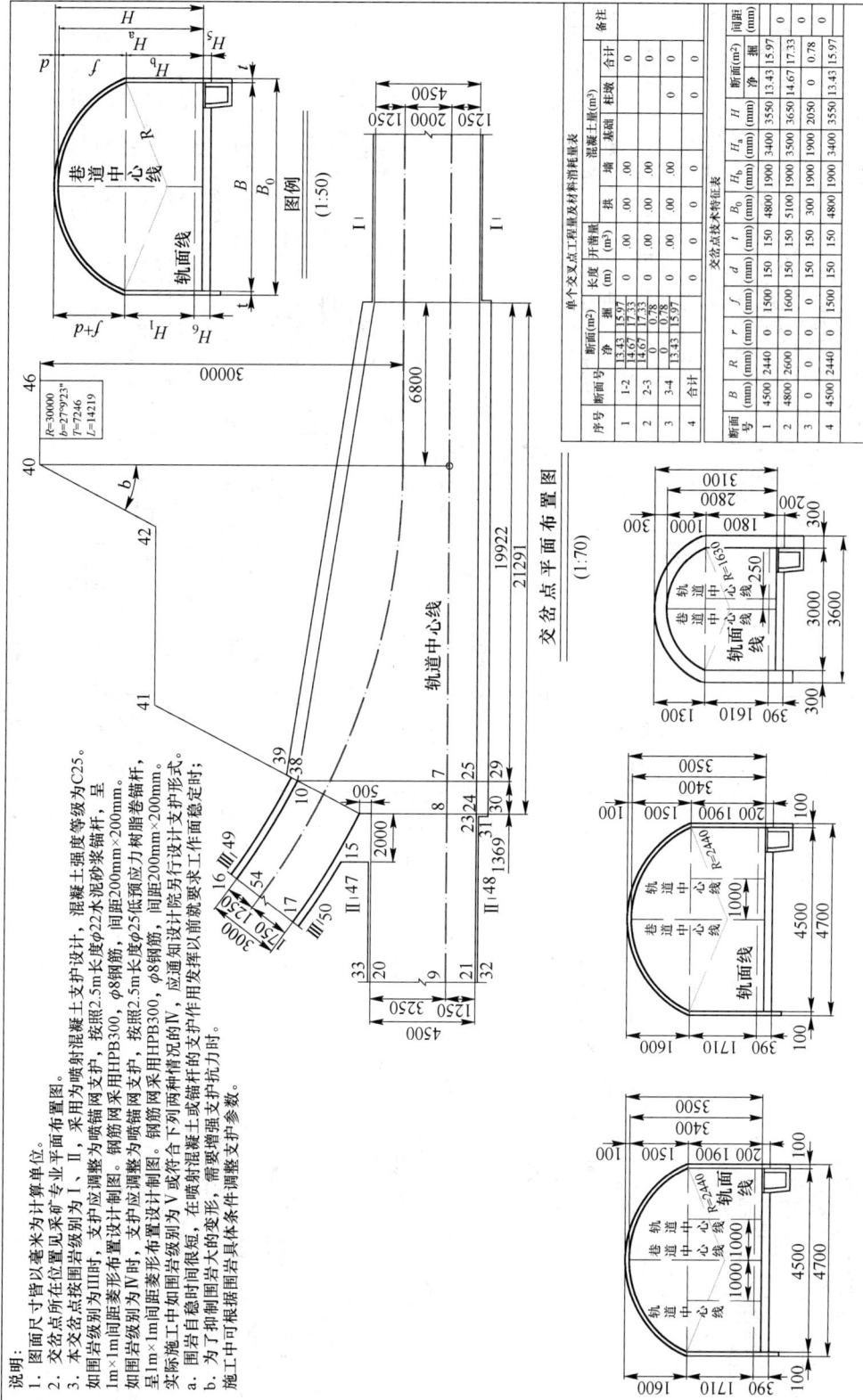

图 10-6 双轨无岔单分枝

说明：
1. 图面尺寸皆以毫米为计算单位。
2. 交岔点所在位置见采矿专业平面布置图。
3. 本交岔点围岩级别为Ⅰ、Ⅱ，采用为喷锚网支护。
如围岩级别为Ⅲ时，支护应调整为喷锚网支护，按照2.5m长度φ22水泥砂浆锚杆，间距200mm×200mm。
钢筋网采用HPB300，φ8钢筋，间距200mm×200mm，呈1m×1m间距菱形布置。
如围岩级别为Ⅳ时，支护应调整为喷锚网支护，按照2.5m长度φ25低预应力树脂卷锚杆，间距1m×1m间距菱形布置。钢筋网采用喷锚网支护。
钢筋网采用HPB300，φ8钢筋。间距200mm×200mm。
实际施工中如围岩级别为Ⅴ或存在下列两种情况另行设计院另行设计作为支护形式，应通知设计院以前发挥以前就要求工作面稳定时。
a. 围岩自稳时间很短，在喷射混凝土或锚杆的支护作用的支护作用时，
b. 为了种制围岩大的变形，需要增强支护抗力时。
施工中可根据围岩具体条件调整支护参数。

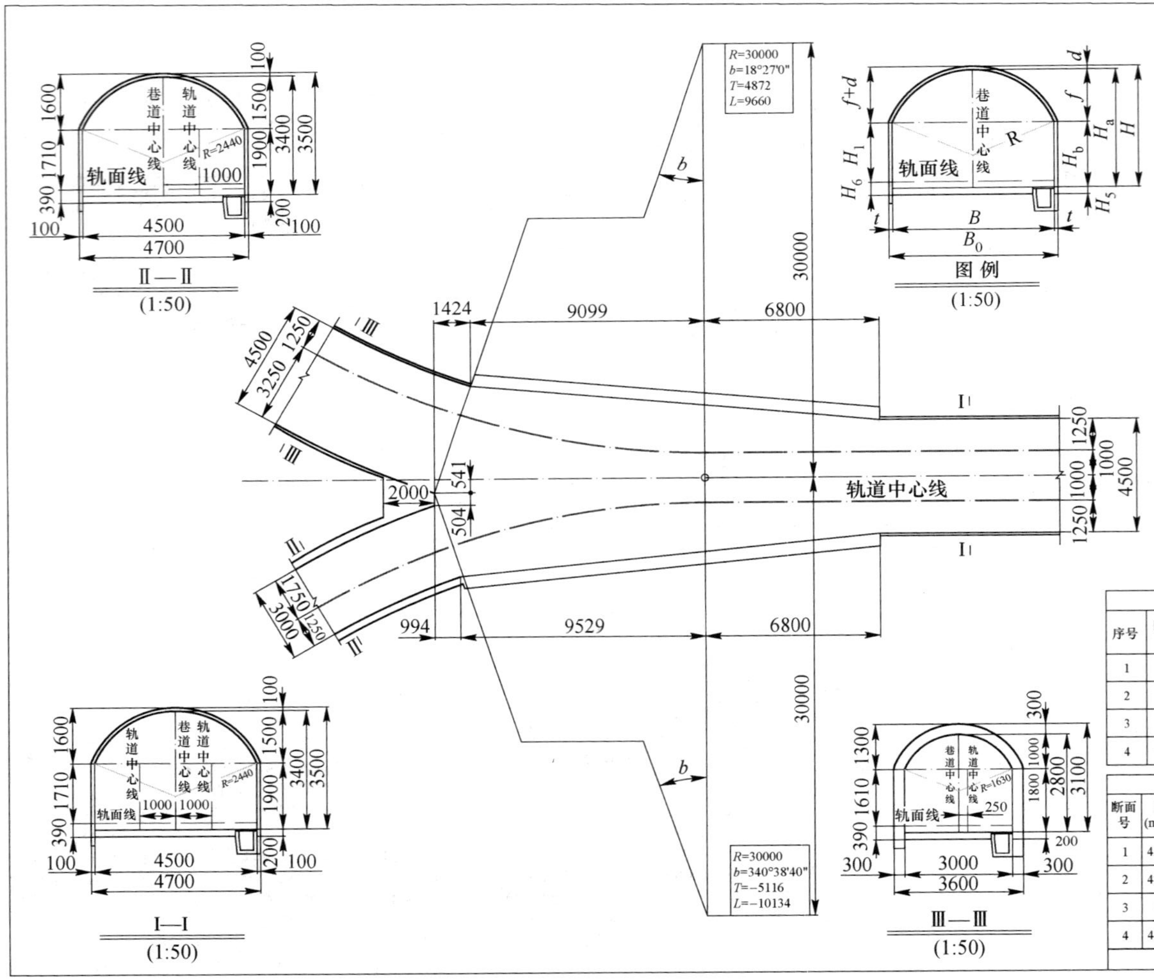

说明:
1. 图面尺寸皆以毫米为计算单位。
2. 交岔点所在位置见采矿专业平面布置图。
3. 本交岔点按围岩级别为 I、II，采用为喷射混凝土支护，混凝土强度等级为C25。
如围岩级别为III时，支护应调整为喷锚网支护，按照2.5m长度 φ22 水泥砂浆锚杆，呈 1m×1m 间距梁形布置设计制图。钢筋网采用HPB300，φ8 钢筋，间距 200mm×200mm。
如围岩级别为IV时，支护应调整为喷锚网支护，按照2.5m长度 φ25 低预应力树脂卷锚杆，呈 1m×1m 间距梁形布置设计制图。钢筋网采用HPB300，φ8 钢筋，间距 200mm×200mm 实际施工中如围岩岩级别为V时设计院另行设计支护形式。
a. 如围岩自稳时间很短，在喷射工作面稳定时，需要增强支护的参数。
b. 为了抑制围岩大体的变形，应通知设计院调整支护参数。
施工中可根据围岩具体条件调整支护参数。

单个交岔点工程量及材料消耗量表

序号	断面号	B (mm)	R (mm)	f (mm)	d (mm)	t (mm)	长度 (m)	开宽量 (m³)	断面(m²) 净	断面(m²) 掘	B₀ (mm)	H_b (mm)	H_a (mm)	H (mm)	混凝土量(m³) 墙	拱	基础	合计	断面(m²) 净	断面(m²) 掘	间距	备注
1	1-2	4500	2440	1500	0	150			13.43	15.97	4800	1900	3400	3550	.00	.00	.00	0	13.43	15.97	0	
2	2-3	4800	2600	1600	0	150			14.67	17.33	5100	1900	3500	3650	.00	.00	.00	0	14.67	17.33	0	
3	3-4				0	150			0	0.78	300			2050	.00	.00	.00	0	0	0.78	0	
4	合计	4500	2440	1500	0	150			13.43	15.97	4800	1900	3400	3550				0	13.43	15.97	0	

图 10-7　双轨无岔双分枝

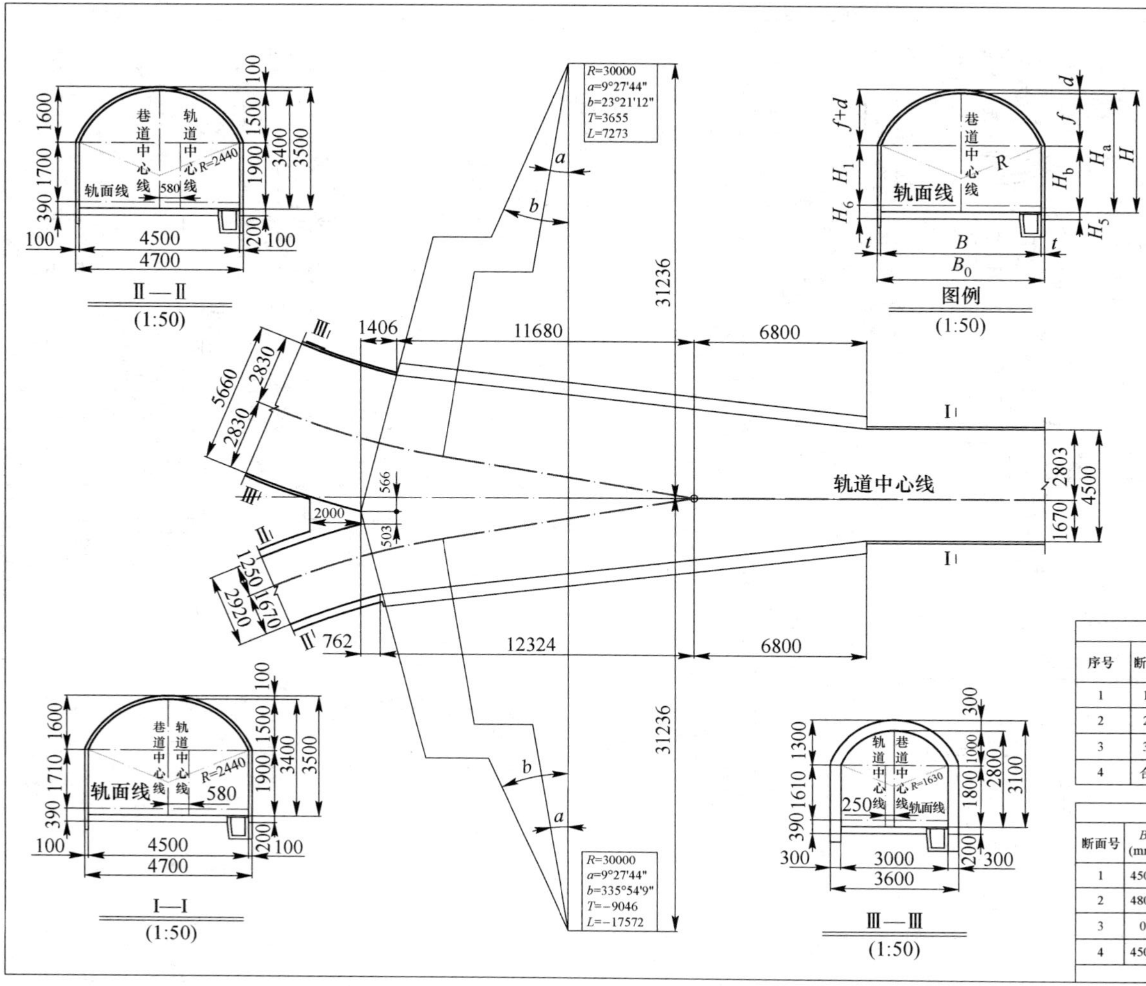

说明：

1. 图面尺寸皆以毫米为计算单位。
2. 交岔点所在位置见采矿专业平面布置图。
3. 本交岔点按围岩级别为Ⅰ、Ⅱ，采用为喷射混凝土支护设计，混凝土强度等级为C25。如围岩级别为Ⅲ时，支护应调整为喷锚网支护，按照2.5m长度的φ22水泥砂浆锚杆，呈1m×1m间距菱形布置设计制图。钢筋网采用φ8钢筋，间距200mm×200mm。如围岩级别为Ⅳ时，支护应调整为喷锚网支护，按照2.5m长度φ25低预应力树脂卷锚杆，φ8钢筋网置设计制图。钢筋网采用应按1m×1m间距菱形布置设计制图。钢筋网采用间距200mm×200mm实施施工中如围岩级别为Ⅴ或者以下列两种情况的Ⅳ，应通知设计院另行设计支护形式。

a. 围岩自稳时间很短，在喷射混凝土的支护作用发挥以前就就要求工作面稳定时；
b. 为了抑制围岩大的变形，需要增强支护抗力时。施工中可根据围岩具体条件调整支护参数。

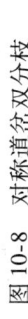

图10-8　对称道岔双分枝

序号	断面号		单个交岔点工程量及材料消耗量表								
		长度(m)	开挖量(m³)	混凝土量(m³)			断面(m²)		间距(mm)	备注
				拱	墙	基础	柱线	合计	净	掘	
1	1-2	0	.00	.00	.00	.00	.00	0	13.43	15.97	0
2	2-3	0	.00	.00	.00	.00	.00	0	14.67	17.33	0
3	3-4	0	.00	.00	.00	.00	.00	0	0	0.78	0
4	合计	0	.00	.00	.00	.00	.00	0	13.43	15.97	0

交岔点技术特征表

断面号	B	R	r	f	d	B_0	H_a	H	断面(m²)		间距(mm)
									净	掘	
1	4500	2440	0	1500	150	4800	1900	3550	3400	13.43	15.97	0
2	4800	2600	0	1600	150	5100	1900	3650	3500	14.67	17.3	0
3	0	0	0	0	150	300	1900	2050	1900	0	0.78	0
4	4500	2440	0	1500	150	4800	1900	3550	3400	13.43	15.97	0

图例 (1:50)

Ⅲ—Ⅲ (1:50)

Ⅱ—Ⅱ (1:50)

Ⅰ—Ⅰ (1:50)

R=30000
α=9°27′44″
b=23°21′12″
T=3655
L=7273

R=30000
α=9°27′44″
b=33°5′549″
T=9046
L=17572

10.1.4.2 井筒设计

井筒设计一般包括井颈设计、井筒中间马头门设计及井筒的底部结构设计。井筒中包含的各种管道及管卡梁，提升设备的罐道梁，以及供人员上下使用梯子间等，在不同的设计阶段有不同的设计体现。不同功能竖井，其井筒设计也各不相同，可以参照采矿设计手册进行竖井井筒设计。

绘图效果见图 10-9。

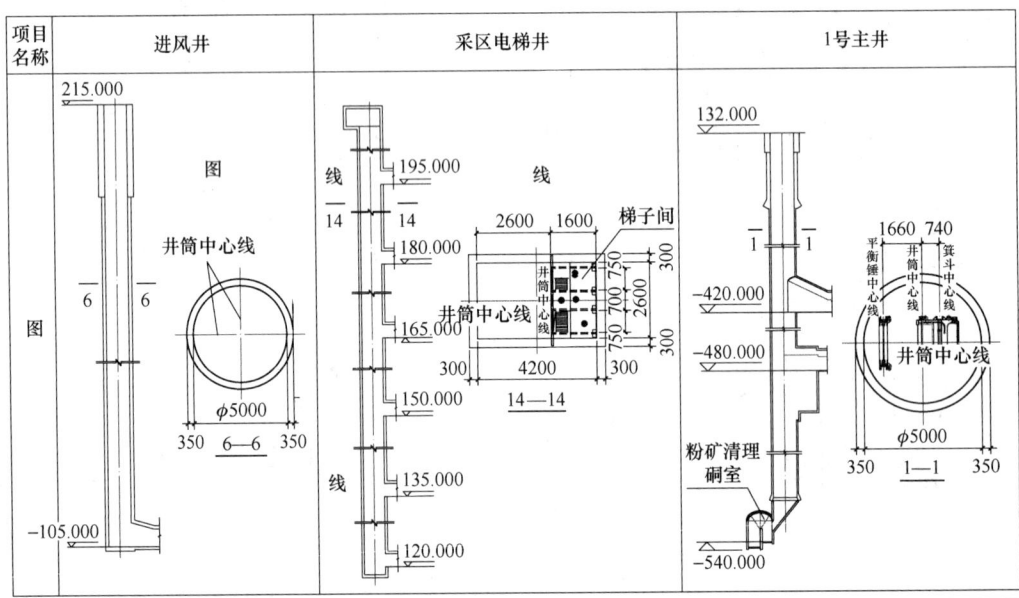

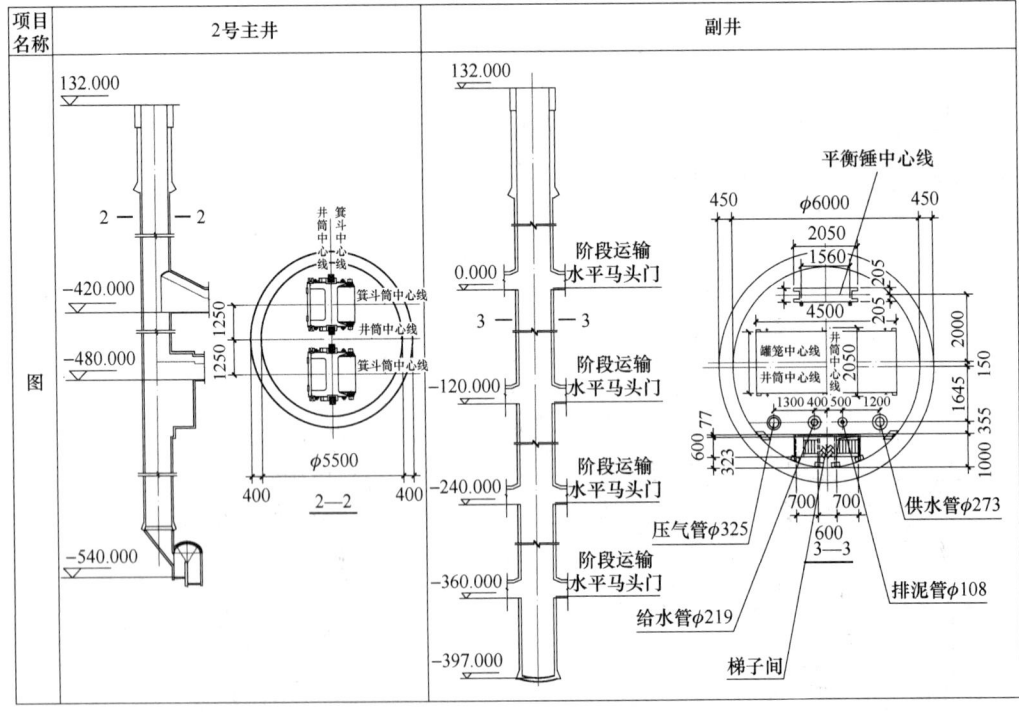

图 10-9　竖井设计图

10.2　采矿专业设计

金属矿山地下开采设计中，采矿方法设计最为重要，其次要建立合理的开拓系统及通风系统，故要完成的采矿专业设计主要包括：采矿方法图、开拓立体图、通风网络图、中段运输水平平面布置图、斜坡道设计、井底车场设计、井下破碎系统、皮带道给矿系统、粉矿清理系统等设计。

10.2.1　采矿方法图

根据矿山设计规模及矿体的赋存条件，选择设计出合理的采矿方法，一个矿山由于矿体赋存条件变化较大，往往需要设计多个采矿方法。绘图效果见图10-10。

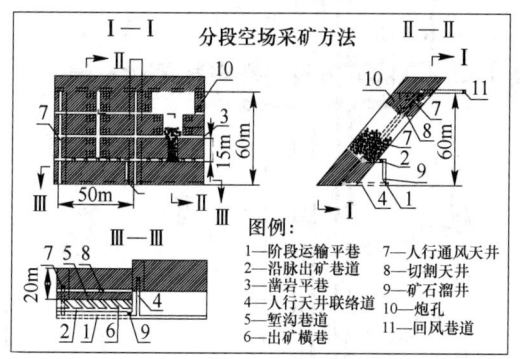
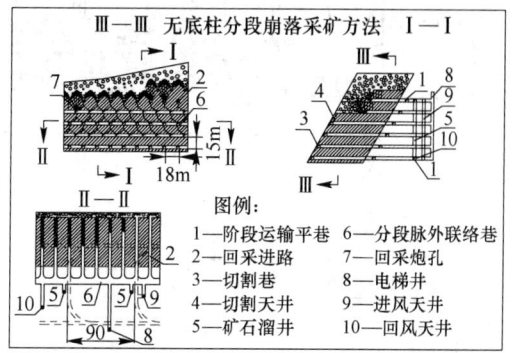

图 10-10　采矿方法设计图

10.2.2　开拓立体图绘制

根据矿山设计规模、地质地形条件及采矿方法，确定出最佳的矿山开拓方案。完整的开拓立体图包括竖井、斜坡道、平硐、溜井、中段运输平巷、井底车场、破碎系统、皮带道、粉矿清理、各种功能硐室等。

开拓立体图构建的前提是已经完成了各项开拓工程的布置设计。依此工程布置设计的单线组建成立体开拓线框图，再通过断面放样技术构建出较逼真的开拓立体图，即三维开拓模型。有时也可以将三维地表模型、三维矿体模型与三维开拓模型组合在一起，形成完整的三维矿山模型。

对于单独表达的开拓或通风立体效果图，有时需要加大纵向比例以便获得更好的工程观察效果，同时工程断面也不需按实际比例尺寸绘制，只需保证整体效果协调即可。绘图效果见图10-11。

10.2.3　通风网络图绘制

通风计算是地下矿山设计的重要内容，通风网络图是简化了的通风路径，是配合通风

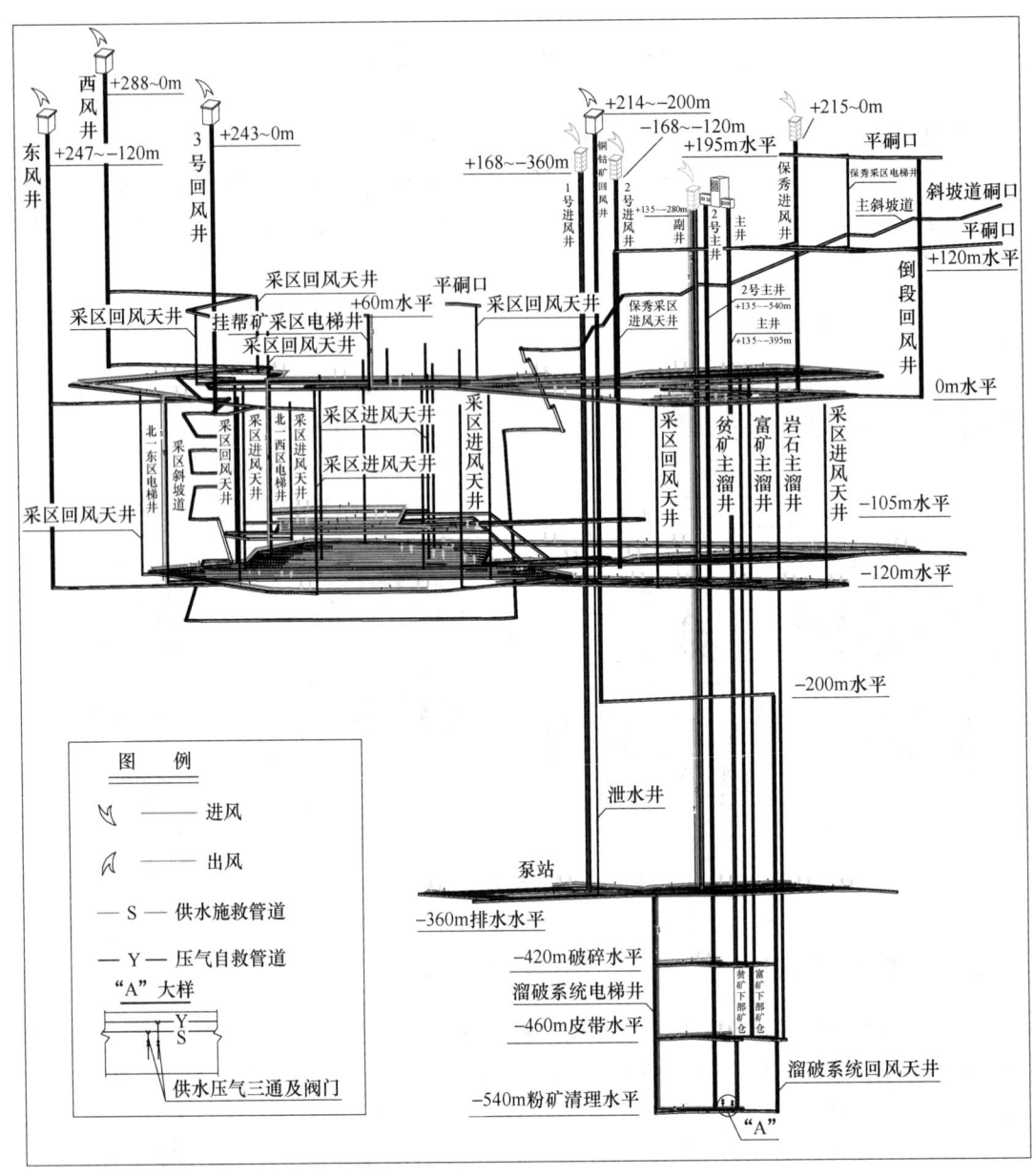

图 10-11   开拓及通风系统图

计算的主要依据。绘图效果见图 10-12。

10.2.4   中段运输水平平面布置设计

在主要中段运输水平上，根据采矿方法及矿体形态，完成开拓运输平面布置设计。平面设计中除了包含平巷及硐室外，还要体现竖井、溜井、斜坡道接口等内容。

如果是施工图设计阶段，还要绘制线路上每个节点信息、弯道信息，还要给出坐标计算表等。绘图效果见图 10-13。

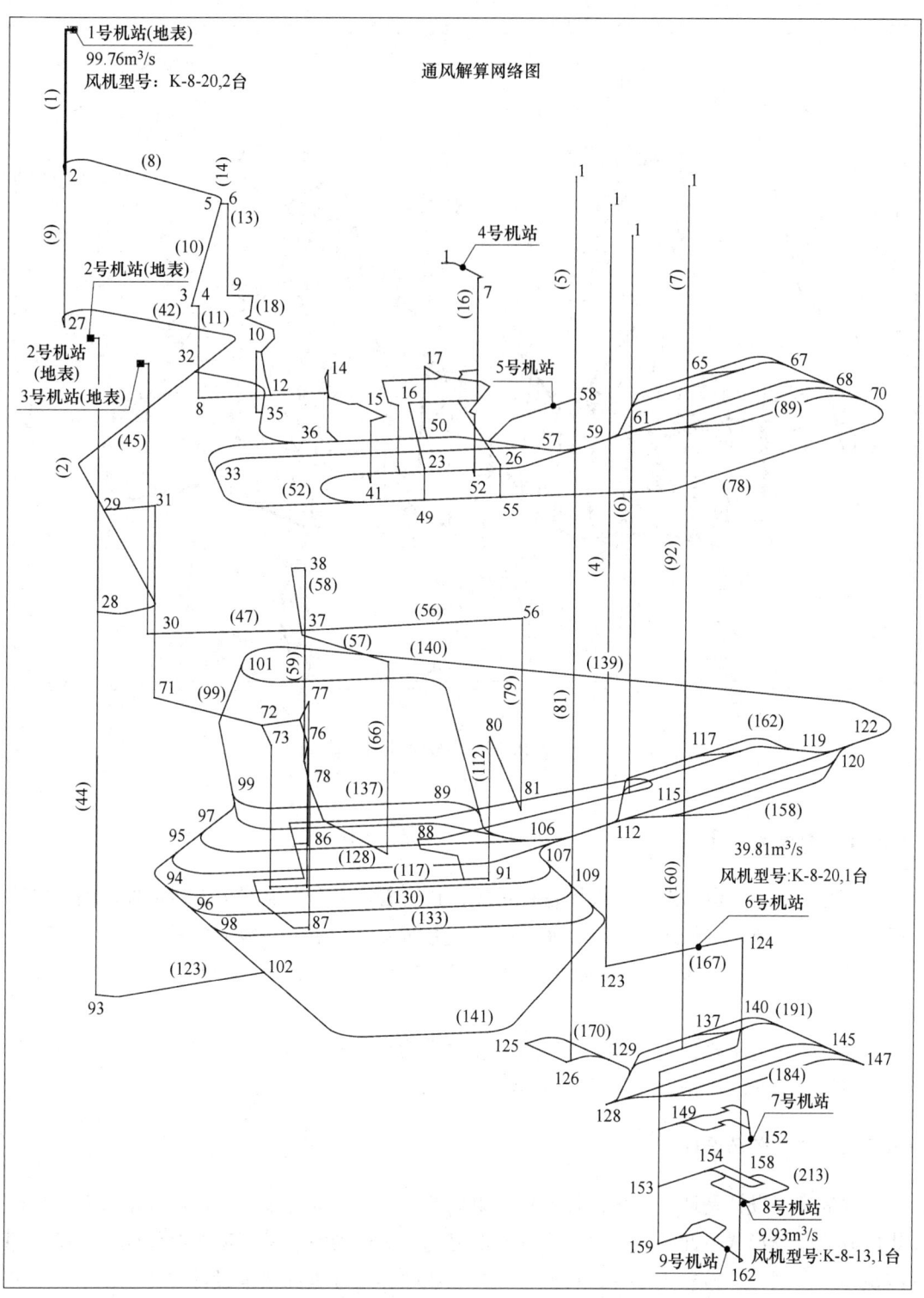

图 10-12　通风网络计算图

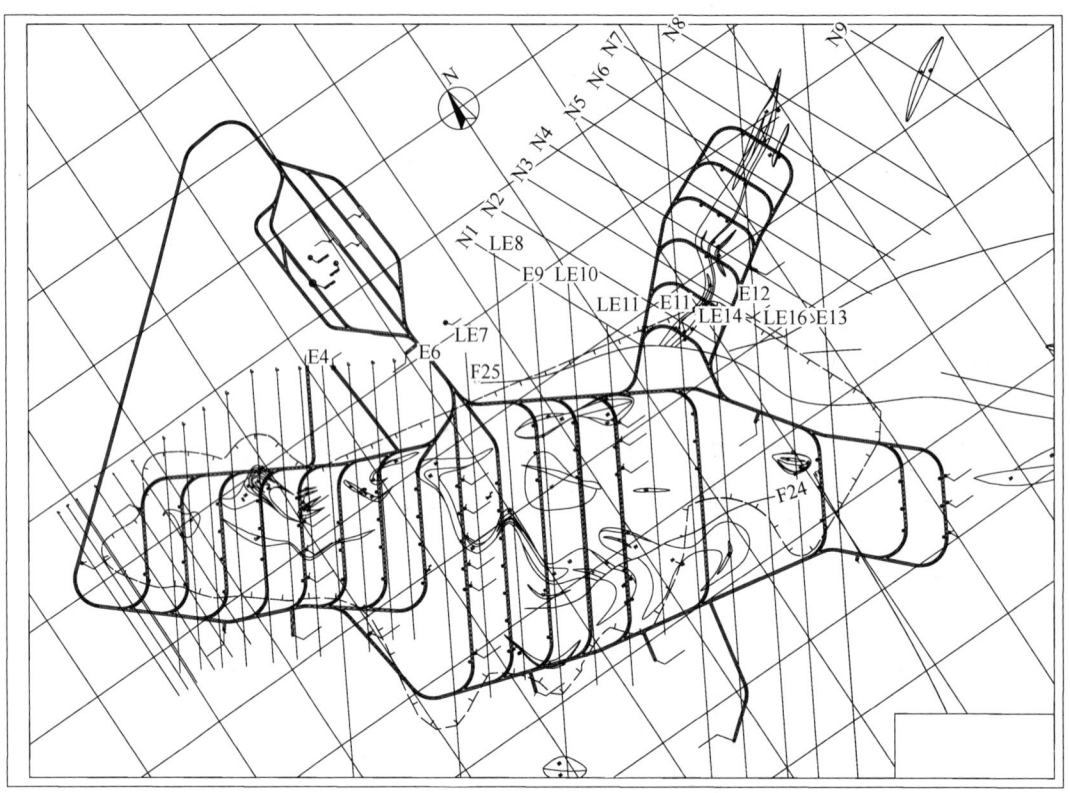

图 10-13　中段设计图

10.2.5　斜坡道设计

目前采用斜坡道辅助开拓设计越来越多，斜坡道除了作为大件运输通道外，还可以进行材料人员乃至矿岩的运输通道，使生产管理更加灵活方便。在地下矿斜坡道设计中可以有很多设计方案，优秀的斜坡道设计软件可以快速完成设计，可以实现斜坡道多方案设计比较。

施工图设计阶段，不但要绘制线路上直线道信息、弯道信息，还要绘制坐标计算表，斜坡道纵投影图等。绘图效果见图 10-14。

10.2.6　井底车场设计

井底车场设计是地下开采设计的重要组成部分，根据提升设备、矿山规模选取设计最优的井底车场形式。此外泄水井、水仓、沉淀池、避难硐室、机车矿车维修硐室、矿岩卸载硐室、主副井、矿岩主溜井、粉矿电梯井、风井等工程也都在本设计中体现。

如果是施工图设计阶段，不但绘制车场线路上直线道信息、弯道信息，还要绘制坐标计算表，井底车场纵投影图等。绘图效果见图 10-15。

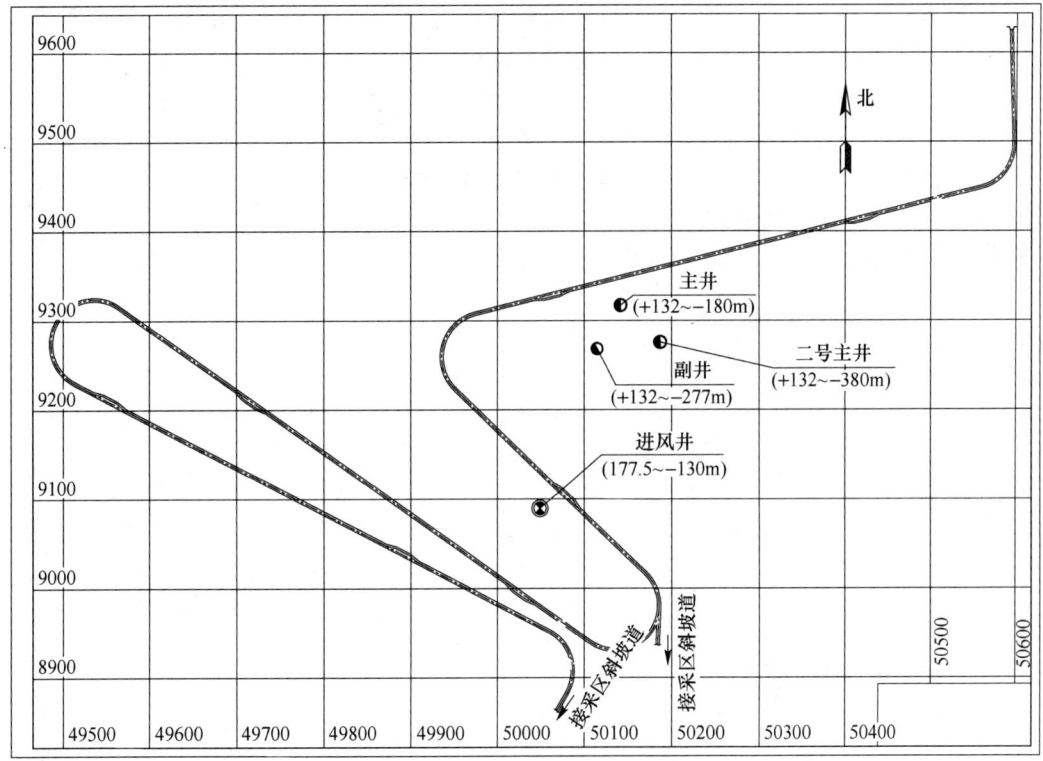

图 10-14 斜坡道平面设计图

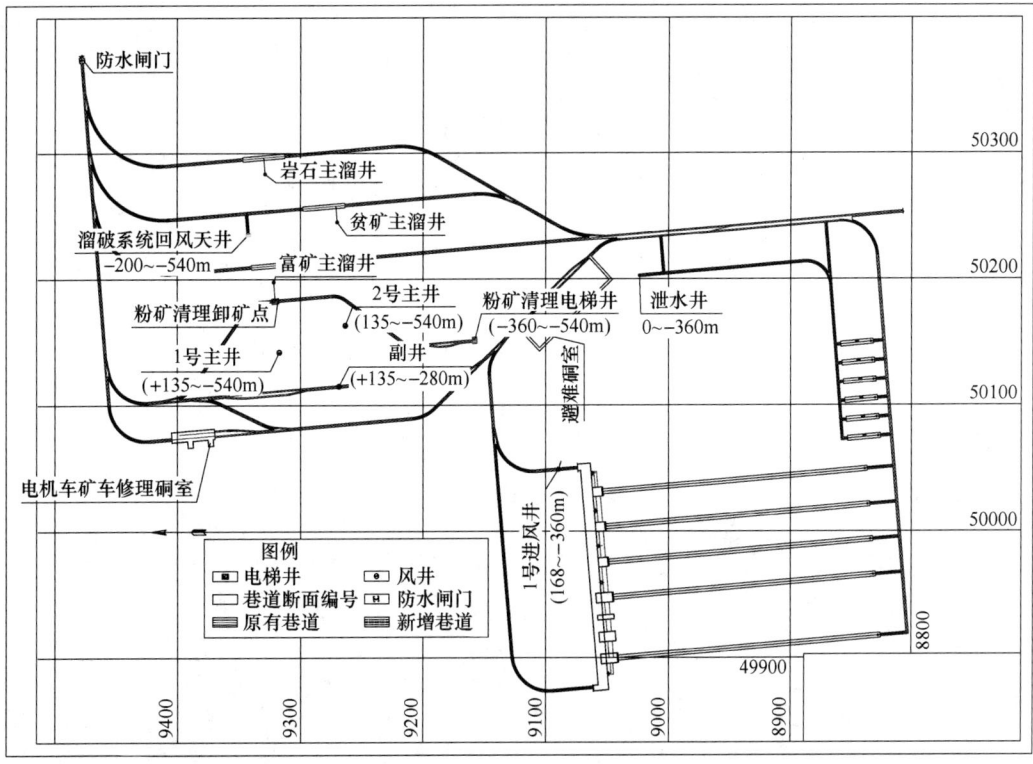

图 10-15 井底车场平面设计图

思考与习题

10-1 简述以 1/3 三心拱和 1/3 圆弧拱巷道断面绘图步骤。

10-2 开拓和通风效果立体图是否一定要按照比例绘制，为什么？

10-3 平巷交叉点绘制有哪些注意事项？

10-4 结合设计手册完成一个井底车场设计图。

11 MiningCAD 在露天矿设计中的应用

如前所述，目前露天矿一次境界都由专业软件优化完成。最著名的软件当属 Whittle4x 了。一次境界优化结果直观给出露天矿底部（可以是多底）形态、底部标高，以及境界各个台阶界限。一次境界都是由单线表示，在此基础上布置开拓路线，并完成终了境界绘制，本章重点即是如何由一次境界完成终了境界绘制。

11.1 二次境界绘制准备

在获得一次境界单线图基础上，设计人员根据工业场地总体布置、矿区地形等等因素，首先确定了深凹露天的总出入沟的标高及位置。再根据开拓方式采用人机交互方式初步由上而下布置运输线路，最终确定境界底部出入沟开口位置。

有了运输线路及境界设计台阶参数，在 EXCEL 表格中完成不同分区不同边坡位置的最终边坡组成要素的填写，再根据此数据自动绘制出最终边坡及边坡角。以此边坡角与不同分区边坡角进行校验，并优化调整不同分区的最终边坡组成要素。

最后，将经过调整后的不同分区最终边坡组成要素数据，以扩展数据方式保存在境界分区图形中，供二次境界设计使用。

11.1.1 布置开拓线路

露天矿开采一般可分为山坡露天开采和深凹露天开采，往往一个露天矿同时具备两种开采形式。对于山坡露天矿公路开拓来说，一般是在境界外围修筑固定道路，并能够与各个开采台阶相通确保矿岩运输。对于深凹露天矿公路开拓来说，首先确定总出入沟位置，一般选择在封闭圈水平有利于运矿和排岩的位置。以此位置为起点，按设计公路开拓路线向下进行出入沟延伸，直至确定境界底部，找到底部出入沟的起始位置及延伸方向。

本模块程序命令按给定的出入沟长度、缓坡段长度，选择台阶线，给定道路起始位置及延伸方向点，程序会自动给出下个台阶出入沟的位置。参照给定的出入沟起点重复选择下一个台阶线寻找新的出入沟起点，直至露天矿最底部台阶。

需要说明的是，此命令目的是由上向下寻找露天矿底部出入沟的大致位置。依据的台阶线是按一次境界设计所设定的边坡角绘制的，按边坡台阶组合要素并加入开拓道路所完成的终了境界，其边坡角会与一次境界边坡角有一些差异，从而会对露天矿底部出入沟位置的准确性有一定影响，在实际应用中要加以考虑和调整。绘图效果见图 11-1。

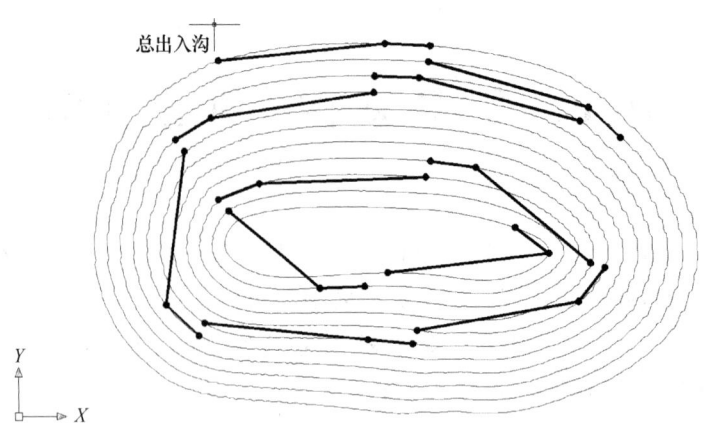

图 11-1   开拓线路布置图

11.1.2   校验边坡角

一次境界选择的边坡角并没有考虑公路开拓系统,也没有兼顾边坡台阶组合要素,更多的是考虑岩体稳定性及矿体赋存条件。开拓线路布置完成后,即获得了边帮上出入沟线路分布。按技术可行的台阶要素及出入沟数目建立边坡台阶参数文件,依据此边坡台阶参数文件绘制边坡断面图,并获得边坡角。将此边坡角与一次境界所定边坡角进行校验,通过调整平台宽度或台阶并段技术手段来调整边坡角,使其接近而不大于一次境界边坡角。

根据岩体稳定性及矿体赋存条件,在终了境界边帮划分多个边坡角度不同的区域。根据边坡台阶参数及出入沟布置情况对每个区域进行文件编制,采用本模块程序命令完成校验调整,确立最终不同区域的边坡台阶参数文件,见图 11-2、图 11-3。

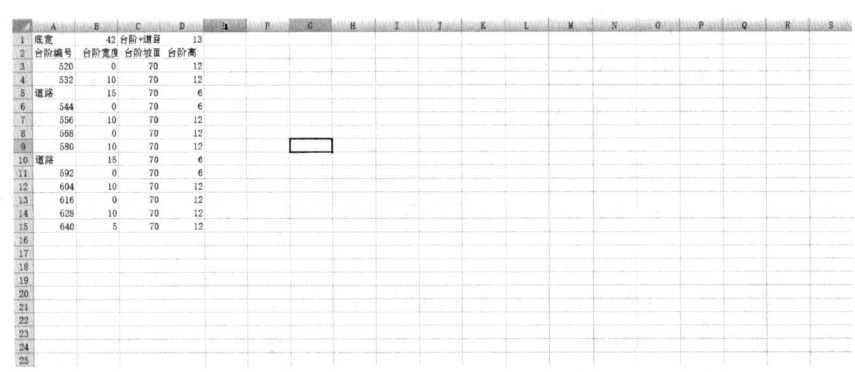

图 11-2   某区域最终边坡参数

11.1.3   边坡分区台阶参数赋值

通过前面不同分区的边坡角校验,调整不同分区的平台宽度(并段台阶的台阶平台

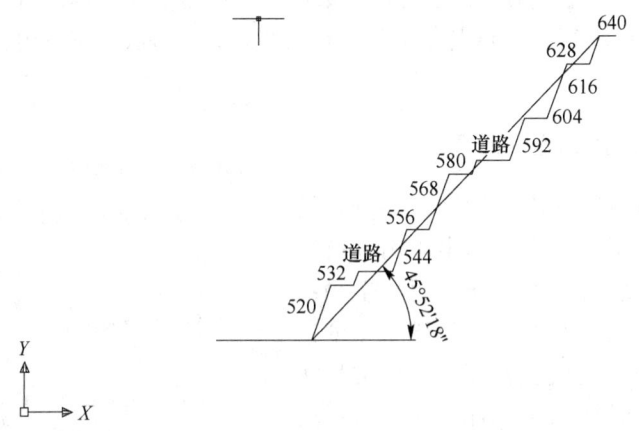

图 11-3　某区域最终边坡剖面图

宽度为零），获得边坡台阶参数文件。本命令是将调整后的边坡台阶参数文件中的台阶参数赋值给境界的边坡分区。

　　台阶参数以扩展数据形式保存在边坡分区线中，为后续台阶绘制提供数据支持。绘图效果见图 11-4。

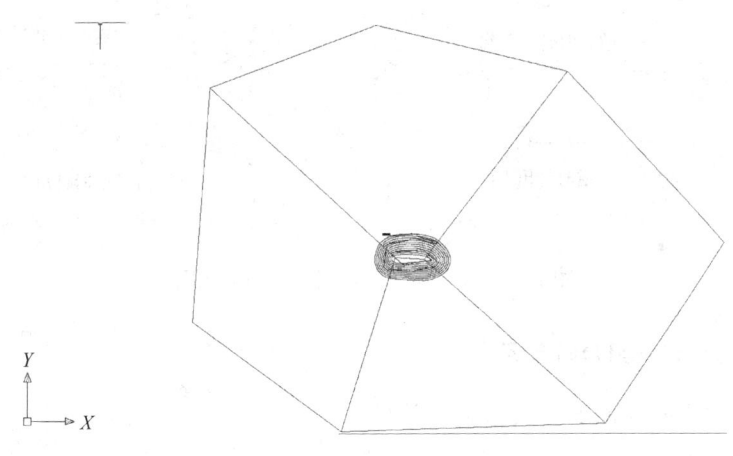

图 11-4　露天矿不同边坡角区域划分图

11.2　二次境界设计

　　在已确定境界底及运输线路的基础上，本单元命令是完成二次境界的绘制。从境界底开始，自动按需求绘制出入沟的开口及方向，以此开口为起点按要求绘制一组台阶，并按最小平台宽度自动形成新的平台内沿线。如果有分区则按分区边坡参数要求，再次生成变宽的平台内沿线。再以此平台内沿线为基础重新绘制一组台阶，依次循环直至结束。

每次生成新平台内沿线时，由于分区参数不同的因素、某些局部宽平台因素、折返道路回转半径要求、放平行线后起点变化等因素，都需要在每次绘制一组台阶前，进行必要的人工辅助处理。

11.2.1 绘制露天矿底部道路开口

本命令完成境界底的出入沟开口绘制，见图 11-5，同样适用于所有平台的出入沟开口绘制。境界底线由于绘制出入沟开口而发生局部变化，使用"出入沟渐变段长度与道路宽度比值"来确定参与渐变的底线长度。开口类型按出入沟方向分为逆时针和顺时针，按开口形式可分为内收和外扩，因此有四种不同的绘制开口方式，如图 11-6 所示。

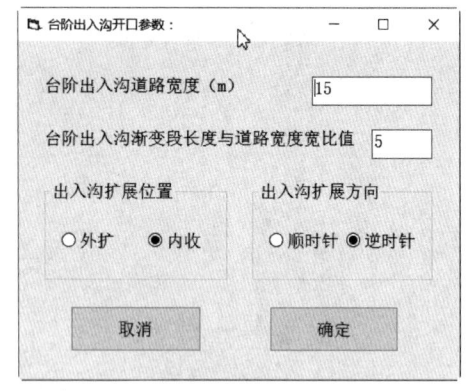

图 11-5　出入沟设计参数

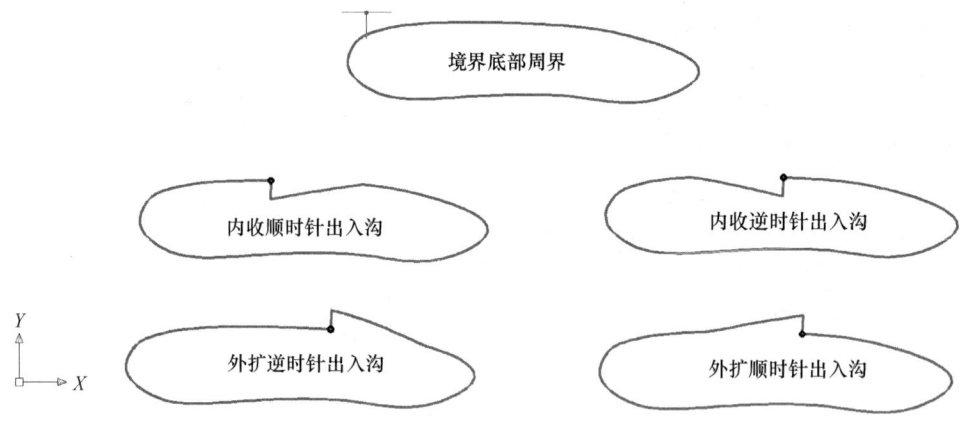

图 11-6　露天矿底部不同出入沟形式图

11.2.2 绘制露天矿一组台阶单元

本命令是根据境界底线（或平台内沿线）自动按要求绘制出一组台阶，并形成下一组台阶内沿线，见图 11-7。针对本台阶道路而言，道路的前进方向与出入沟开口一致。道路的前进方式是指下一组台阶道路与本台阶道路的关系，即螺旋或折返。平台宽度是针对本道路开口位置所在境界分区在下个台阶时的平台宽度，不需人工修改。如果没有境界分区情况，此值为 0（台阶并段此值也为 0），需要人工正确填写平台宽度。

每组台阶包括：两条道路线（三维多段线），两条台阶坡面线（三维多段线），一条台

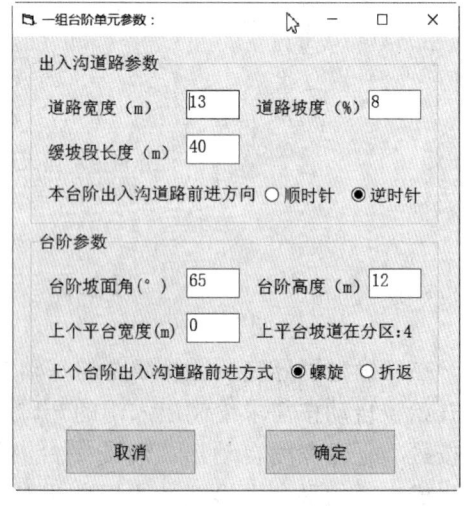

图 11-7　台阶设计参数

阶内沿线和一条台阶外沿线（二维多段线）。台阶内沿线是下一组台阶绘制的基础，根据情况会需要人工调整。当台阶线有拐点聚集，可以执行后面"重新定义平台内沿线起点及间距"命令解决。

绘图效果见图 11-8。

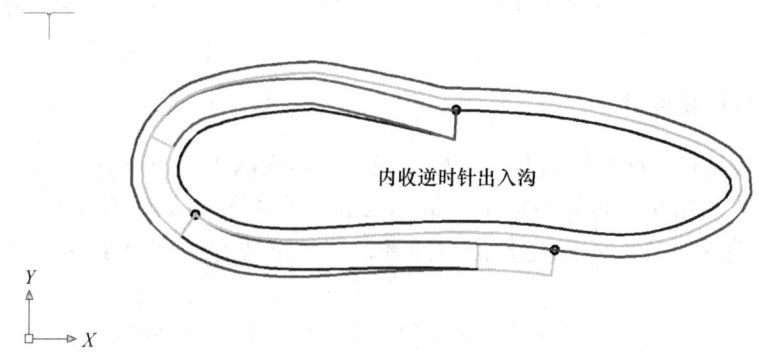

图 11-8　露天矿台阶设计图

11.2.3　重新定义平台内沿线起点及间距

在生成新平台内沿线时，放平行线后起点位置（绘制有标志圆）会发生变化，不在道路开口位置，说明在标志圆位置拐点不再圆滑，甚至出现交叉打结。此外，由于分区参数不同的因素、某些局部宽平台因素、折返道路回转半径因素等等，内沿线发生了变化，都需要人为重新制定起点和间距。本命令即是完成对内沿线起点重新指定，同时对内沿线按指定间距做修匀处理，为下一组台阶单元绘制准备条件。

11.2.4　绘制一组无出入沟台阶单元

本命令与"绘制露天矿一组台阶单元"命令类似。主要完成针对山坡露天没有出入沟情况下直接放线操作，见图 11-9。绘图效果见图 11-10。

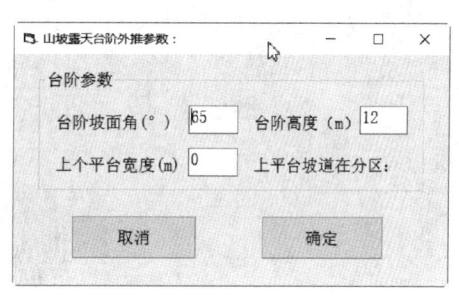

图 11-9　无出入沟台阶设计参数

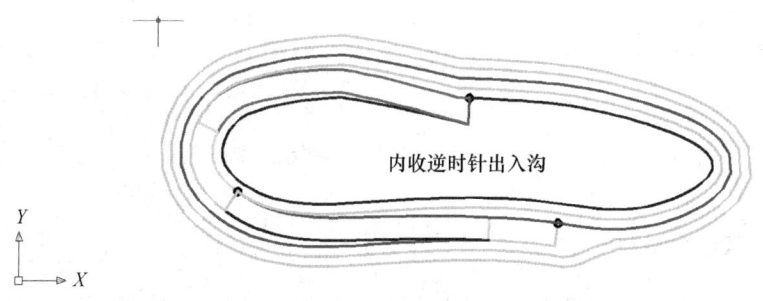

图 11-10　无出入沟台阶设计图

11.3 终了境界图绘制

在终了境界出图前，有几项比较繁琐工作必须完成。一是二次境界台阶线与地形现状线的相互剪切；二是台阶示坡线的绘制；三是宽平台矿体线的透绘；四是非标准坐标网的绘制。

11.3.1 上部境界线绘制

上部境界线是指最终帮坡面与地表的交线。封闭圈以下（即深凹露天）的最终帮坡面不存在与地表的相交，封闭圈以上（即山坡露天）的最终帮坡面存在与地表的相交。也就是说二次境界台阶并不是完整的封闭环，与地形线存在相互剪切问题。剪切步骤如下：

（1）按标高设立图层，将地形线和台阶线都按标高分图层存放。

（2）首先关闭所有图层，仅打开封闭圈以上第一个台阶标高图层，同时显示本台阶闭合环及本标高的地形等高线。

（3）以台阶闭合环内线为剪切边，剪切掉环内本标高的等高线。再以本标高的等高线为剪切边，剪切掉现存等高线内部（即高于地表）的台阶线。

（4）关闭本台阶标高图层，打开上一层台阶标高图层，按上述规则进行剪切。依此重复，直到山坡露天所有台阶剪切结束。

（5）打开所有山坡露天台阶与地形等高线，将留在台阶内部的等高线连接在一起即完成上部境界线绘制。

绘图效果见图 11-11。

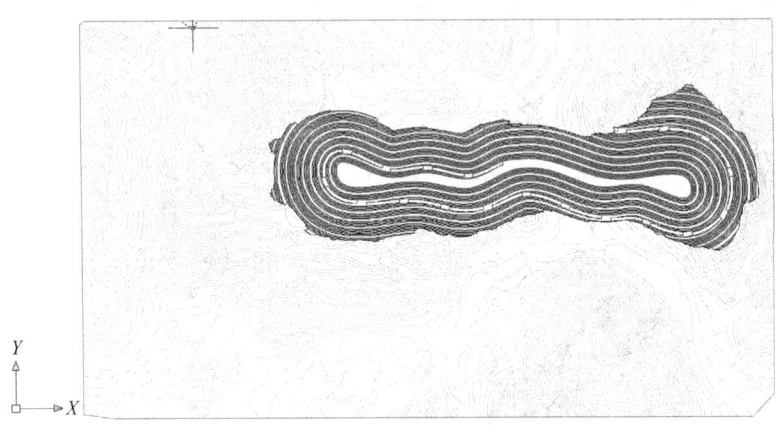

图 11-11 露天矿上部境界线绘制图

11.3.2 台阶示坡线绘制

本命令是由程序自动完成露天矿台阶示坡线绘制。按提示选择坡顶线，然后选择对应的坡底线，再输入示坡线间距，程序完成自动示坡线绘制。绘图效果见图 11-12。

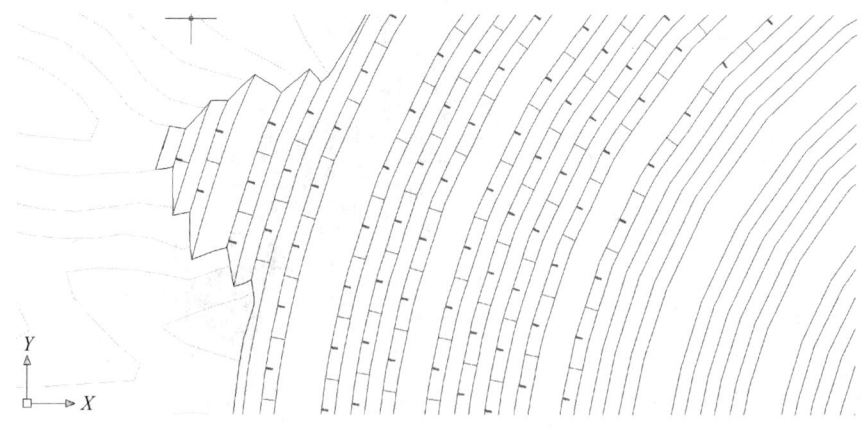

图 11-12　露天矿台阶示坡线绘制图

11.3.3　宽平台矿体线透绘

宽平台矿体线透绘的技术是借助于面域的布尔运算。先将需要矿体线透绘的地质分层平面图中所有矿体建立面域，再将宽平台建立起面域。通过程序完成两种面域的布尔交运算，并将结果反应在当前图中。绘图效果见图 11-13。

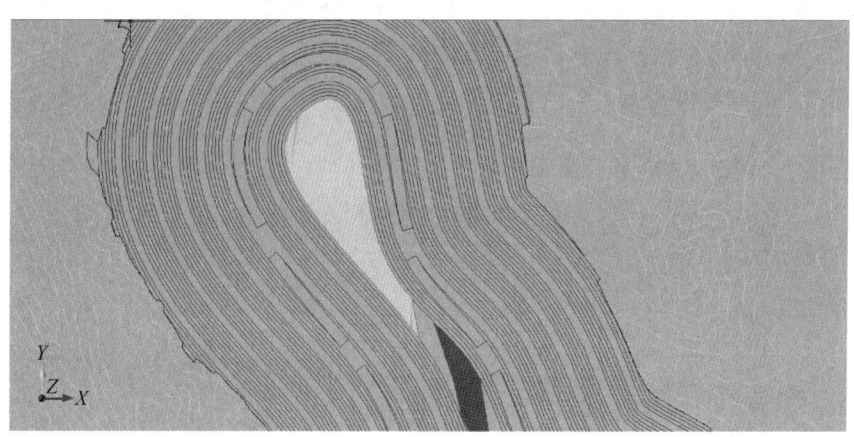

图 11-13　露天矿宽平台矿体透绘图

11.3.4　非标准坐标网的绘制

矿体走向往往决定了图纸图框的倾斜角度。图纸图框可以制作成动态块，可以延伸也可以旋转。确定了插入图纸图框的位置和形态后，描绘图纸图框内沿线，本命令按输入的比例以此线为约束条件自动完成坐标网的绘制。绘图效果见图 11-14。

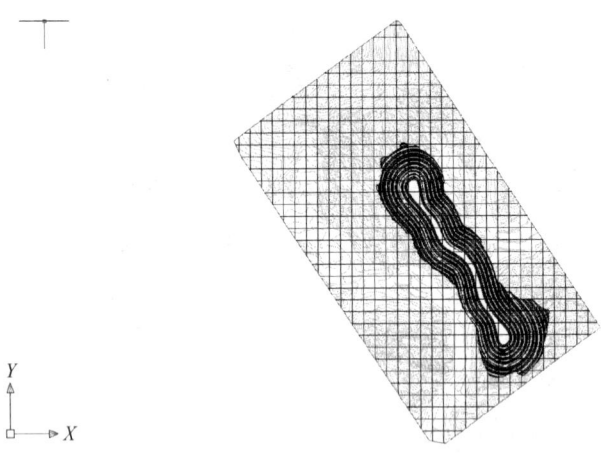

图 11-14　坐标网绘制图

思考与习题

11-1　完成课本图 11-1 开拓线路布置图。

11-2　完成课本图 11-8 露天矿台阶设计图。

11-3　简述二次境界台阶与地形线存在相互剪切问题的绘图步骤。

12 MiningCAD 在地下矿设计中的应用

与露天矿设计相比，地下矿设计内容较多，尤其离不开矿建专业设计内容。地下矿优化设计不如露天矿设计优化清晰，程序化绘图规则也不如露天矿明确。但还是有很多设计内容可以完全或部分实现程序化，以提高设计质量和效率。

12.1 矿建专业设计

巷道断面设计是矿建设计中重要内容之一，且容易实现程序化绘图。平巷交叉点设计内容复杂，类型也非常多，本模块仅介绍常见几种类型的程序化设计。

12.1.1 巷道断面设计

本命令是根据断面类型及断面尺寸完成断面设计，并没有包括巷道内部运输内容。

程序执行后会弹出如图 12-1 所示的对话框，参数确定后会自动完成巷道断面图绘制及工程量计算。绘图效果见图 12-2。

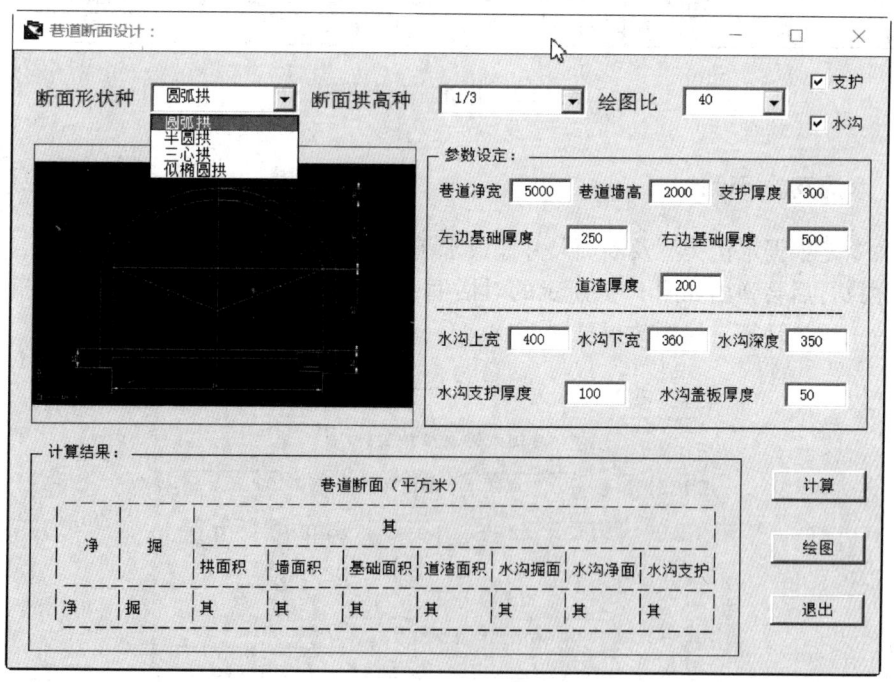

图 12-1 巷道断面设计参数

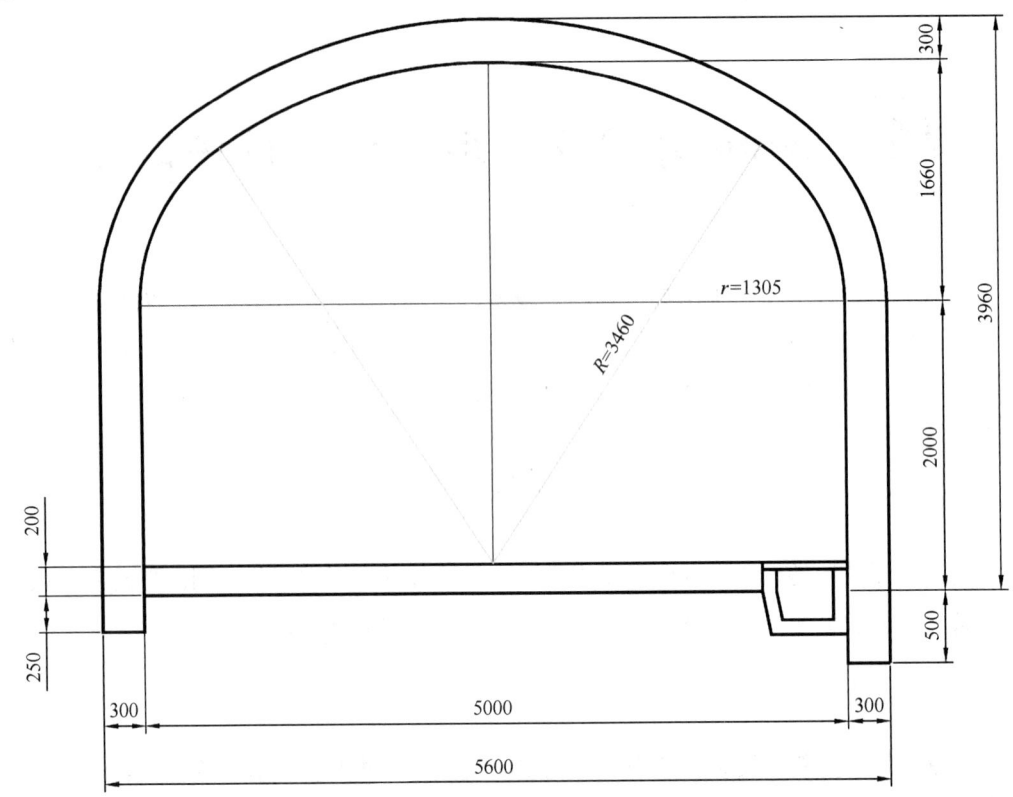

巷道断面工程量表(m²)								
净断面	掘进断面	巷道支护				水沟		
		拱面积	墙面积	基础面积	道渣面积	水沟掘进面积	水沟净面积	水沟支护面积
15.58	20.14	2.14	1.20	0.22	0.88	0.26	0.13	0.16

图 12-2   巷道断面设计图

12.1.2   水沟及盖板设计

本命令是根据水沟类型及断面尺寸完成水沟及盖板施工图设计。

程序执行后会弹出如图 12-3 所示的对话框，参数确定后会自动完成水沟及盖板施工图绘制及工程量计算。绘图效果见图 12-4。

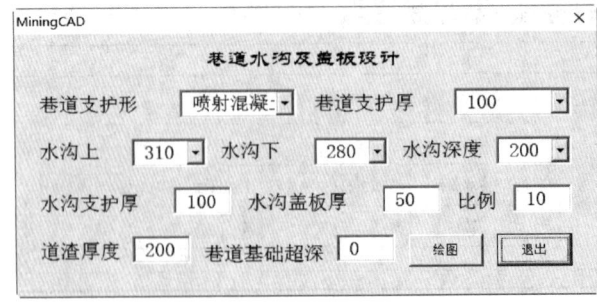

图 12-3   水沟及盖板设计参数

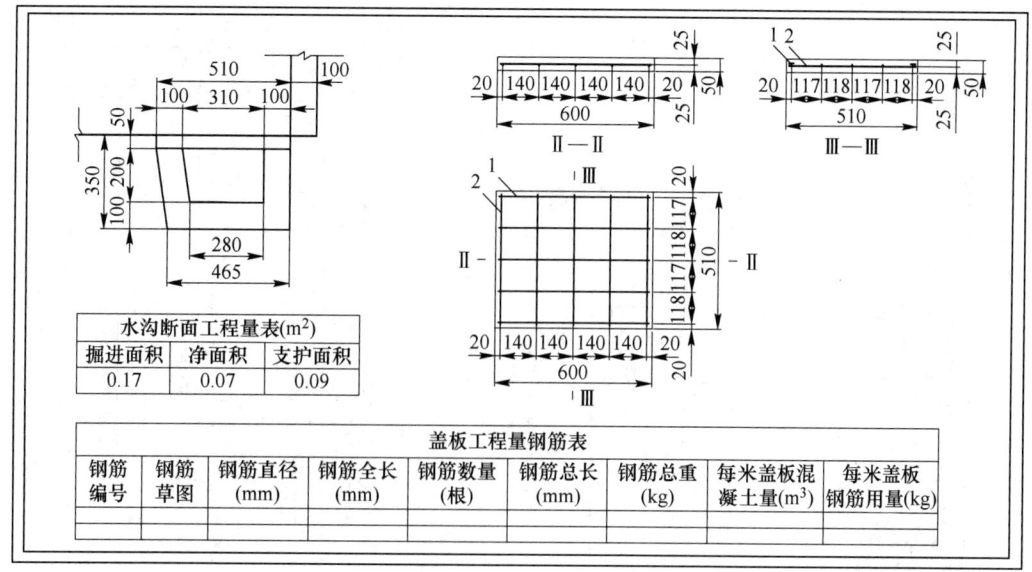

水沟断面工程量表(m²)		
掘进面积	净面积	支护面积
0.17	0.07	0.09

盖板工程量钢筋表								
钢筋编号	钢筋草图	钢筋直径(mm)	钢筋全长(mm)	钢筋数量(根)	钢筋总长(mm)	钢筋总重(kg)	每米盖板混凝土量(m³)	每米盖板钢筋用量(kg)

图 12-4　水沟及盖板设计图

12.1.3　平巷交叉点

本命令是根据交叉点类型及各个断面尺寸完成平巷交叉点施工图设计。

程序执行后会弹出如图 12-5 所示的对话框，参数确定后会自动完成平巷交叉点施工图绘制及工程量计算。绘图效果见图 12-6。

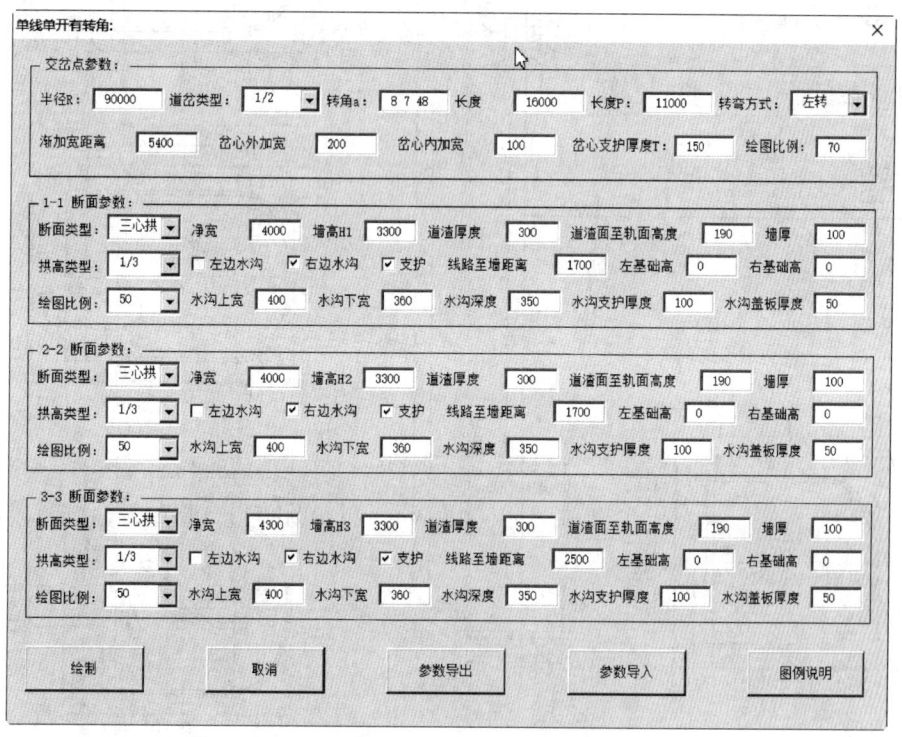

图 12-5　平巷交叉点设计参数

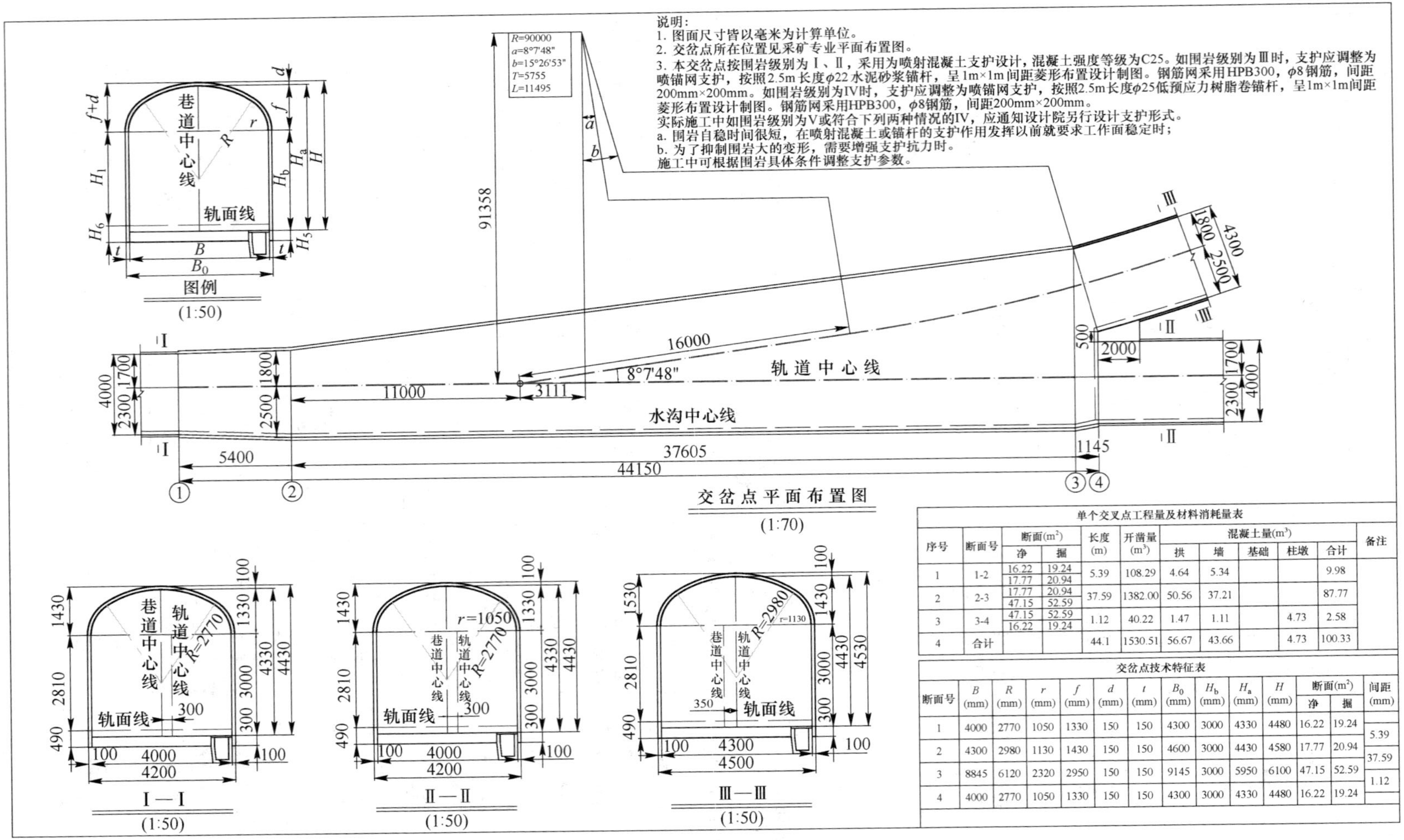

说明：
1. 图面尺寸均以毫米为计算单位。
2. 交岔点各部位置见采矿专业平面布置图。
3. 本交岔点按围岩级别为Ⅰ、Ⅱ级，采用喷射混凝土支护设计，混凝土强度等级为C25。如围岩级别为Ⅲ级时，支护应调整为喷锚网支护，采用φ22水泥砂浆锚杆，按照2.5m长度，间距1m×1m间距布置设计制图。钢筋网采用HPB300，φ8钢筋，呈1m×1m间距，呈1m×1m间距喷锚网支护。如围岩级别为Ⅳ时，支护应调整为喷锚网支护，采用φ22水泥砂浆锚杆，按照2.5m长度200mm×200mm，间距200mm×200mm，钢筋网采用HPB300，φ8钢筋，间距200mm×200mm，支护应符合下列两种情况的Ⅳ，应通知设计院另行设计支护形式。变形布置设计制图。在喷射混凝土或设计支护作用发挥不佳时，可按2.5m长度的φ25底预应力树脂锚卷锚杆，呈1m×1m间距。
实际施工中如围岩较短，应选择以采用发挥作用工作面再稳定时：
a. 围岩自稳时间很短，在喷射混凝土或锚杆种再施工支护Ⅳ，需要增强支护抗力时。
b. 为了抑制围岩较大的变形，需要增强支护调整支护参数。
c. 施工中可根据围岩具体条件调整支护参数。

单个交岔点工程量及材料消耗量表

序号	断面号	断面(m²) 净	断面(m²) 掘	长度(m)	开挖量(m³)	混凝土量(m³) 拱	墙	基础	喷浆	合计	备注
1	1-2	16.22	19.24	5.39	108.29	4.64	5.34			9.98	
2	2-3	17.77	20.94	37.59	1382.00	50.56	37.21			87.77	
3	3-4	47.15	52.59	1.12	40.22	1.47	1.11		4.73	2.58	
4	合计	16.22	19.24	44.1	1530.51	56.67	43.66		4.73	100.33	

交岔点技术特征表

断面号	B (mm)	R (mm)	r (mm)	f (mm)	d (mm)	B₀ (mm)	H_a (mm)	H_b (mm)	H (mm)	断面(m²) 净	掘	间距 (mm)
1	4000	2770	1050	1330	150	4300	3000	4330	4480	16.22	19.24	5.39
2	4300	2980	1130	1430	150	4600	3000	4430	4580	17.77	20.94	37.59
3	8845	6120	2320	2950	150	9145	3000	5950	6100	47.15	52.59	1.12
4	4000	2770	1050	1330	150	4300	3000	4330	4480	16.22	19.24	1.12

交岔点平面布置图
(1:70)

Ⅰ—Ⅰ (1:50)　　Ⅱ—Ⅱ (1:50)　　Ⅲ—Ⅲ (1:50)

图例 (1:50)

图 12-6　平巷交叉点设计图

12.2 采矿专业设计

中段平面布置设计是采矿设计中重要内容之一，其工程量统计及坐标计算容易实现程序化绘图。斜坡道设计在采矿设计中非常重要，实现程序化斜坡道设计可以快速完成多个设计，易于方案选择。开拓立体图对于立体直观反映地下矿开拓系统及通风系统都非常有意义，通过程序完全可以轻松实现开拓立体图绘制。

12.2.1 中段平面布置设计

中段平面布置设计是设计者根据矿体赋存条件、矿岩运输条件、通风条件等，合理布置中段的运输、通风等巷道线路，并给出线路坐标计算及工程量统计。绘图效果见图12-7。

（1）中段平面布置线路并赋予工程属性：1）线路布置；2）线路工程属性赋值或修改；3）单线变双线。

（2）坐标计算：1）线路节点绘制；2）坐标计算节点序号编写；3）坐标计算。

（3）工程量统计。

12.2.2 斜坡道设计

斜坡道设计是设计者根据斜坡道参数及斜坡道布置原则等，通过人机交互合理布置斜坡道线路，除了完成平面图设计外，还要给出剖面图设计，并给出线路坐标计算及工程量统计。绘图效果见图12-8、图12-9。

（1）斜坡道平面设计：1）线路布置；2）平面设计。

（2）斜坡道剖面设计：1）平面设计；2）插入图例；3）插入图框。

12.2.3 开拓立体图绘制

开拓立体图是在完成所有设计后才能进行绘制的。首先，提取所有中段设计图中工程线路、斜坡道设计图中工程线路以及所有竖井工程线路，将所有线路组合在一起，形成采矿工程单线立体图。然后，按要求绘制所有工程断面轮廓，各自保存供后续使用。最后，以单线立体图中线路为依据，将相应的工程断面进行放样，最终形成开拓立体图。绘图效果见图12-10。

（1）开拓工程单线组合：1）平巷与斜坡道单线；2）竖井单线。

（2）开拓立体图创建：1）断面设计；2）平巷与斜坡道立体图创建；3）竖井立体图创建。

12.3 井筒断面绘制

参照下面副井断面图，由程序实现井筒断面绘制。考虑教学时限，断面绘制做部分简化：（1）罐笼、平衡锤做矩形简化；（2）梯子间仅绘制梯子梁，且改为梁窝结构；（3）仅标注部分主要尺寸，各种管件标注省略；（4）没有考虑加载虚线线型及图中线条线型设定。

＊＊＊＊矿＊＊＊＊水平平面图
比例 1:1000

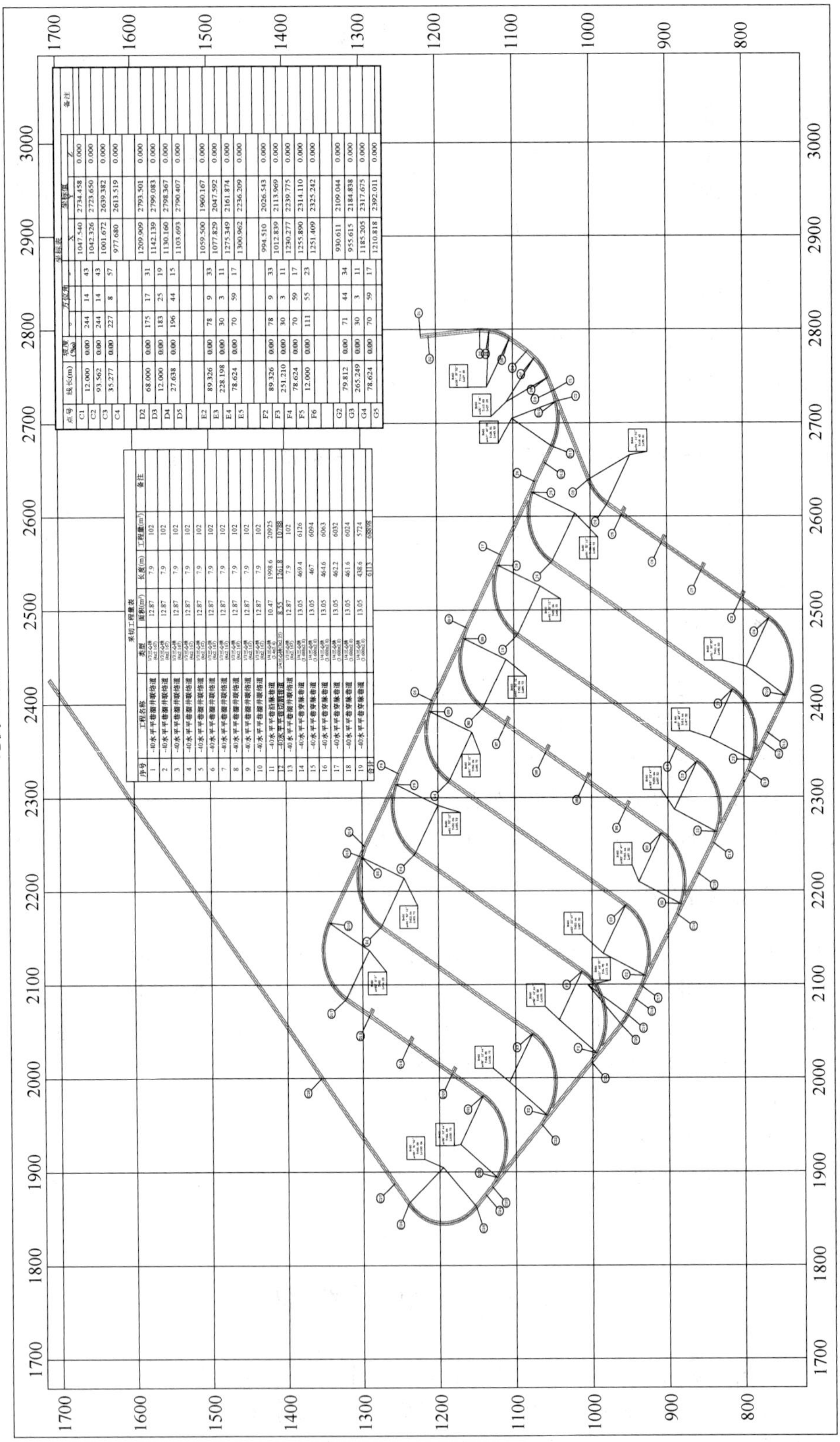

图 12-7　中段平面设计图

矿*水平平面图

比例 1:1000

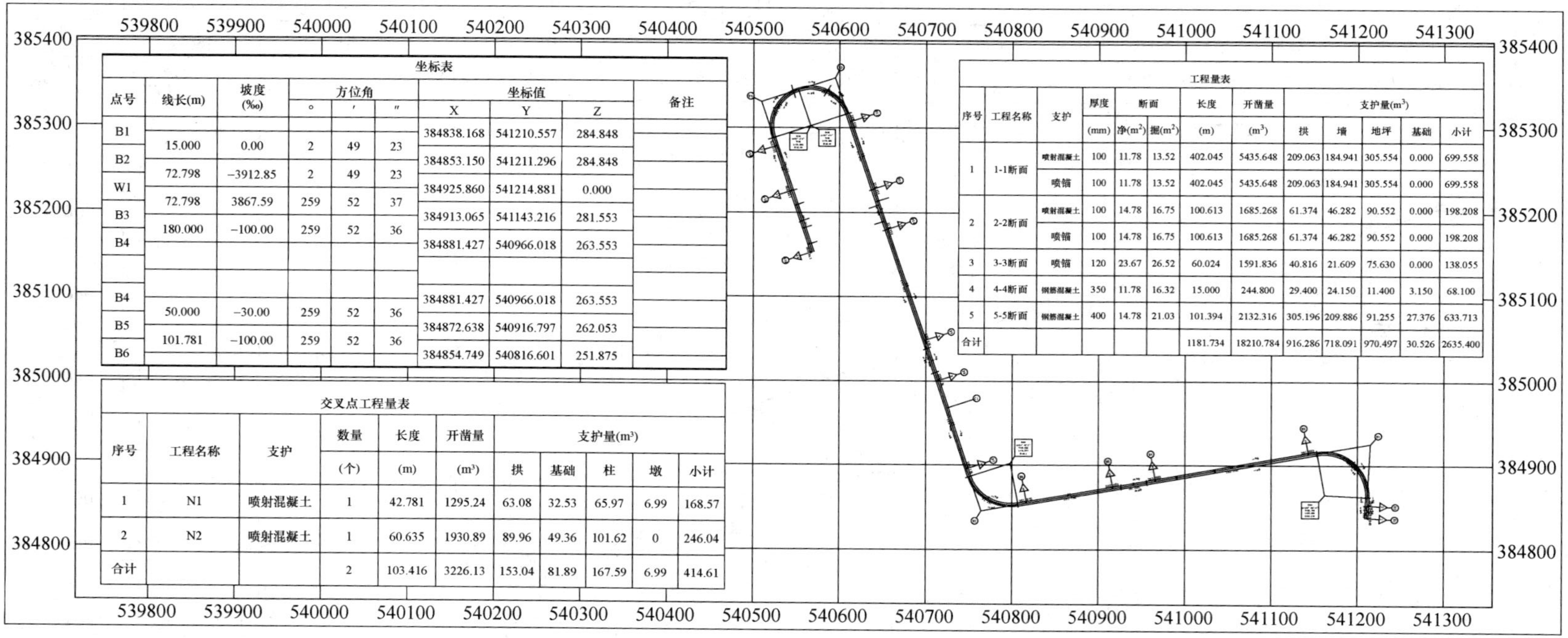

坐标表

点号	纯长(m)	坡度(‰)	方位角 °	′	″	坐标值 X	Y	Z	备注
B1	15.000	0.00	2	49	23	384838.168	541210.557	284.848	
B2	72.798	-3912.85	2	49	23	384853.150	541211.296	284.848	
W1	72.798	3867.59	259	52	37	384925.860	541214.881	0.000	
B3	180.000	-100.00	259	52	36	384913.065	541143.216	281.553	
B4						384881.427	540966.018	263.553	
B4	50.000	-30.00	259	52	36	384881.427	540966.018	263.553	
B5	101.781	-100.00	259	52	36	384872.638	540916.797	262.053	
B6						384854.749	540816.601	251.875	

工程量表

序号	工程名称	支护	厚度(mm)	断面 净(m²)	断面 掘(m²)	长度(m)	开掘量(m³)	支护量(m³) 拱	墙	地坪	基础	小计
1	1-1断面	喷射混凝土	100	11.78	13.52	402.045	5435.648	209.063	184.941	305.554	0.000	699.558
		喷锚	100	11.78	13.52	402.045	5435.648	209.063	184.941	305.554	0.000	699.558
2	2-2断面	喷锚	100	14.78	16.75	100.613	1685.268	61.374	46.282	90.552	0.000	198.208
	3-3断面	喷锚	100	14.78	16.75	100.613	1685.268	61.374	46.282	90.552	0.000	198.208
3	4-4断面	喷锚	120	23.67	26.52	60.024	1591.836	40.816	21.609	75.630	0.000	138.055
4	5-5断面	喷射混凝土	350	11.78	16.32	15.000	244.800	29.400	24.150	11.400	3.150	68.100
5		喷射混凝土	400	21.03		101.394	2132.316	305.196	209.886	91.255	27.376	633.713
合计						1181.734	18210.784	916.286	718.091	970.497	30.526	2635.400

交叉点工程量表

序号	工程名称	支护	数量(个)	长度(m)	开掘量(m³)	支护量(m³) 拱	基础	柱	墩	小计
1	N1	喷射混凝土	1	42.781	1295.24	63.08	32.53	65.97	6.99	168.57
2	N2	喷射混凝土	1	60.635	1930.89	89.96	49.36	101.62	0	246.04
合计			2	103.416	3226.13	153.04	81.89	167.59	6.99	414.61

图 12-8 斜坡道平面设计图

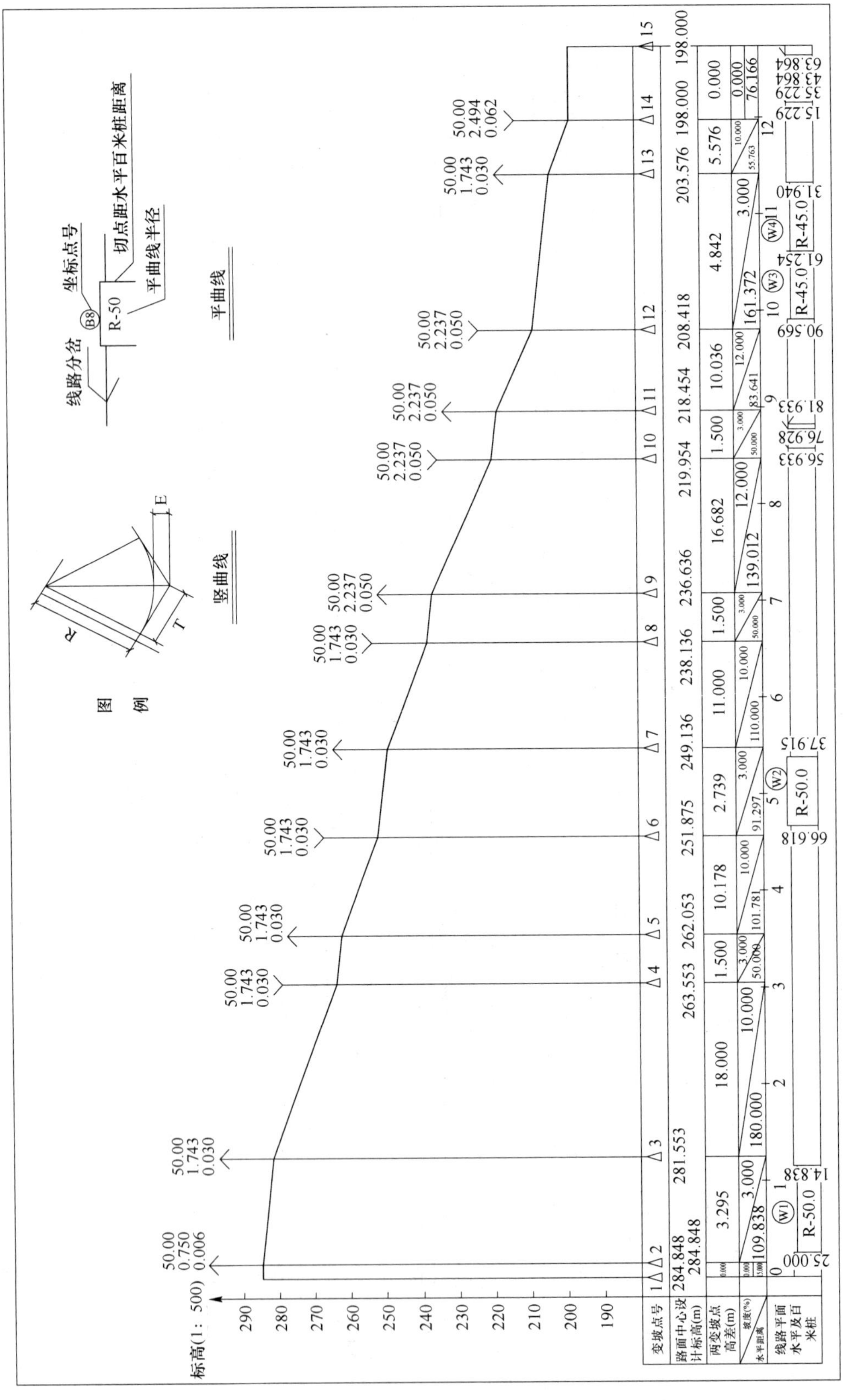

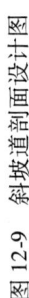

图 12-9　斜坡道剖面设计图

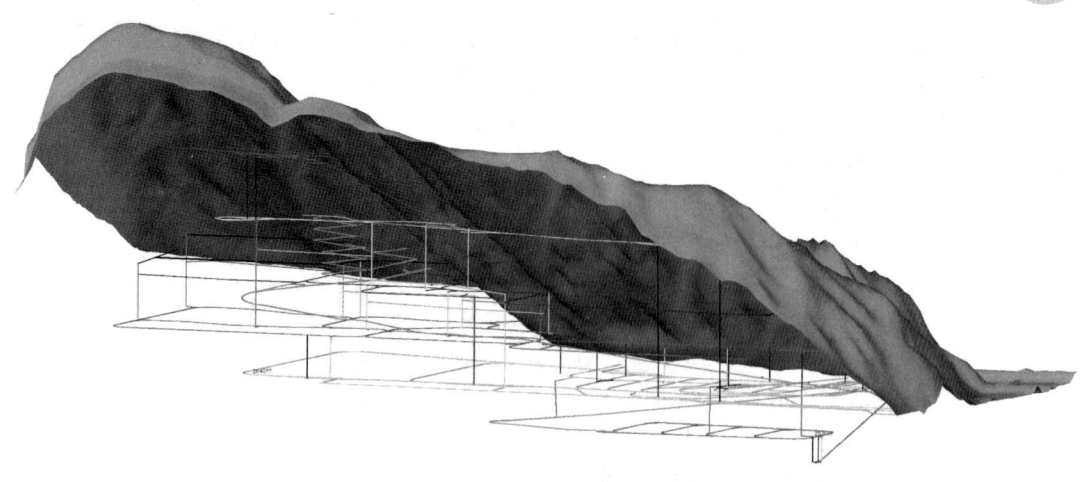

图 12-10　地下矿开拓立体图

程序编制思路：（1）井筒及管件图形一致可编写单独子过程；（2）罐笼、平衡锤、梯子梁图形相近可编写单独子过程；（3）绘图比例为外部输入变量，推荐绘图比例1∶50～1∶30。

需要说明的是，本程序仅考虑依据数据自动绘制下面图形，并不是井筒断面设计程序。井筒断面设计程序应根据井筒形式、安全参数、设备尺寸等等已知参数，来计算绘图参数，而不是像本例中直接设置绘图参数。绘图效果见图12-11。

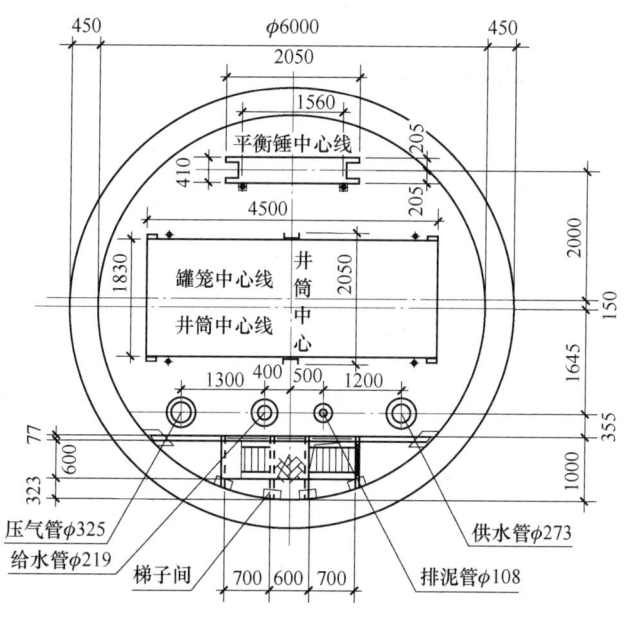

图 12-11　井筒断面设计图

12.3.1　井筒、管件图形绘制子程序

子程序中输入图形参数包括：中心点坐标、内直径、壁厚、内圆线宽、外环线宽、中

心线出管壁延长长度。输出参数为点坐标数组，包括内圆和外圆 8 个象限点坐标。子过程完成管件断面绘制，并返回输出参数供其他程序调用。

```
Sub gj_dm(zxd As Variant,zj As Double,hd As Double,xk1 As ACAD_LWEIGHT,xk2 As ACAD_
LWEIGHT,zxx_yccd As Double,wxds As Variant)
        Dim c1 As AcadCircle,c2 As AcadCircle
        Dim x1 As AcadLine,x2 As AcadLine
        Dim pt1 As Variant,pt2 As Variant,pt3 As Variant,pt4 As Variant
        Set c1 = thisdrawing.ModelSpace.AddCircle(zxd,zj/2)
        Set c2 = thisdrawing.ModelSpace.AddCircle(zxd,zj/2 + hd)
        c1.Lineweight = xk1;c2.Lineweight = xk2
        pt1 = thisdrawing.Utility.PolarPoint(zxd,0,zj/2 + zxx_yccd)
        pt2 = thisdrawing.Utility.PolarPoint(zxd,pi,zj/2 + zxx_yccd)
        pt3 = thisdrawing.Utility.PolarPoint(zxd,0.5 * pi,zj/2 + zxx_yccd)
        pt4 = thisdrawing.Utility.PolarPoint(zxd,-0.5 * pi,zj/2 + zxx_yccd)
        Set x1 = thisdrawing.ModelSpace.AddLine(pt1,pt2)
        Set x2 = thisdrawing.ModelSpace.AddLine(pt3,pt4)
        Dim pts(8) As Variant
        pts(1) = thisdrawing.Utility.PolarPoint(zxd,pi,zj/2)
        pts(2) = thisdrawing.Utility.PolarPoint(zxd,0,zj/2)
        pts(3) = thisdrawing.Utility.PolarPoint(zxd,pi,hd + zj/2)
        pts(4) = thisdrawing.Utility.PolarPoint(zxd,0,hd + zj/2)

        pts(5) = thisdrawing.Utility.PolarPoint(zxd,0.5 * pi,zj/2)
        pts(6) = thisdrawing.Utility.PolarPoint(zxd,-0.5 * pi,zj/2)
        pts(7) = thisdrawing.Utility.PolarPoint(zxd,0.5 * pi,hd + zj/2)
        pts(8) = thisdrawing.Utility.PolarPoint(zxd,-0.5 * pi,hd + zj/2)
        wxds = pts
End Sub
```

12.3.2　罐笼、平衡锤图形绘制子程序

子程序中输入图形参数包括：中心点坐标、长度、宽度、线宽、是否绘制中心线布尔值、中心线出线框延长长度。输出参数为点坐标数组，包括线框左下角点和右上角点坐标。子过程完成矩形图形绘制，并返回输出参数供其他程序调用。

```
Sub jx_dm(zxd As Variant,cd As Double,kd As Double,xk As ACAD_LWEIGHT,bz As Boolean,zxx_yccd
As Double,wxds As Variant)
        Dim box As AcadLWPolyline,coor(7) As Double
        Dim x1 As AcadLine,x2 As AcadLine
        Dim pt1 As Variant,pt2 As Variant,pt3 As Variant,pt4 As Variant
        coor(0) = zxd(0) - cd/2;coor(1) = zxd(1) - kd/2
        coor(2) = zxd(0) - cd/2;coor(3) = zxd(1) + kd/2
        coor(4) = zxd(0) + cd/2;coor(5) = zxd(1) + kd/2
```

coor(6) = zxd(0) + cd/2:coor(7) = zxd(1) − kd/2

Set box = thisdrawing. ModelSpace. AddLightWeightPolyline(coor)

box. Closed = True:box. Lineweight = xk

If bz = True Then

    pt1 = thisdrawing. Utility. PolarPoint(zxd,0,cd/2 + zxx_yccd)

    pt2 = thisdrawing. Utility. PolarPoint(zxd,pi,cd/2 + zxx_yccd)

    pt3 = thisdrawing. Utility. PolarPoint(zxd,0. 5 ∗ pi,kd/2 + zxx_yccd)

    pt4 = thisdrawing. Utility. PolarPoint(zxd, − 0. 5 ∗ pi,kd/2 + zxx_yccd)

    Set x1 = thisdrawing. ModelSpace. AddLine(pt1,pt2)

    Set x2 = thisdrawing. ModelSpace. AddLine(pt3,pt4)

End If

Dim pts(2) As Variant

box. GetBoundingBox pts(1),pts(2)

wxds = pts

End Sub

12. 3. 3 梯子梁图形绘制子程序

包括两个子程序，一个是梯子梁为水平放置绘制，另一个是梯子梁为垂直放置绘制。子程序输入图形参数包括：中心点坐标（槽钢背中心点）、长度、宽度、厚度、线宽、是否镜像布尔值。输出参数为点坐标数组，包括线框左下角点和右上角点坐标。子过程完成槽钢图形绘制，并返回输出参数供其他程序调用。

（1）梯子梁为水平放置，默认槽钢口向下，布尔值决定图形是否镜像。

Sub tzl_dm1(zxd As Variant,cd As Double,kd As Double,hd As Double,xk As ACAD_LWEIGHT,fz As Boolean,wxds As Variant)

    Dim box As AcadLWPolyline,coor(7) As Double

    Dim x1 As AcadLine

    Dim pt1(2) As Double,pt2(2) As Double

    Dim box1 As AcadLWPolyline

    coor(0) = zxd(0) − cd/2:coor(1) = zxd(1) − kd

    coor(2) = zxd(0) − cd/2:coor(3) = zxd(1)

    coor(4) = zxd(0) + cd/2:coor(5) = zxd(1)

    coor(6) = zxd(0) + cd/2:coor(7) = zxd(1) − kd

    Set box = thisdrawing. ModelSpace. AddLightWeightPolyline(coor)

    box. Closed = True:box. Lineweight = xk

    pt1(0) = zxd(0) − cd/2:pt1(1) = zxd(1) − hd

    pt2(0) = zxd(0) + cd/2:pt2(1) = zxd(1) − hd

    Set x1 = thisdrawing. ModelSpace. AddLine(pt1,pt2)

    If fz = True Then

        pt1(1) = zxd(1):pt2(1) = zxd(1)

        Set box1 = box. Mirror(pt1,pt2):x1. Mirror pt1,pt2

```
                box. Delete;x1. Delete
                Set box = box1
            End If


            Dim pts(2) As Variant
            box. GetBoundingBox pts(1),pts(2)
            wxds = pts
        End Sub
```

（2）梯子梁为垂直放置，默认槽钢口向右，布尔值决定图形是否镜像。

```
Sub tzl_dm2(zxd As Variant,cd As Double,kd As Double,hd As Double,xk As ACAD_LWEIGHT,fz As
Boolean,wxds As Variant)
        Dim box As AcadLWPolyline,coor(7) As Double
        Dim x1 As AcadLine
        Dim pt1(2) As Double,pt2(2) As Double
        Dim box1 As AcadLWPolyline
        coor(0) = zxd(0):coor(1) = zxd(1) − cd/2
        coor(2) = zxd(0) + kd:coor(3) = zxd(1) − cd/2
        coor(4) = zxd(0) + kd:coor(5) = zxd(1) + cd/2
        coor(6) = zxd(0):coor(7) = zxd(1) + cd/2
        Set box = thisdrawing. ModelSpace. AddLightWeightPolyline(coor)
        box. Closed = True:box. Lineweight = xk
        pt1(0) = zxd(0) + hd:pt1(1) = zxd(1) − cd/2
        pt2(0) = zxd(0) + hd:pt2(1) = zxd(1) + cd/2
        Set x1 = thisdrawing. ModelSpace. AddLine(pt1,pt2)


        If fz = True Then
            pt1(0) = zxd(0):pt2(0) = zxd(0)
            Set box1 = box. Mirror(pt1,pt2):x1. Mirror pt1,pt2
            box. Delete;x1. Delete
            Set box = box1
        End If


        Dim pts(2) As Variant
        box. GetBoundingBox pts(1),pts(2)
        wxds = pts
    End Sub
```

12.3.4　井筒断面绘制主程序

主程序包括以下几个部分：（1）定义前面子过程所需调用实参变量；（2）变量赋值与计算；（3）调用前面子过程绘图；（4）尺寸标注。

```
Public Const pi = 3. 14159265358979
```

```
Sub jt_hz( )
'定义井筒、管件的内直径、壁厚及中心点坐标变量
'定义罐笼、平衡锤、梯子梁、梯子平台的长度、宽度及中心点坐标变量
   Dim jt_zj As Double,jt_hd As Double,jt_zxd As Variant '井筒
   Dim gl_cd As Double,gl_kd As Double,gl_zxd As Variant '罐笼
   Dim phc_cd As Double,phc_kd As Double,phc_zxd As Variant '平衡锤
   Dim tz1_cd As Double,tz1_kd As Double,tz1_zxd As Variant '梯子梁 1
   Dim tz2_cd As Double,tz2_kd As Double,tz2_zxd As Variant '梯子梁 2
   Dim tz3_cd As Double,tz3_kd As Double,tz3_zxd As Variant '梯子梁 3
   Dim tz4_cd As Double,tz4_kd As Double,tz4_zxd As Variant '梯子梁 4
   Dim tz5_cd As Double,tz5_kd As Double,tz5_zxd As Variant '梯子梁 5
   Dim tzpt_cd As Double,tzpt_kd As Double,tzpt_zxd As Variant '梯子平台
   Dim g1_zj As Double,g1_hd As Double,g1_zxd As Variant '压气管
   Dim g2_zj As Double,g2_hd As Double,g2_zxd As Variant '给水管
   Dim g3_zj As Double,g3_hd As Double,g3_zxd As Variant '排泥管
   Dim g4_zj As Double,g4_hd As Double,g4_zxd As Variant '供水管


'定义井筒、管件。罐笼、平衡锤、梯子梁、梯子平台的外形点
   Dim jt_wxds As Variant,gl_wxds As Variant
   Dim phc_wxds As Variant,tzpt_wxds As Variant
   Dim tz1_wxds As Variant,tz2_wxds As Variant
   Dim tz3_wxds As Variant,tz4_wxds As Variant,tz5_wxds As Variant


'定义绘图比例变量
   Dim htbl As Integer
  htbl = thisdrawing. Utility. GetInteger("绘图比例:")
' htbl = 50
      jt_zxd = thisdrawing. Utility. GetPoint( ,"井筒中心点:")


   '变量赋值
   jt_zj = 6000/htbl:jt_hd = 450/htbl
   gl_cd = 4500/htbl:gl_kd = 1830/htbl
   phc_cd = 2050/htbl:phc_kd = 410/htbl
   tz1_cd = 5000/htbl:tz1_kd = 77/htbl
   tz2_cd = 1000/htbl:tz2_kd = 58/htbl
   tz3_cd = 1000/htbl:tz3_kd = 58/htbl
   tz4_cd = 1200/htbl:tz4_kd = 58/htbl
   tz5_cd = 1200/htbl:tz5_kd = 58/htbl
   tzpt_cd = (2000 + 58 * 2)/htbl:tzpt_kd = 677/htbl
   g1_zj = (325 - 2 * 8)/htbl:g1_hd = 8/htbl
   g2_zj = (219 - 2 * 6)/htbl:g2_hd = 6/htbl
   g3_zj = (108 - 2 * 4)/htbl:g3_hd = 4/htbl
```

$g4\_zj = (273 - 2 * 7)/htbl : g4\_hd = 7/htbl$

'中心点计算

$gl\_zxd = jt\_zxd : gl\_zxd(1) = gl\_zxd(1) + 150/htbl$

$phc\_zxd = jt\_zxd : phc\_zxd(1) = phc\_zxd(1) + 2150/htbl$

$tz1\_zxd = jt\_zxd : tz1\_zxd(1) = tz1\_zxd(1) - 2000/htbl$

$tz2\_zxd = jt\_zxd : tz2\_zxd(1) = tz2\_zxd(1) - 2500/htbl$

$tz2\_zxd(0) = tz2\_zxd(0) - 1000/htbl$

$tz3\_zxd = tz2\_zxd : tz3\_zxd(0) = tz2\_zxd(0) + 2000/htbl$

$tz4\_zxd = jt\_zxd : tz4\_zxd(1) = tz4\_zxd(1) - 2600/htbl$

$tz4\_zxd(0) = tz4\_zxd(0) - 300/htbl$

$tz5\_zxd = tz4\_zxd : tz5\_zxd(0) = tz5\_zxd(0) + 600/htbl$

$tzpt\_zxd = jt\_zxd : tzpt\_zxd(1) = tzpt\_zxd(1) - (2000 + 677/2)/htbl$

$g1\_zxd = jt\_zxd : g1\_zxd(1) = g1\_zxd(1) - 1645/htbl$

$g1\_zxd(0) = g1\_zxd(0) - 1700/htbl$

$g2\_zxd = g1\_zxd : g2\_zxd(0) = g2\_zxd(0) + 1300/htbl$

$g3\_zxd = g1\_zxd : g3\_zxd(0) = g3\_zxd(0) + 2200/htbl$

$g4\_zxd = g1\_zxd : g4\_zxd(0) = g4\_zxd(0) + 3400/htbl$

'绘制井筒和管件

gj_dm jt_zxd,jt_zj,jt_hd,acLnWt050,acLnWt050,20,jt_wxds

gj_dm g1_zxd,g1_zj,g1_hd,acLnWt020,acLnWt030,3,pp

gj_dm g2_zxd,g2_zj,g2_hd,acLnWt020,acLnWt030,3,pp

gj_dm g3_zxd,g3_zj,g3_hd,acLnWt020,acLnWt030,3,pp

gj_dm g4_zxd,g4_zj,g4_hd,acLnWt020,acLnWt030,3,pp

'绘制罐笼、平衡锤和梯子平台

jx_dm gl_zxd,gl_cd,gl_kd,acLnWt030,True,10,gl_wxds

jx_dm phc_zxd,phc_cd,phc_kd,acLnWt030,True,10,phc_wxds

jx_dm tzpt_zxd,tzpt_cd,tzpt_kd,acLnWt030,False,10,tzpt_wxds

'绘制梯子梁

tzl_dm1 tz1_zxd,tz1_cd,tz1_kd,8/htbl,acLnWt030,False,tz1_wxds

tzl_dm2 tz2_zxd,tz2_cd,tz2_kd,8/htbl,acLnWt030,True,tz2_wxds

tzl_dm2 tz3_zxd,tz3_cd,tz3_kd,8/htbl,acLnWt030,False,tz3_wxds

tzl_dm2 tz4_zxd,tz4_cd,tz4_kd,8/htbl,acLnWt030,False,tz4_wxds

tzl_dm2 tz5_zxd,tz5_cd,tz5_kd,8/htbl,acLnWt030,True,tz5_wxds

'标注尺寸

Dim ccbz1 As AcadDimRotated

Dim sp_bz(5) As Variant,cz_bz(4) As Variant

'计算水平标注位置点

$sp\_bz(1) = jt\_zxd : sp\_bz(1)(1) = sp\_bz(1)(1) + jt\_zj/2 + jt\_hd + 10$

$sp\_bz(2) = phc\_wxds(2) : sp\_bz(2)(1) = sp\_bz(2)(1) + 5$

$sp\_bz(3) = gl\_wxds(2) : sp\_bz(3)(1) = sp\_bz(3)(1) + 5$

sp_bz(4) = pp(2):sp_bz(4)(1) = sp_bz(4)(1) + 5

sp_bz(5) = jt_zxd:sp_bz(5)(1) = sp_bz(5)(1) − jt_zj/2 − jt_hd − 15

'计算垂直标注位置点

cz_bz(1) = tz1_wxds(1):cz_bz(1)(0) = cz_bz(1)(0) − 20

cz_bz(2) = gl_wxds(1):cz_bz(2)(0) = cz_bz(2)(0) − 5

cz_bz(3) = phc_wxds(1):cz_bz(3)(0) = cz_bz(3)(0) − 5

cz_bz(4) = jt_zxd:cz_bz(4)(0) = cz_bz(4)(0) + jt_zj/2 + jt_hd + 15

'水平尺寸标注,从上向下顺序标注

'井筒水平尺寸标注

```
    Set ccbz1 = thisdrawing. ModelSpace. AddDimRotated(jt_wxds(1),jt_wxds(2),sp_bz(1),0)
ccbz1. TextOverride = CLng(ccbz1. Measurement ∗ htbl)
Set ccbz1 = thisdrawing. ModelSpace. AddDimRotated(jt_wxds(1),jt_wxds(3),sp_bz(1),0)
ccbz1. TextOverride = CLng(ccbz1. Measurement ∗ htbl)
Set ccbz1 = thisdrawing. ModelSpace. AddDimRotated(jt_wxds(4),jt_wxds(2),sp_bz(1),0)
ccbz1. TextOverride = CLng(ccbz1. Measurement ∗ htbl)
```

'平衡锤和罐笼水平尺寸标注

```
Set ccbz1 = thisdrawing. ModelSpace. AddDimRotated(phc_wxds(1),phc_wxds(2),sp_bz(2),0)
ccbz1. TextOverride = CLng(ccbz1. Measurement ∗ htbl)
Set ccbz1 = thisdrawing. ModelSpace. AddDimRotated(gl_wxds(1),gl_wxds(2),sp_bz(3),0)
ccbz1. TextOverride = CLng(ccbz1. Measurement ∗ htbl)
```

'管件水平尺寸标注

```
Set ccbz1 = thisdrawing. ModelSpace. AddDimRotated(g1_zxd,g2_zxd,sp_bz(4),0)
ccbz1. TextOverride = CLng(ccbz1. Measurement ∗ htbl)
Set ccbz1 = thisdrawing. ModelSpace. AddDimRotated(g2_zxd,jt_zxd,sp_bz(4),0)
ccbz1. TextOverride = CLng(ccbz1. Measurement ∗ htbl)
Set ccbz1 = thisdrawing. ModelSpace. AddDimRotated(jt_zxd,g3_zxd,sp_bz(4),0)
ccbz1. TextOverride = CLng(ccbz1. Measurement ∗ htbl)
Set ccbz1 = thisdrawing. ModelSpace. AddDimRotated(g3_zxd,g4_zxd,sp_bz(4),0)
ccbz1. TextOverride = CLng(ccbz1. Measurement ∗ htbl)
```

'梯子间水平尺寸标注

```
Set ccbz1 = thisdrawing. ModelSpace. AddDimRotated(tz2_wxds(2),tz4_wxds(1),sp_bz(5),0)
ccbz1. TextOverride = CLng(ccbz1. Measurement ∗ htbl)
Set ccbz1 = thisdrawing. ModelSpace. AddDimRotated(tz4_wxds(1),tz5_wxds(2),sp_bz(5),0)
ccbz1. TextOverride = CLng(ccbz1. Measurement ∗ htbl)
Set ccbz1 = thisdrawing. ModelSpace. AddDimRotated(tz5_wxds(2),tz3_wxds(1),sp_bz(5),0)
ccbz1. TextOverride = CLng(ccbz1. Measurement ∗ htbl)
```

'垂直尺寸标注,从左向右顺序标注

'梯子间垂直尺寸标注

```
Set ccbz1 = thisdrawing. ModelSpace. AddDimRotated(tz1_wxds(1),tz1_wxds(2),cz_bz(1),pi/2)
ccbz1. TextOverride = CLng(ccbz1. Measurement ∗ htbl)
```

```
Set ccbz1 = thisdrawing. ModelSpace. AddDimRotated( tzpt_wxds( 1 ) , tz1_wxds( 1 ) , cz_bz( 1 ) , pi/2 )
ccbz1. TextOverride = CLng( ccbz1. Measurement * htbl )
Set ccbz1 = thisdrawing. ModelSpace. AddDimRotated( tzpt_wxds( 1 ) , jt_wxds( 6 ) , cz_bz( 1 ) , pi/2 )
ccbz1. TextOverride = CLng( ccbz1. Measurement * htbl )

'罐笼、平衡锤垂直尺寸标注
Set ccbz1 = thisdrawing. ModelSpace. AddDimRotated( gl_wxds( 1 ) , gl_wxds( 2 ) , cz_bz( 2 ) , pi/2 )
ccbz1. TextOverride = CLng( ccbz1. Measurement * htbl )
Set ccbz1 = thisdrawing. ModelSpace. AddDimRotated( phc_wxds( 1 ) , phc_wxds( 2 ) , cz_bz( 3 ) , pi/2 )
ccbz1. TextOverride = CLng( ccbz1. Measurement * htbl )

'平衡锤、罐笼、梯子间垂直控制尺寸标注
Set ccbz1 = thisdrawing. ModelSpace. AddDimRotated( phc_zxd , gl_zxd , cz_bz( 4 ) , pi/2 )
ccbz1. TextOverride = CLng( ccbz1. Measurement * htbl )
Set ccbz1 = thisdrawing. ModelSpace. AddDimRotated( jt_zxd , gl_zxd , cz_bz( 4 ) , pi/2 )
ccbz1. TextOverride = CLng( ccbz1. Measurement * htbl )
Set ccbz1 = thisdrawing. ModelSpace. AddDimRotated( jt_zxd , g1_zxd , cz_bz( 4 ) , pi/2 )
ccbz1. TextOverride = CLng( ccbz1. Measurement * htbl )
Set ccbz1 = thisdrawing. ModelSpace. AddDimRotated( tz1_wxds( 2 ) , g1_zxd , cz_bz( 4 ) , pi/2 )
ccbz1. TextOverride = CLng( ccbz1. Measurement * htbl )
Set ccbz1 = thisdrawing. ModelSpace. AddDimRotated( tz1_wxds( 2 ) , jt_wxds( 6 ) , cz_bz( 4 ) , pi/2 )
ccbz1. TextOverride = CLng( ccbz1. Measurement * htbl )
End Sub
```

程序执行，命令行提示输入绘图比例，输入适当比例后，命令行提示选取井筒中心点，屏幕任点一点后，程序自动绘图。命令执行结果如图 12-12 所示。

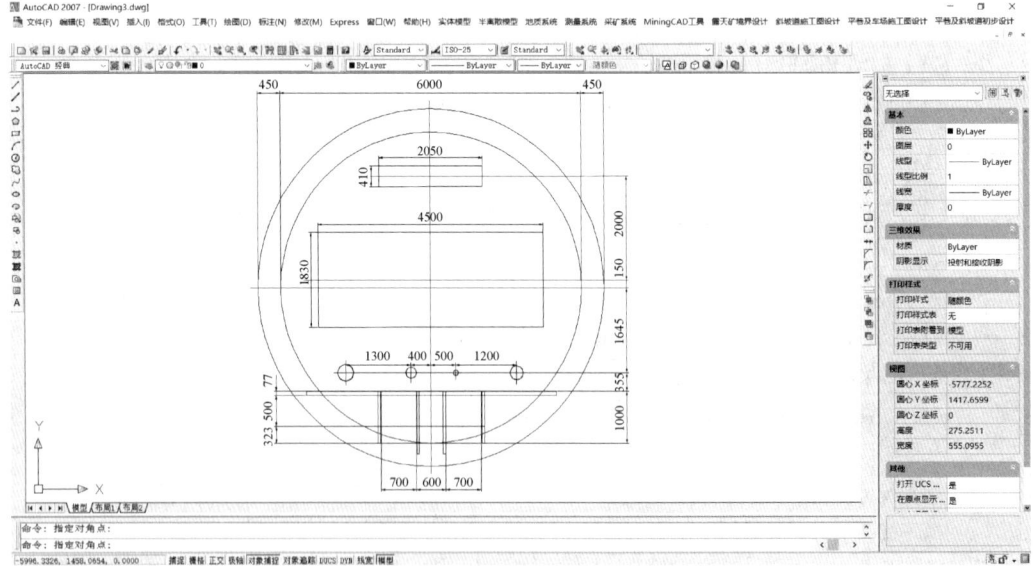

图 12-12   井筒断面图绘制

思考与习题

12-1　运用 MiningCAD 完成课本图 12-2 巷道断面设计图。

12-2　运用 MiningCAD 结合设计手册完成某矿中段平面图的绘制。

12-3　运用 MiningCAD 结合设计手册完成某矿斜坡道平面图和剖面图的绘制。

12-4　运用 MiningCAD 完成某矿开拓立体图的绘制。

12-5　运用 MiningCAD 完成课本图 12-12 井筒断面图。

13 采矿图框绘制

专业辅助（优化）设计是 AutoCAD 二次开发中的另一项重要内容。针对采矿专业来说，斜坡道设计、中深孔设计、露天矿二次境界设计等等都属于此类。此类设计并不是简单的参数驱动绘图，也不是通过图形扩展数据完成的图形化计算，更不是构建三维实体或矿床模型。它更多体现在人机交互和专业优化方面。依据较少的参数，通过人机交互按专业要求完成专业设计绘图。本章以采矿专业中常用的采矿图框设计绘图为实例，详细讲解 AutoCAD 中专业辅助（优化）设计绘图的二次开发方法。

通过本章的学习，应掌握以下内容：

(1) 了解专业辅助（优化）设计；

(2) 理解采矿图框设计绘图程序分析；

(3) 掌握采矿图框设计绘图程序编制。

13.1 专业辅助优化设计

广义上说，在 AutoCAD 中完成的专业二次开发都属于专业辅助设计。但就采矿专业所开发程序的内容和功能上，暂且划分为四类：(1) 参数驱动绘图；(2) 辅助优化设计；(3) 图形化计算；(4) 矿山模型构筑。四个方面并不是完全独立，相互有技术交融，只是各自侧重点不同，难易程度不同，技术手段不同而已。

相比较来说，参数驱动绘图是采矿专业二次开发中最简单的类型。就如同 AutoCAD 绘制圆命令，依据圆心和半径就可绘制所需圆，同理，给出巷道断面参数即可绘制所需断面。此类开发不在于技术难度，而在于图形繁琐，设计要全面和通用。矿山模型构筑是采矿专业二次开发中最难的类型。它除了考虑如何构筑三维模型外，还要考虑模型的可视化和计算问题。图形化计算是 AutoCAD 二次开发中较特殊的一类。由于 AutoCAD 具备独有扩展数据和扩展记录技术，才使此类开发成为可能，其技术难度不大，但应用广泛且直观方便。

专业辅助优化设计与前面三类都不相同，是最考验编程者对专业的熟知程度、编程技术掌握程度以及编程思维算法，有较高的技术含量。此类设计多体现在人机交互及优化方法。例如，斜坡道设计一定是设计与人机交互相融合，如何给设计者足够的灵活性发挥，在较短时间内完成多方案设计供比较。地下矿中深孔设计中，满足爆破条件的方案有很多种，如何构建数学模型在众多方案中找到最优方案。露天矿二次境界设计中，如何实现带出入沟的台阶线变宽偏移等。本章以最简单采矿图框设计绘图为例，讲解此类设计的二次开发方法。

13.2 采矿图框设计绘图分析

采矿图纸的图框与其他专业有区别，首先它并不是标准图框尺寸，其次图框中要包含指定绘图比例的坐标网格。另外，由于受矿体赋存条件影响，图框不一定都是水平放置。本例仅假设图框是水平放置，带转角的图框设计留给同学们编写。

在采矿 CAD 部分我们已经知道，为确保地质坐标与 AutoCAD 坐标一致，绘图比例只有 1：1000。绘图比例的变化仅体现在网格疏密，以及出图打印时比例缩放上。因此，程序设计上绘图比例需要外部输入，从而进行绝对网格的绘制。图框的大小由用户选取图框两对角点决定，图戳尺寸按制图标准选取 180×64，若用户选取图框尺寸小于图戳尺寸，程序提示并自动退出。建立"图框"图层，图框设计内容全部放入此图层。建立"图框"字体类型，采用新宋体字库，图框设计中文字内容全部采用此字体。

本程序设计的技巧在于，如何确定网格最左下角节点坐标，以及水平和竖直网格线数目。解决方法是采用按比例模数进级取整，并在此基础上进一步判断。绘图效果见图 13-1。

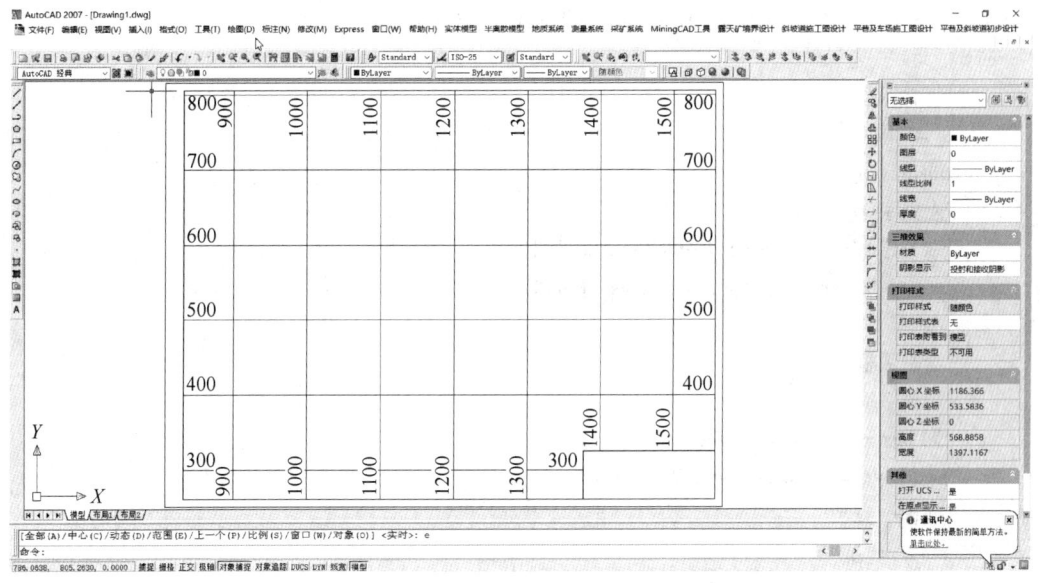

图 13-1　采矿图框设计图

程序运行描述：在图中依次选取图框的左下角点、右上角点，输入绘图比例，程序执行绘制。

13.3 采矿图框设计绘图程序

程序包括一个模块（名称为：平面坐标网），下面为平面坐标网模块代码。

（1）zbw_sub 主程序。

```
'平面坐标网绘制程序
Sub zbw_sub( )
```

```
Dim pt1 As Variant,pt2 As Variant,htbl As Integer
Dim pt3 As Variant,pt4 As Variant,xs As Double
Dim nx As Integer,ny As Integer
Dim cx As Double,cy As Double
Dim dx As Double,dy As Double
Dim box As AcadLWPolyline,txt_sty As AcadTextStyle
Dim ly As String,tc_cx As Double,tc_cy As Double
pt1 = thisdrawing. Utility. GetPoint( ,"左下角点:")
pt2 = thisdrawing. Utility. GetCorner( pt1 ,"右上角点:")
cx = pt2(0) − pt1(0) :cy = pt2(1) − pt1(1)
On Error Resume Next
htbl = thisdrawing. Utility. GetInteger("绘图比例 < 1000 > :")
If Err Then Err. Clear:htbl = 1000
xs = 1000/htbl
dx = 100/xs:dy = 100/xs '网格间距
tc_cx = 180:tc_cy = 64 '图戳尺寸
If cx < tc_cx Or cy < tc_cy Then MsgBox "图框过小":Exit Sub


'建立图层
ly = "图框"
thisdrawing. Layers. Add ly
'建立字体
Set txt_sty = thisdrawing. TextStyles. Add("图框")
txt_sty. SetFont "新宋体",False,False,134 ,49


'绘制图框
'内框
Set box = draw_rec( thisdrawing,pt1 ,pt2)
box. Layer = ly:box. ConstantWidth = 0. 5
'外框
pt3 = pt1 :pt4 = pt2
pt3(0) = pt3(0) − 25:pt3(1) = pt3(1) − 10
pt4(0) = pt4(0) + 10:pt4(1) = pt4(1) + 10
Set box = draw_rec( thisdrawing,pt3 ,pt4)
box. Layer = ly:box. ConstantWidth = 0. 25
'图戳框
pt3 = pt1 :pt4 = pt2
pt3(0) = pt2(0) − tc_cx
pt4(1) = pt1(1) + tc_cy
Set box = draw_rec( thisdrawing,pt3 ,pt4)
box. Layer = ly:box. ConstantWidth = 0. 5


'绘制坐标
```

'绘制竖直网格

spt = pt1 : ept = pt2

spt(0) = CInt(spt(0)/dx) * dx

If spt(0) < pt1(0) Then spt(0) = spt(0) + dx '竖直网格起始位置

ept(0) = spt(0)

nx = Int(pt2(0) - spt(0))/dx

If (pt2(0) - spt(0) - nx * dx) > 0 Then nx = nx + 1 '竖直网格数目

For i = 1 To nx '绘制竖直网格

    If (pt2(0) - spt(0)) < tc_cx Then spt(1) = pt1(1) + tc_cy Else spt(1) = pt1(1)

    draw_szx thisdrawing, spt, ept, ly, "图框"

    spt(0) = spt(0) + dx : ept(0) = ept(0) + dx

Next i

'绘制水平网格

spt = pt1 : ept = pt2

spt(1) = CInt(spt(1)/dy) * dy

If spt(1) < pt1(1) Then spt(1) = spt(1) + dy '水平网格起始位置

ept(1) = spt(1)

ny = Int(pt2(1) - spt(1))/dy

If (pt2(1) - spt(1) - ny * dy) > 0 Then ny = ny + 1 '水平网格数目

For j = 1 To ny '绘制水平网格

    If (spt(1) - pt1(1)) < tc_cy Then ept(0) = pt2(0) - tc_cx Else ept(0) = pt2(0)

    draw_spx thisdrawing, spt, ept, ly, "图框"

    spt(1) = spt(1) + dy : ept(1) = ept(1) + dy

Next j

End Sub

（2）draw_rec 主程序。

'由两对角点画矩形

Public Function draw_rec(thisdrawing As AcadDocument, pt1 As Variant, pt2 As Variant) As AcadLWPolyline

Dim ptts2d(7) As Double

ptts2d(0) = pt1(0) : ptts2d(1) = pt1(1)

ptts2d(2) = pt2(0) : ptts2d(3) = pt1(1)

ptts2d(4) = pt2(0) : ptts2d(5) = pt2(1)

ptts2d(6) = pt1(0) : ptts2d(7) = pt2(1)

Set draw_rec = thisdrawing. ModelSpace. AddLightWeightPolyline(ptts2d)

draw_rec. Closed = True

End Function

（3）draw_szx 主程序。

'绘制竖直网格

Public Sub draw_szx(thisdrawing As AcadDocument, spt As Variant, ept As Variant, ly As String, styname As String)

Dim lin As AcadLine, txt As AcadText

　　　　　Set lin = thisdrawing. ModelSpace. AddLine(spt,ept)

　　　　　lin. Layer = ly

　　　　　Set txt = thisdrawing. ModelSpace. AddText(spt(0) ,lin. StartPoint,5)

　　　　　txt. Alignment = acAlignmentBottomLeft

　　　　　txt. TextAlignmentPoint = lin. StartPoint

　　　　　txt. Rotation = lin. Angle

　　　　　txt. Layer = ly：txt. StyleName = styname

　　　　　Set txt = thisdrawing. ModelSpace. AddText(spt(0) ,lin. EndPoint,5)

　　　　　txt. Alignment = acAlignmentBottomRight

　　　　　txt. TextAlignmentPoint = lin. EndPoint

　　　　　txt. Rotation = lin. Angle

　　　　　txt. Layer = ly：txt. StyleName = styname

　　End Sub

（4）draw_spx 主程序。

'绘制水平网格

Public Sub draw_spx(thisdrawing As AcadDocument,spt As Variant,ept As Variant,ly As String,styname As String)

　　　　　Dim lin As AcadLine,txt As AcadText

　　　　　Set lin = thisdrawing. ModelSpace. AddLine(spt,ept)

　　　　　lin. Layer = ly

　　　　　Set txt = thisdrawing. ModelSpace. AddText(spt(1) ,lin. StartPoint,5)

　　　　　txt. Alignment = acAlignmentBottomLeft

　　　　　txt. TextAlignmentPoint = lin. StartPoint

　　　　　txt. Rotation = lin. Angle

　　　　　txt. Layer = ly：txt. StyleName = styname

　　　　　Set txt = thisdrawing. ModelSpace. AddText(spt(1) ,lin. EndPoint,5)

　　　　　txt. Alignment = acAlignmentBottomRight

　　　　　txt. TextAlignmentPoint = lin. EndPoint

　　　　　txt. Rotation = lin. Angle

　　　　　txt. Layer = ly：txt. StyleName = styname

　　End Sub

思考与习题

13-1　简述专业辅助优化设计的内涵。

13-2　绘制课本图 13-1 采矿图框设计图。

参 考 文 献

［1］ 徐帅，李元辉. 采矿工程 CAD 绘图基础教程［M］. 北京：冶金工业出版社，2013.

［2］ 李伟，张军，王开，等. 采矿 CAD 绘图实用教程［M］. 徐州：中国矿业大学出版社，2019.

［3］ 林在康. 采矿 CAD 开发及编程技术［M］. 徐州：中国矿业大学出版社，1998.

［4］ 张海波. 采矿 CAD［M］. 北京：煤炭工业出版社，2010.

［5］ 李伟. 采矿 CAD 绘图实用教程［M］. 徐州：中国矿业大学出版社，2011.

［6］ 中国煤炭教育协会职业教育教材编审委员会. 采矿 CAD［M］. 北京：煤炭工业出版社，2014.

［7］ 林在康. 采矿 CAD 设计软件及应用［M］. 徐州：中国矿业大学出版社，2008.

［8］ 邹光华. 矿图 CAD［M］. 北京：煤炭工业出版社，2011.

［9］ 徐帅. 采矿工程 CAD 绘图基础教程［M］. 北京：冶金工业出版社，2013.

［10］ 郑西贵. 精通采矿 AutoCAD 2014 教程［M］. 徐州：中国矿业大学出版社，2014.

［11］ 童秉枢. 现代 CAD 技术［M］. 北京：清华大学出版社，2000.

［12］ 唐荣锡. CAD/CAM 技术［M］. 北京：北京航空航天大学出版社，1994.

［13］ 张晋西. Visual Basic 与 AutoCAD 二次开发［M］. 北京：清华大学出版社，2002.

［14］ 郭朝勇. AutoCAD R14（中文版）二次开发技术［M］. 北京：清华大学出版社，1999.